普通高等教育"十二五"规划教材

微生物学实验教程系列

微生物生理学实验教程

关国华　主编
陈冠军　主审

科学出版社

北京

内 容 简 介

　　本教程共 4 章，30 个实验。主要介绍研究微生物细胞化学成分、微生物细胞结构、微生物代谢与微生物代谢调控的实验技术和方法。本教程选取的实验材料包括细菌、古菌、丝状真菌和酵母菌，生理类型包括自养型、异养型及光能营养型，实验技术则融合了微生物学、生物化学、遗传学、生物物理学、分子生物学、生物信息学等学科的研究技术和方法，力求综合分析和探讨微生物生命活动规律。本教程选编的实验力求体现教材的基础性、代表性、实用性和先进性。本教程对每个实验的实验原理都作了较详细的论述，实验步骤清晰，每个实验都有思考题和参考文献。

　　本教程可作为高等院校微生物及相关专业的本科生和研究生的实验课教材，也可供相关教师及科研工作者参考。

图书在版编目（CIP）数据

微生物生理学实验教程/关国华主编. —北京：科学出版社，2015.5
普通高等教育"十二五"规划教材. 微生物学实验教程系列
　ISBN　978-7-03-044336-6

　Ⅰ.①微…　Ⅱ.①关…　Ⅲ.①微生物学–生理学–实验–高等学校–教材
Ⅳ.①Q935-33

　中国版本图书馆 CIP 数据核字（2015）第 105632 号

责任编辑：刘　畅/责任校对：郑金红
责任印制　徐晓晨/封面设计：迷底书装

科 学 出 版 社 出版
北京东黄城根北街 16 号
邮政编码：100717
http://www.sciencep.com
北京虎彩文化传播有限公司 印刷
科学出版社发行　各地新华书店经销
*
2015 年 6 月第　一　版　　开本：720×1000　1/16
2018 年 4 月第四次印刷　　印张：13 1/4　插页：2
字数：251 000
定价：39.80 元
（如有印装质量问题，我社负责调换）

微生物学实验教程系列编委会

《微生物生理学实验教程》编委会

主　编　关国华

主　审　陈冠军

编委名单（按姓氏汉语拼音排序）

总　　序

中国农业大学生物学院微生物学科创建于 1958 年，由原北京农业大学植保系和土化系的微生物学教研组合并组建而成，是我国高等院校第一个农业微生物学专业。1981 年被国务院学位委员会列为第一批博士点，1993 年被评为农业部重点学科，2001 年被评为国家级重点学科。

本学科的特色是研究、挖掘和利用丰富的微生物资源，为农业生产服务。研究方向包括根瘤菌资源调查和系统发育学、固氮酶的生化机制及遗传调控、真菌生理及遗传学、药用及食用真菌学、微生物发酵工程、土壤和环境微生物学，并在此基础上，加强了微生物分子遗传，增加了病毒学、免疫学和生物质能源等研究方向。1985 年，原在植保系的微生物专业参与了中国农业大学生物学院的组建，建立了微生物系，于 2003 年更名为"微生物及免疫学系"。目前本系开设的本科课程包括微生物生物学、原核生物进化与系统分类学、真菌生物学、微生物生理学、微生物遗传学、微生物发酵工程、食用菌学、资源与环境微生物学、病毒学及免疫学，每门课程均有理论课和实验课。

本系俞大绂教授等老一代学者及多位已经退休的老师在微生物学教学思想、课程设置及团队建设等方面，为学科发展做出了巨大的贡献，也为后人的工作奠定了良好的基础。在教学中突出的特色是理论课程与实验课程的紧密结合，特别是对于本专业入门的实验课程，积极推进将"死标本"的观察转变为学生自行分离和观察活体标本，使学生从被动地接受知识转变为主动地参与学习，有利于促进学生掌握实验技能，并锻炼思考和分析能力。这种教学理念和模式一直沿用至今。目前本系担任教学工作的是一支中青年教师结合的队伍，他们责任心强、思想活跃、虚心进取，不断进行教学改革，积极探讨在新的形势下，如何正确解决"基础与创新"、"理论与实践"、"教学与科研"的关系，认真履行教师的职责。

本套实验教程的基本资料均来自教师多年的积累。本系历来坚持教学与科研并重的原则，在多年的发展过程中，逐步规划，将教师的科研方向与所承担的课程内容紧密相关，保证教学内容中基础知识与前沿知识相结合，很多实验设计出自任课教师的科研积累。大家齐心协力，勇于创新，不断更新实验教学内容，使各门实验课程的教学工作一直受到学生的好评。

本系承担的9门本科生微生物学实验课程一直没有编写正式出版的教材。最近，在大家的努力和领导的支持下，各位主编在完成实验课教学大纲修订的前提下，汇集了来自其他兄弟院校教师的智慧，终于完成9本实验教程的编写，这是大家共同努力的结果。

　　衷心感谢南开大学邢来君教授、山东大学陈冠军教授、山西大学赵良启教授欣然接受我们的邀请，不仅为本套教材的审稿付出辛勤劳动，同时作为本套实验教程编委会成员，为保证教材的质量献计献策。感谢中国农业大学生物学院领导的支持和"教育部高等学校专业综合改革试点"项目的资助，感谢来自兄弟院校全体参编教师的认真合作。感谢科学出版社为编辑和出版本套教材所付出的努力。希望这套实验教程的出版，为本学科和相关学科读者的学习和工作带来有益的参考，也希望广大读者提出批评和建议，以便我们今后做出修改。

2014 年 1 月

前　言

正如微生物生理学的创始人、法国科学巨匠巴斯德对微生物的描述："自然界中极小之物作用极大"。微生物的巨大作用是通过其生理活动实现的。通过微生物生理学实验，探究微生物生命活动的奥妙，可以更好地造福人类。

本教程按照高等院校微生物生理学实验课的要求，总结了中国农业大学长期开设微生物生理学实验课的经验和科学研究中的部分工作经验，并融合了国内兄弟院校编写的有关教材及国外资料。编写原则着眼于加强基础，侧重于微生物生理学研究的基本实验技能的训练，以加深学生对相关理论课的理解。在实验材料上选择了细菌、古菌、丝状真菌及酵母菌，这些微生物的生理代谢类型包括自养与异养、自生与共生、化能营养型与光能营养型、好氧型与厌氧型，它们的生理过程涵盖呼吸与发酵、硝化与反硝化、固氮、产氢、产色素等。在实验内容上，选择了微生物细胞的收集和处理、微生物细胞化学成分的提取与测定、微生物亚细胞结构的提取与检测、微生物代谢的分析和微生物代谢调控的分析等既经典又具代表性的实验；为适应学科发展的现状，还编写了基因的克隆及表达、基因的敲除、宏基因组文库的构建、qPCR 分析基因转录水平的差异及代谢途径数据库的检索等实验，目的是以微生物为实验材料，为现代生物学技术（基因工程、细胞工程、酶工程及发酵工程）相关研究提供理论基础和基本技术。为了促使学生不仅学会实验技能，而且对实验的技术原理有深入了解，能融会贯通、举一反三、灵活运用，本教程对实验原理部分作了较详细的论述。

在本教程中，陈文峰编写实验十二、实验十三，关国华编写实验一、实验七、实验二十一、实验二十二、实验二十四、实验二十六、实验二十七及 8 个附录，刘世武编写实验十、实验十八、实验十九和附录 7，孟霞编写实验二十、实验二十九、实验三十，苗莉莉编写实验四、实验二十三，彭晴编写实验二十五，孙纳新编写实验三、实验五、实验六、实验八、实验九、实验十四、实验十五、实验十六、实验十七和附录 5，田杰生编写实验二十八，王磊编写实验十一，杨靖编写实验二。全书由关国华统稿，陈冠军主审。

本教程的出版得到了中国农业大学各级领导的支持，在准备资料和撰写过程中，分别得到中国农业大学"2012 年本科教材校级立项"和中国农业大学生物学院"教育部高等学校专业综合改革试点"项目的资助。中国农业大学生物学院李颖教授对本教程部分实验提出了一些建议。山东大学陈冠军教授对本教程进行了严格、认真的审阅，并提出了科学、全面的修改意见和建议。科学出版社为本教程的后期编辑加工及出版做了大量的工作。在此一并表示感谢。

尽管参加本教程编写的人员都是在微生物教学或科研工作中有多年经验的教师或科研工作者，但书中难免有不足之处，诚恳希望读者批评、指正，我们将不断改进与完善。

编　者

2015 年 5 月

目　　录

第一章　微生物细胞化学成分的分析

微生物细胞化学成分的分析是研究微生物生命活动的基础。本章介绍分析微生物细胞化学组成的方法，包括微生物细胞含水量、蛋白质、核糖核酸、糖类含量的测定方法，反映细菌细胞内氧化还原水平的辅酶Ⅰ和辅酶Ⅱ浓度的检测方法，极端嗜盐菌细胞膜的独特成分甘油二醚类的分析技术和次级代谢产物虾青素的提取及测定。

实验一　细菌细胞含水量与蛋白质含量的测定

一、实验目的

1. 掌握测定细菌细胞干重及含水量的原理及方法。
2. 了解几种常用的测定蛋白质含量的方法，掌握福林-酚法和考马斯亮蓝染色法测定细菌细胞蛋白质含量的原理及实验技术。

二、实验原理

（一）细菌细胞干重和含水量的测定

在液体培养基中培养的微生物细胞，经过滤或离心收集后，洗涤除去附在细胞表面的培养基，再离心收集细胞，并尽量除去细胞所附着的水分，称得的质量为**细胞的鲜重**（wet weight），常以 g/L 表示。为了防止细胞吸水涨裂，洗涤细胞常用与细胞基本等渗的缓冲液。由于细胞在收集过程中会聚集成团，细胞之间的水分难以除去，因此，用上述方法测得的细胞鲜重常常比实际的鲜重要高（一般高出 10%左右）。细胞之间的水分可用加入同位素标记蛋白质的方法测定，由于蛋白质不能进入细胞，只能溶于细胞外围的水中，因此测定细胞团的放射活性，可推算出细胞外围的水量。

取一定量的鲜细胞，105～110℃干燥 16～24 h 后称量，再重复几次，称至恒重，即得到**细胞的干重**（dry weight）。微生物细胞的干重就是微生物的**生物量**（biomass），是测量微生物生长的重要指标，常用每升含有微生物的质量（单位 g/L）表示。105～110℃足以挥发掉大分子通过水合作用所结合的水，更高的温度会引起某些大分子的破坏并导致一些细胞其他成分的挥发。此外，高温也会引起细胞悬液沸腾，将物质溅出容器，而使结果偏低。

　　用上述方法测干重的细胞,其中的生物大分子已失去了生物活性,如需保持细胞大分子的生物活性,可采用真空冷冻干燥的方法。**真空冷冻干燥**(lyophilization)是将待干燥的制品冷冻成固态,再将冻结的制品经真空升华逐渐脱水而留下干物的过程,包括冻结、升华和再干燥。冷冻干燥由冷冻干燥机来完成,冷冻干燥的制品是在低温、高真空中制成的,由于微小冰晶体的升华呈现多孔结构,这样获得的细胞物质其生物活性不变。真空冷冻干燥的原理、特点、过程及真空冷冻干燥机的工作原理见实验五。

　　微生物细胞中含有大量的水,一般占细胞鲜重的 70%～90%。**细胞含水量**(water content)的计算公式如下:

$$细胞含水量(100\%) = \frac{鲜重 - 干重}{鲜重} \times 100\%$$

(二)细菌细胞蛋白质含量的测定

　　蛋白质含量的测定可根据其物理化学性质,采用物理方法如折射率、密度、紫外吸收等来测定,或用化学方法如凯氏定氮、双缩脲反应、福林(Folin)-酚反应等方法来测定;还可用染色法如氨基黑、考马斯亮蓝染色来测定。其中紫外吸收法、双缩脲法、福林-酚试剂法、考马斯亮蓝染色法等最为常用,并且操作简便,不需复杂和昂贵的设备,又能符合一般实验室的要求。

1. 双缩脲法

　　两分子尿素在高温(180℃)下,释放一分子氨,缩合形成双缩脲(biuret)H_2N—CO—NH—CO—NH_2。双缩脲在碱性溶液中与 Cu^{2+} 结合,生成复杂的紫红色化合物。由于蛋白质或二肽以上的多肽分子中含多个与双缩脲结构相似的肽键,因此也具有双缩脲反应。双缩脲反应仅与蛋白质的肽键结构有关,与蛋白质的氨基酸组成无关,不受蛋白质氨基酸组成差异的影响,反应所形成的紫红色化合物的颜色深浅与蛋白质浓度成正比,而与蛋白质的种类无关。

　　双缩脲的常量法测定蛋白质的浓度为 1～10 mg/mL,选用 540 nm 比色。含有一个—CS—NH_2、—CH_2—NH_2、—RHS—NH_2、—CH_2—NH—$CHNH_2$—CH_2OH、—$CHOH$—CH_2NH_2 等基团的物质,含有氨基酸和多肽的缓冲液、Tris、蔗糖、甘油等物质干扰此反应。该法测定试剂简单,操作方便,适合蛋白质浓度的快速测定。硫酸铵不干扰显色反应,有利于蛋白质纯化早期步骤的测定。

2. 福林-酚法

　　福林(Folin)-酚法(也称为 Lowry 法)是常用的蛋白质定量测定方法之一。其显色原理包括两步反应:第一步是蛋白质发生双缩脲反应,第二步是酚试剂反应。福林-酚试剂由试剂甲和试剂乙组成。试剂甲由碳酸钠、氢氧化钠、硫酸铜和酒石酸钾钠组成,蛋白质中的肽键在碱性条件下与酒石酸钾钠-铜盐溶液作用,生成紫色的铜-蛋白质络合物;试剂乙由磷钼酸、磷钨酸、盐酸、溴等组成,在碱性条件下被第一步反应形成的铜-蛋白质络合物中的酪氨酸的酚基还原而呈蓝色，在一定条件下，蓝色度与蛋白质含量成比例，此方法测定的是 $25 \sim 250$ μg/mL 的蛋白质。

由于酚试剂依赖于酪氨酸、色氨酸等特定的氨基酸残基，因此蛋白质的氨基酸组成不同会引起显色偏差，但双缩脲反应的加入使这种偏差相对减小，这是由于双缩脲反应仅与蛋白质中的肽键结构有关，不受蛋白质氨基酸组成的影响。这两种试剂的配合使用使其优势互补，达到最佳效果。该法测定蛋白质含量的优点是操作简便、迅速，不需要特殊的仪器、设备，灵敏度比双缩脲法灵敏 100 倍。

由于福林-酚法包括双缩脲反应，因此，干扰双缩脲反应的试剂均可干扰福林-酚反应。此外，样品中的酚类及柠檬酸也对此反应有干扰作用；而含量较低的尿素（0.5%左右）、胍（0.5%左右）、Na_2SO_4（1%）、$NaNO_3$（1%）、三氯乙酸（0.5%）、乙醇（5%）、乙醚（5%）、丙酮（0.5%）对显色无影响；这些物质的含量较高时，需作校正曲线。如果样品中含硫酸铵，需增加 Na_2CO_3-NaOH 浓度即可显色测定。如果样品酸度较高，也需提高 Na_2CO_3-NaOH 浓度 $1 \sim 2$ 倍，可纠正显色浅的弊病。

值得注意的是，福林-酚试剂乙在酸性 pH 条件下较稳定，而福林-酚试剂甲是在碱性条件下与蛋白质作用生成碱性的铜-蛋白质络合物溶液。当福林-酚试剂乙加入后，应立即混匀，以便在磷钼酸-磷钨酸试剂被破坏之前，使其与酪氨酸发生还原反应。

3. 考马斯亮蓝染色法

考马斯亮蓝染色法（又称 Bradford 法）测定蛋白质浓度，是利用蛋白质与染料结合的原理。

考马斯亮蓝 G-250 在酸性溶液中为棕红色，当它与蛋白质通过疏水作用结合后，颜色由红色变为蓝色，最大光吸收波长由 465 nm 变为 595 nm。在一定蛋白质浓度范围内，蛋白质和染料结合符合比尔定律（Beer's law），通过测定 595 nm 处光吸收的增加量可知与其结合的蛋白质的量。

蛋白质与考马斯亮蓝 G-250 的结合是一个快速的过程，2 min 左右就可反应完全，呈现最大光吸收，并可稳定 1 h，之后，蛋白质-染料复合物会发生聚合而沉淀。由于蛋白质-染料复合物具有很高的消光系数，因此，该法的灵敏度很高，比福林-酚法灵敏 4 倍，测定浓度为 $10 \sim 100$ μg/mL 蛋白质，微量测定法为 $1 \sim 10$ μg/mL 蛋白质。此方法重复性好，精确度高。

该方法干扰物少，NaCl、KCl、$MgCl_2$、乙醇、$(NH_4)_2SO_4$ 均无干扰。强碱缓冲液的一些颜色干扰可通过适当的缓冲液的对照扣除。Tris、乙酸、巯基乙醇、蔗糖、甘油、EDTA 及微量的去污剂（Trition X-100、SDS、玻璃去污剂）有少量颜色干扰，用适当的缓冲液对照可以扣除，但大量去污剂的存在对颜色影响较大。

4. BCA 法

BCA［bicinchoninic acid，4, 4′-二羧酸-2, 2′-二喹啉，又名双辛丹宁（金鸡宁）］是对一价铜离子敏感和高特异性的试剂。

在碱性溶液中，蛋白质分子中的肽键与二价铜离子生成络合物，同时将二价铜离子还原成一价铜离子。BCA 可以特异地与一价铜离子结合，生成一个在 562 nm 处有最大光吸收的紫色复合物。在一定范围内，复合物的光吸收强度与蛋白质浓度成正比。此法测定 $10 \sim 1200$ μg/mL 蛋白质。

BCA 法操作简单，灵敏度与福林-酚法相似，但它与一价铜离子生成的化合物十分稳定，因此，对反应时间的控制不需要太严格。蛋白质氨基酸组成的不同不会引起显色偏差。试剂抗干扰能力强，SDS、Triton X-100、4 mol/L 盐酸胍、3 mol/L 尿素均无影响。

5. 紫外吸收法

由于蛋白质分子中酪氨酸、色氨酸和苯丙氨酸的芳香环结构中含有共轭双键，因此蛋白质具有吸收紫外线的性质，吸收峰在 280 nm 处。在此波长下，蛋白质溶液的吸光值与其含量成正比关系，可用作定量测定。测定范围 $0.1 \sim 1.0$ mg。

利用紫外吸收法测定蛋白质含量的优点是迅速、简便、不消耗样品。此法的缺点是：①对于测定那些与标准蛋白质中酪氨酸、色氨酸或苯丙氨酸含量差异较大的蛋白质，有一定的误差；②若样品中含有嘌呤、嘧啶等吸收紫外线的物质（如核苷酸、核酸），会出现较大干扰。

虽然蛋白质含量测定的方法很多，但各方法均有它的可用性，又有它的局限性。因此，要根据实验的需求来选择。例如，柱层析要求随时、快速检测蛋白质的分离情况，不丢失样品，但准确度要求不高，所以用紫外分光光度法。双缩脲法线性关系好，但灵敏度差，测量范围窄。福林-酚法弥补了双缩脲法的缺点，应用广泛，但它的干扰因素多，因而出现了考马斯亮蓝染色法。BCA 法干扰因素少，试剂稳定，灵敏度与福林-酚法相似。

总之，在微生物生理学实验中，经常要测定蛋白质的浓度，了解每种测定方法的原理及特点，有助于选择出合适的测定方法。

三、实验材料、仪器及试剂

1. 实验材料

（1）菌种：大肠杆菌（*Escherichia coli*）。

（2）培养基配制如下。

Luria-Bertani（LB）液体培养基（1 L）：950 mL 去离子水中加入 10 g 胰蛋白胨，5 g 酵母提取物和 10 g NaCl，溶解后调节 pH 至 7.0，加水定容至 1 L，121℃高压蒸汽灭菌 20 min。

LB 固体培养基（1 L）：1 L LB 液体培养基中加入琼脂 20 g，121℃高压蒸汽灭菌 20 min。

2. 仪器及器皿

（1）收集细胞、计数及测细胞干重：试管、移液器、量筒、离心管、坩埚、血球计数板、分析天平、离心机、烘箱、干燥器等。

（2）测定细胞蛋白质含量：试管、比色管、移液器、离心管、离心机、量筒、水浴锅、721（或 722）分光光度计等。

3. 试剂

（1）收集细胞、计数、测定细胞干重：甲醛、生理盐水、去离子水。

（2）细胞蛋白质含量测定——福林-酚法：1 mol/L NaOH、2 mol/L NaOH、生理盐水、10 mg/mL 牛血清白蛋白溶液、福林-酚试剂甲、福林-酚试剂乙。

福林-酚试剂的配制（均用分析纯试剂）如下。

试剂甲：①4% $NaCO_3$；②0.2 mol/L NaOH；③1% $CuSO_4$；④2%酒石酸钾钠溶液。在使用前，将①与②等体积混合配成 $NaCO_3$-NaOH 溶液，将③与④等体积混合配成 $CuSO_4$-酒石酸钾钠溶液，然后将这两种溶液按 50:1 的比例混合，即为福林-酚试剂甲，该试剂只能用一天，过期无效。

试剂乙：在 2 L 的磨口回流装置内加入 100 g $Na_2WO_4 \cdot 2H_2O$，25 g $Na_2MoO_4 \cdot 2H_2O$，700 mL 去离子水，再加入 50 mL H_3PO_4 及 100 mL 浓 HCl，充分混匀使其溶解后，以小火回流 10 h（烧瓶内加数颗小玻璃珠，以防溶液溢出）；再加入 150 g Li_2SO_4，50 mL 去离子水及数滴液溴；然后在通风橱中开口继续沸腾 15 min，以便除去过量的溴；冷却后定容到 1 L；过滤，滤液黄色，置棕色试剂瓶中冰箱保存。若此储存液放置时间过长，颜色由黄变绿，可加几滴液溴，煮沸数分钟，即可恢复原来颜色，仍可继续使用。

乙试剂储存液在使用前应确定其酸度。用它滴定 1 mol/L 标准 NaOH 溶液，以酚酞为指示剂，当溶液颜色由红→紫红→紫灰→墨绿时，即为滴定终点。该储存液的酸度应为 2 mol/L 左右，将其稀释为约 1 mol/L 酸度，即为福林-酚试剂乙液。

（3）蛋白质含量测定——考马斯亮蓝染色法：100 mg 考马斯亮蓝 G-250 溶于 50 mL 95%乙醇中，加入 100 mL 85%磷酸，用去离子水稀释至 1000 mL，滤纸过滤。考马斯亮蓝 G-250 的终浓度为 0.01%（*m/V*），乙醇的终浓度为 4.7%（*m/V*），磷酸的终浓度为 8.5%（*m/V*）。

四、操作步骤

（一）测定细胞干重

1. 活化菌株，收集细胞

（1）将 *E. coli* 接种于 LB 斜面上，37℃培养 18～24 h。

（2）取一环 *E. coli* 菌苔接种于 LB 液体培养基中，37℃振荡培养 16～18 h（每组 2 瓶）。

（3）每组约 300 mL 细胞培养液，取出 5.0 mL，加入一个含 0.5 mL 甲醛溶液的具塞试管中，留作计数用。将剩余培养物测量总体积后，4000 r/min 离心 15 min，小心弃去上清液。

（4）用 60 mL 左右生理盐水悬浮细胞，均分至两个离心管中，再用少量生理盐水将原离心管洗净，将清洗液也均分至两个离心管中，以避免损失。充分悬浮细胞。

（5）将细胞悬液 4000 r/min 离心 15 min。弃去上清液，取其中一个贴上标签，写明组别和姓名，封口后留作蛋白质测定用（如若暂时不用，需将细菌细胞存放于冰箱冷冻室−20∼−15℃）。另一管用来测定细胞干重。

（6）在离心的同时，用先前取出的 5 mL 培养物进行计数，计算出每毫升培养液中的含菌数（注意：把培养物稀释到合适的稀释度，避免计数时细胞堆积和重叠）。

2. 测细胞干重

（1）取一个坩埚置 105℃烘箱中，12 h 后将其移入干燥器中，冷却后称重。

（2）将一个含有细胞沉淀的离心管加入 1.0 mL 去离子水，使细胞悬浮起来，移入已称重的坩埚内，用 0.5 mL 去离子水洗涤离心管，将剩余细胞转入同一坩埚内，称重。

（3）将装有细胞悬液的坩埚置 105℃烘箱 12∼24 h，在干燥器中冷却后称重，直至恒重。

（4）计算每毫升原始培养物中细胞干重及每个细胞干重。

（5）计算细胞的含水量。

（二）细菌细胞蛋白质含量测定——福林-酚法

（1）用生理盐水将离心管中的冰冻细胞制备成菌悬液，生理盐水的用量最好为原始培养物体积的 1/20。按一定倍数稀释，使其 OD_{600} 在 0.6∼1.0，测量细胞悬液总体积并作记录。

（2）取 5.0 mL 细胞悬液，4000 r/min 离心 15 min，弃去上清液，加入 1.0 mL 1 mol/L NaOH 重新悬浮细胞。

（3）取 1.0 mL 10 mg/mL 的牛血清白蛋白标准溶液，加入 1.0 mL 2 mol/L NaOH。此时浓度为 5.0 mg/mL。

（4）将标准蛋白液和细胞悬液置 80℃水浴中加热 30 min，溶解细胞蛋白质，注意定时摇匀。

（5）加 4.0 mL 蒸馏水于处理过的细胞悬液中，此试管标记为 A，其体积为 5.0 mL，与原始悬液体积相同。

（6）取 1.0 mL 处理过的标准蛋白质溶液，加入 4.0 mL 蒸馏水，此管标记为 B，此时标准蛋白质溶液浓度为 1.0 mg/mL。

（7）按表 1-1 配制标准蛋白质溶液（B 管）。

表 1-1　标准蛋白质溶液的配制（福林-酚法）

试管编号	处理过的标准蛋白质溶液/mL	蒸馏水/mL	蛋白质/（μg/管）
1	0.00	1.00	0
2	0.05	0.95	50
3	0.10	0.90	100
4	0.15	0.85	150
5	0.20	0.80	200
6	0.25	0.75	250
7	0.50	0.50	500
8	1.00	0.00	1000

（8）按表 1-2 配制处理过的细胞悬液（A 管）。

表 1-2　处理过的细胞悬液的配制（福林-酚法）

试管编号	处理过的细胞悬液/mL	蒸馏水/mL	蛋白质/（μg/管）
9	0.05	0.95	
10	0.10	0.90	
11	0.50	0.50	
12	1.00	0.00	

（9）加 5.0 mL 福林-酚试剂甲于每个试管中，静置 10 min。

（10）加 0.5 mL 福林-酚试剂乙，马上混合，静置 30 min。

（11）用 721 分光光度计在 640 nm[①]处测光吸收，1 号试管作空白对照。

（12）以 640 nm 处的吸光值为纵坐标，标准蛋白含量为横坐标，绘制标准曲线。

（13）在标准曲线上查出细胞悬液的蛋白质浓度（注意：在细胞悬液蛋白质浓度的测定中，由于细胞悬液的浓度未知，为了使测定值在标准曲线范围内，9～12 号试管对悬液进行不同程度的稀释。只读取光吸收值在分光光度计有效范围内的稀释度的数值来计算细胞悬液的蛋白质浓度），计算每毫升细胞培养液的蛋白质浓度，再根据细胞的干重和稀释倍数计算出每克干细胞的蛋白质含量。

（三）细菌细胞蛋白质含量测定——考马斯亮蓝染色法

（1）～（6）步与福林-酚法相同。

---

① 本反应呈色物质在可见光红光区呈现较宽吸收峰区，因此，不同参考文献选用的波长不同，如 500 nm、540 nm、640 nm、660 nm、700 nm、750 nm 等。选用较大波长，样品呈现较大光吸收，本实验采用 640 nm

（7）按表 1-3 配制标准蛋白质溶液（B 管）。

表 1-3　标准蛋白质溶液的配制（考马斯亮蓝染色法）

试管编号	处理过的标准蛋白质溶液/mL	蒸馏水/mL	蛋白质/（μg/管）
1	0.00	0.10	0
2	0.01	0.09	10
3	0.02	0.08	20
4	0.03	0.07	30
5	0.04	0.06	40
6	0.05	0.05	50
7	0.06	0.04	60
8	0.10	0.00	100

（8）按表 1-4 配制处理过的细胞悬液（A 管）。

表 1-4　处理过的细胞悬液的配制（考马斯亮蓝染色法）

试管编号	处理过的细胞悬液/mL	蒸馏水/mL	蛋白质/（μg/管）
9	0.01	0.09	
10	0.05	0.05	
11	0.10	0.00	

（9）每管分别加入 5 mL 考马斯亮蓝试剂，摇匀后静置 5～20 min，测 595 nm 处的光吸收，1 号试管作空白对照。

（10）以 595 nm 处的吸光值为纵坐标，标准蛋白含量为横坐标绘制标准曲线。

（11）在标准曲线上查出细胞悬液的蛋白质浓度（注意：在细胞悬液蛋白质浓度的测定中，由于细胞悬液的浓度未知，为了使测定值在分光光度计有效范围内，9～11 号试管对悬液进行不同程度的稀释。只读取光吸收值在分光光度计有效范围内的稀释度的数值来计算细胞悬液的蛋白质浓度），计算细胞培养液的蛋白质浓度，再根据细胞的干重与稀释倍数计算出每克干细胞的蛋白质含量。

五、实验结果

（一）测定细胞干重

（1）计算细胞浓度（每毫升培养液中的细胞个数）。

（2）填写表 1-5，根据表 1-5 的数据计算每毫升培养物的干重、细胞的含水量，再根据细胞的浓度计算每个细胞的干重。

表 1-5　测量细胞干重的数据记录表

测量干重所用的细胞体积/mL	坩埚质量/g	坩埚质量+细胞鲜重/g	坩埚质量+细胞干重/g	细胞鲜重/g	细胞干重/g

（二）细菌细胞蛋白质含量测定

（1）绘制福林-酚法测蛋白质含量的标准曲线。在标准曲线上查出细胞悬液的蛋白质浓度，计算细胞培养液的蛋白质浓度（单位为 g/mL 培养液）；再根据细胞的干重，计算出每克干细胞的蛋白质含量（单位为 g 蛋白质/g 干细胞）。

（2）绘制考马斯亮蓝染色法测蛋白质含量的标准曲线。在标准曲线上查出细胞悬液的蛋白质浓度，计算细胞培养液的蛋白质浓度（单位为 g/mL 培养液）；再根据细胞的干重，计算出每克干细胞的蛋白质含量（单位为 g 蛋白质/g 干细胞）。

六、思考题

1. 查阅相关文献，写出文献中大肠杆菌细胞的含水量和蛋白质含量，并与你测定的数值进行比较和分析。

2. 比较福林-酚法和考马斯亮蓝染色法测定细菌细胞蛋白质含量的优缺点。

七、参考文献

李颖, 关国华. 2013. 微生物生理学. 北京: 科学出版社.

萧能庆, 余瑞元, 袁明秀, 等. 2005. 生物化学实验原理和方法. 2 版. 北京: 北京大学出版社.

Bradford M M. 1976. A rapid sensitive method for the quantitation of microgram quantities of protein utilizing the principle of protein-dye binding. Anal Biochem, 72: 248~254.

Brown R E, Jarvis K L, Hyland K J. 1989. Protein measurement using bicinchoninic acid: Elimination of interfering substances. Anal Biochem, 180: 136~139.

Levin R, Brauer R W. 1951. The biuret reaction for the determination of protein-An improved reagent and its application. J Lab Clin Med, 38: 474~477.

Lowry O H. 1951. Protein measurement with the Folin Phenol reagent. J Biol Chem, 193: 265~276.

Schjeide O A. 1969. Microestimation of RNA by the cupric ion catalyzed orcinol reaction. Anal Biochem, 27(3): 476~479.

Smith P K.1985. Measurement of protein using bicinchoninic acid. Anal Biochem, 150: 76~85.

实验二　细菌胞内辅酶Ⅰ和辅酶Ⅱ浓度水平的检测

一、实验目的

1. 学习细菌培养、细胞收集及细胞破碎的方法。
2. 学习测定细菌胞内辅酶Ⅰ和辅酶Ⅱ浓度水平的原理和方法。

二、实验原理

烟酰胺腺嘌呤二核苷酸（nicotinamide adenine dinucleotide，NAD）和烟酰胺腺嘌呤二核苷酸磷酸（nicotinamide adenine dinucleotide phosphate，NADP）是细胞中两个重要的辅因子，又分别称为辅酶Ⅰ和辅酶Ⅱ，二者在结构上的区别在于 NADP 是在 NAD 的腺嘌呤核苷酸的 $2'$ 位通过酯键连接上一个磷酸基团（图 2-1）。氧化型 NAD 和 NADP 分别写为 NAD^+ 和 $NADP^+$，还原型分别写为 NADH 和 NADPH。

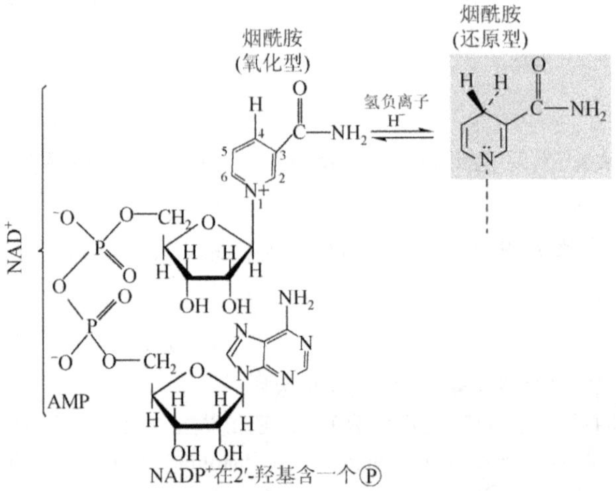

图 2-1　辅酶Ⅰ的结构和氧化—还原状态（王镜岩等，2002）

这两种烟酰胺辅酶在很多酶促氧化还原反应中起关键作用。这些反应涉及氢负离子直接转移给 NAD^+（$NADP^+$）或从 NADH（NADPH）直接转移出来，因此促进这种转移的酶称为脱氢酶类。NADH 的作用主要是通过呼吸链传递电子用于提供 ATP 分子，而 NADPH 的作用主要是在还原性生物合成中作为氢负离子供体（如脂肪酸和胆固醇的生物合成过程），因此又被称为细胞的还原力。总之，这两种辅酶对细胞的能量代谢和生物合成有着重要的作用，生化实验中常用 NAD^+/NADH 和 $NADP^+$/NADPH 这两对辅酶的氧化型和还原型物质的浓度比值来表征细胞的各项酶促反应过程。

传统的 NAD^+/NADH 和 $NADP^+$/NADPH 的检测是通过分光光度法进行的。烟酰胺核苷酸的氧化型和还原型在 340 nm 处的光吸收不同,还原型辅酶在此有一吸收峰,而氧化型辅酶则无。利用该吸收差异可以追踪酶促反应进行中烟酰胺辅酶被氧化还原的程度。但是该方法灵敏度较低,受干扰严重。

本实验采用酶循环法测定 NAD$^+$/NADH 和 NADP$^+$/NADPH。其基本原理及反应过程(图 2-2)为:①乙醇在乙醇脱氢酶作用下被氧化为乙醛,NAD$^+$被还原为 NADH(即 NAD$^+$是乙醇脱氢酶的辅酶);②在 6-磷酸葡萄糖脱氢酶作用下,NADP$^+$被还原为 NADPH,6-磷酸葡萄糖被氧化为 6-磷酸葡萄糖酸(即 NADP$^+$是 6-磷酸葡萄糖脱氢酶的辅酶);③NADH(或 NADPH)会和氧化态的吩嗪乙氧硫酸盐 PES$_{ox}$(oxidized phenazine ethosulfate,PES$_{ox}$)反应而被氧化,重新生成 NAD$^+$(或 NADP$^+$)和还原态的 PES$_{red}$;④最后 PES$_{red}$ 和噻唑蓝(methylthiazolyldiphenyl-tetrazolium bromide,MTT)反应得到 PES$_{ox}$ 和蓝紫色的化合物甲瓒。甲瓒在 570 nm 处可以测得最大的光吸收值,通过测定该吸收值并建立标准曲线就可以计算出原始反应体系中的辅酶浓度。该实验方法中样品经酸或碱处理后,只剩下一种形式的辅酶(还原型辅酶易被酸破坏,氧化型辅酶易被碱破坏),利于对样品中单一类型的辅酶的测定。

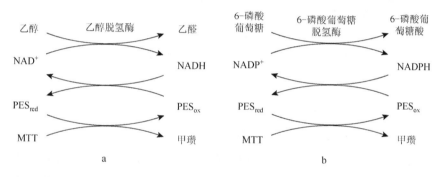

图 2-2　利用酶循环法测定 NAD$^+$/NADH(a)和 NADP$^+$/NADPH(b)的反应原理示意图

三、实验材料

(1)菌种:大肠杆菌 K12(*Escherichia coli* K12)。

(2)LB 液体培养基(1 L):950 mL 去离子水中加入 10 g 胰蛋白胨,5 g 酵母提取物和 10 g NaCl,溶解后调节 pH 至 7.0,加去离子水定容至 1 L,121℃蒸汽灭菌 20 min。

(3)试剂:KOH(0.4 mol/L,pH 12.3)、HCl(0.4 mol/L,pH 1.3)、K$_2$HPO$_4$/KH$_2$PO$_4$ 缓冲液(200 mmol/L,pH 7.5)、PES(4 mg/mL)、MTT(5 mg/mL)、分析纯乙醇、乙醇脱氢酶(375 U/mL)、6-磷酸葡萄糖(30 mmol/L)、6-磷酸葡萄糖脱氢酶(100 U/mL)、辅酶标准品溶液(分别包括 NAD$^+$标准品、NADH 标准品、NADP$^+$标准品和 NADPH 标准品;先分别配制各标准品浓度为 250 mg/L 的储存液,再分别稀释成 25 mg/L、50 mg/L、75 mg/L、100 mg/L 和 125 mg/L 的工作液)。

(4)仪器:超声波细胞破碎仪、离心机、水浴锅。

四、实验步骤

（一）大肠杆菌细胞的培养、收集、破碎和预处理

（1）从大肠杆菌平板上挑取单菌落，置于 LB 液体培养基中，37℃摇床培养过夜。

（2）将培养好的 50 mL 菌液离心（12 000 r/min，5 min）收集菌泥，用 K_2HPO_4/KH_2PO_4 缓冲液（200 mmol/L，pH 7.5）洗涤细胞 2 次，最后用 5 mL 同样的缓冲溶液悬浮细胞。

（3）用超声波细胞破碎仪处理细胞重悬液以破碎细菌细胞（功率 200 W，设定超声 100 次，工作 3 s，间隙 5 s，之后再重复一次该过程），镜检，确保大部分细胞已被破碎。

（4）离心（4℃，12 000 r/min，20 min），上清液留存。

（5）样品中辅酶的提取。

1）提取 NAD^+ 或者 $NADP^+$：取 1 mL 上清液，加 125 μL HCl（0.4 mol/L，pH 1.3）提取出 NAD^+（或者 $NADP^+$），破坏掉 NADH（或者 NADPH）；温度 50℃，反应时间 10 min，之后置于冰上待用。

2）提取 NADH 或者 NADPH：取 1 mL 上清液，加 50 μL KOH（0.4 mol/L，pH 12.3）提取出 NADH（或者 NADPH），破坏掉 NAD^+（或者 $NADP^+$）；温度 30℃，反应时间 10 min，之后置于冰上待用。

（二）标准曲线的绘制

1. NAD⁺和 NADH 标准曲线的绘制

（1）取 6 支干净试管，每支试管均按表 2-1 顺序先加入前 5 种试剂，最后再分别加入不同浓度的辅酶标准品溶液（试管 1 加入相应体积的蒸馏水，2～6 号试管分别加入相应体积的 25 mg/L、50 mg/L、75 mg/L、100 mg/L 和 125 mg/L 浓度的标准品溶液）。加标准品时注意，先加 1 号试管（空白管）和 2 号试管，立即混匀并按照表 2-2 每隔 0.5 min 测定 A_{570} 值一次，及时记录。然后再加 3 号管标准品并按照表 2-2 测定 A_{570} 值，以此类推，直至所有试管反应全部进行（注意：1 号管为空白管，只需在 0 min 时调空白即可，后面所有试管都以此时的 A_{570} 值为空白即可，不用所有时间点都作空白用，如表 2-2 所示）。

表 2-1　测定 NAD⁺/NADH 反应体系（1 mL）

试剂	加样量/μL
K_2HPO_4/KH_2PO_4 缓冲液（200 mmol/L，pH 7.5）	687
PES（4 mg/mL）	133
MTT（5 mg/mL）	133

续表

试剂	加样量/μL
分析纯乙醇	24
乙醇脱氢酶（375 U/mL）	6
样品上清或 NAD$^+$ 或 NADH 标准样品	17

表 2-2　不同标准品浓度下各试管的 A_{570} 值变化记录表

时间/min	试管 1 （0 mg/L）	试管 2 （25 mg/L）	试管 3 （50 mg/L）	试管 4 （75 mg/L）	试管 5 （100 mg/L）	试管 6 （125 mg/L）
0	0					
0.5	—					
1.0	—					
1.5	—					
2.0	—					
2.5	—					
3.0	—					

注："—"表示无需测 A_{570} 值

（2）以时间为横坐标，每管的 A_{570} 值为纵坐标作曲线图，拟合出曲线的一元一次方程，得到每支试管 A_{570} 值变化曲线的斜率数值。图 2-3 为 75 mg/L NADH 标准品所对应的 A_{570} 值变化曲线示例，其曲线的一次方程斜率为 0.1589。

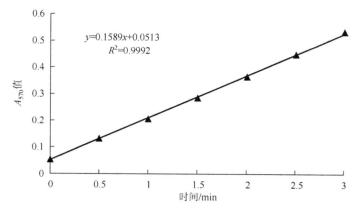

$$y=0.1589x+0.0513$$
$$R^2=0.9992$$

图 2-3　75 mg/L NADH 标准品所对应的 A_{570} 值变化曲线

（3）获得各个浓度标准品对应的曲线斜率后，以各曲线斜率为横坐标，以标准样品浓度为纵坐标作图，得到 NAD$^+$ 或 NADH 的标准曲线。

2. NADP$^+$和 NADPH 标准曲线的绘制

（1）取 6 支干净试管，每支试管均按表 2-3 顺序先加入前 5 种试剂，最后再分别加入不同浓度的辅酶标准品溶液（试管 1 加入相应体积的蒸馏水，2~6 号试管分别加入相应体积的 25 mg/L、50 mg/L、75 mg/L、100 mg/L 和 125 mg/L 浓度的标准品溶液）。加标准品时注意，先加 1 号试管（空白管）和 2 号试管，立即混匀并按照表 2-2 每隔 0.5 min 测定 A_{570} 值一次，及时记录。然后再加 3 号管标准品并按照表 2-2 测定 A_{570} 值，以此类推，直至所有试管反应全部进行（注意：1 号管为空白管，只需在 0 min 时调空白即可，后面所有试管都以此时的 A_{570} 值为空白即可，不用所有时间点都做空白用，如表 2-2 所示）。

表 2-3　测定 NADP$^+$/NADPH 反应体系（1 mL）

试剂	加样量/μL
K$_2$HPO$_4$/KH$_2$PO$_4$缓冲液（200 mmol/L，pH 7.5）	506
PES（4 mg/mL）	67
MTT（5 mg/mL）	67
6-磷酸葡萄糖（30 mmol/L）	333
6-磷酸葡萄糖脱氢酶（100 U/mL）	10
样品上清或 NADP$^+$或 NADPH 标准样品	17

（2）以时间为横坐标，每管的 A_{570} 值为纵坐标作曲线图，拟合出曲线的一元一次方程，得到每支试管 A_{570} 值变化曲线的斜率数值。

（3）获得各个浓度标准品对应的曲线斜率后，以各曲线斜率为横坐标，以标准样品浓度为纵坐标作图，得到 NADP$^+$或 NADPH 的标准曲线。

（三）样品中辅酶浓度的测定

1. 样品中 NAD$^+$和 NADH 浓度的测定

按表 2-1 加入各试剂，测定样品的 A_{570} 值吸收随时间变化曲线，对实验点进行线性拟合，得到其斜率。查找标准曲线，得到待测样品中 NAD$^+$或 NADH 的浓度。最后计算 NAD$^+$/NADH 值。

2. 样品中 NADP$^+$和 NADPH 浓度的测定

按表 2-3 加入各试剂，测定样品的 A_{570} 值吸收随时间变化曲线，对实验点进行线性拟合，得到其斜率。查找标准曲线，得到待测样品中 NADP$^+$或 NADPH 的浓度。最后计算 NADP$^+$/NADPH 值。

五、思考题

1. 细胞在哪个生长时期对辅酶Ⅰ和辅酶Ⅱ的需求量较大，为什么？

2. 试分析本实验在样品制备和检测中需要注意的关键问题。

六、参考文献

王镜岩, 朱胜庚, 徐长法. 2002. 生物化学. 3 版. 北京: 高等教育出版社.

杨靖. 2014. 两种磁螺菌生理特征及 mamXY 操纵元在 MSR-1 菌株磁小体合成中的功能. 北京: 中国农业大学博士学位论文.

张刚. 2011. 产酸克雷伯氏菌合成 1,3-丙二醇代谢工程改造及 1,3-丙二醇氧化还原酶性质研究. 北京: 中国农业大学博士学位论文.

郑海霞, 王树人, 乔小蓉, 等. 2001. 一种简便、准确的血清氧化及还原型辅酶Ⅱ的分光光度测定法的建立. 生物医学工程学杂志, 18(3): 492~504.

Du C, Zhang Y, Li Y. et al. 2007. Novel redox potential-based screening strategy for rapid isolation of *Klebsiella pneumoniae* mutants with enhanced 1,3-propanediol-producing capability. Appl Environ Microbiol, 73(14): 4515~4521.

Pérez J M, Arenas F A, Pradenas G A, et al. 2008. *Escherichia coli* YqhD exhibits aldehyde reductase activity and protects from the harmful effect of lipid peroxidation-derived aldehydes. J Biol Chem, 283(12): 7346~7353.

实验三　酵母菌细胞 RNA 提取与地衣酚测定法

一、实验目的

1. 学习并掌握稀碱法和氨法提取 RNA 的原理和方法。
2. 学习地衣酚显色法测定 RNA 含量的原理和方法。

二、实验原理

核苷酸（nucleotide）是核酸的基本结构单位，由嘌呤碱或嘧啶碱、核糖或脱氧核糖及磷酸 3 种物质组成的化合物，一般分子结构如图 3-1 所示。核糖核酸（ribonucleic acid, RNA）由多个核苷酸通过 3′,5′-磷酸二酯键连接而成（图 3-2），主要存在于细胞质中，是生物细胞及部分病毒、类病毒中的遗传信息载体，相对分子质量一般在 2 万~50 万。根据结构、功能不同，细胞内 RNA 主要有 3 种类型：核糖体 RNA（ribosomal RNA，rRNA）、转移 RNA（transfer RNA，tRNA）和信使 RNA（messenger RNA，mRNA）。rRNA 占细胞中全部 RNA 的 80% 左右，是一类代谢稳定、相对分子质量最大的 RNA，存在

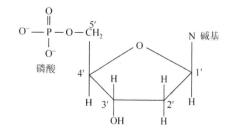

图 3-1　核苷酸的分子结构简图

于核糖体内，与核糖体蛋白质结合构成蛋白质生物合成的场所。tRNA 是细胞内最小的
RNA，一般由 73～93 个核苷酸构成，约占细胞中 RNA 总量的 15%，在蛋白质生物合
成中起着携带氨基酸的作用。mRNA 在细胞中含量很少，代谢上不稳定，是合成蛋白
质的模板，每种多肽链都由一种特定的 mRNA 负责编码。

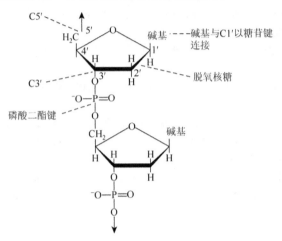

图 3-2　两个核苷酸分子通过磷酸二酯键的共价连接（Madigan et al.，2010）

　　微生物因其易于在工业上大量培养而成为生产 RNA 的良好来源，其中以酵母菌
中提取 RNA 最为理想。酵母菌中含有丰富的 RNA（可达酵母菌干重的 2.67%～
10.00%），DNA 含量相对较少（0.030%～0.516%），而且菌体容易收集，RNA 也易
于分离，因而成为工业上大规模制备核酸和核苷酸的原料。

　　提取 RNA 主要分为 3 个步骤：①破壁，使细胞裂解释放 RNA；②加热，使杂
蛋白变性沉淀；③分离，离心使核酸与菌体、蛋白质分离，得到 RNA 上清液，然后
再通过乙醇沉淀 RNA 或调节 pH 至 2.5，利用等电点沉淀 RNA。目前常用的提取方
法包括浓盐法和稀碱法。浓盐法是利用高浓度盐溶液处理酵母菌细胞，同时加热，
以改变细胞壁的通透性，使酵母菌细胞中的 RNA 释放；稀碱法是利用稀碱溶液如氢
氧化钠、氨水等，使酵母菌细胞壁变性、裂解，释放 RNA，以酸中和后，除去菌体
及蛋白质沉淀，上清用乙醇沉淀分离得到 RNA。应当注意的是，当使用氢氧化钠作
为变性剂时，提取的 RNA 会有不同程度的降解；而氨法采用稀氨水作为提取剂，目
的在于溶解酵母菌细胞壁中的脂溶性物质，以释放出 RNA，并采用分步调等电点方
法，以获得纯度及提取率都较高的 RNA 制品。

　　RNA 含量测定可用紫外吸收法、定磷法和地衣酚法，其中地衣酚法是 RNA 测
定的常用方法。其反应原理是当 RNA 与浓盐酸共热时，嘌呤碱与核糖的糖苷键可被
裂解，降解下来的核糖继而转变成糠醛，后者与 3,5-二羟基甲苯（地衣酚）反应，在
Fe^{3+}或 Cu^{2+}的催化下，生成鲜绿色复合物。反应产物在 670 nm 处有最大的吸收。嘧
啶碱的糖苷键较为牢固，在此条件下不发生降解。由于其他戊糖与地衣酚也会产生

显色复合物，因而 DNA 的存在会对 RNA 含量的测定产生一定影响。但利用两者显色复合物的最大光吸收波长不同，并通过两者在不同时间显示最大色度可在一定程度上消除 DNA 的干扰。DNA 在反应 2 min 后，在 600 nm 处呈现最大光吸收，而 RNA 则是在反应 15 min 后，在 670 nm 处呈现最大光吸收，因而沸水浴的时间一般要在 20 min 以上。此外，采用氧化铜（CuO）作催化剂，而不用三氯化铁作催化剂，也能够因 CuO 的选择性更强，而提高 RNA 反应的灵敏度，减少 DNA 干扰。RNA 浓度为 20～250 μg/mL 时的光吸收与 RNA 浓度成正比。因而以 CuO 作催化剂时被称为改良地衣酚法。

样品中少量 DNA 不会干扰对 RNA 的测定，但蛋白质及多糖会造成干扰。同时由于测糖法只能测定 RNA 中与嘌呤连接的糖，而不同来源的 RNA 所含的嘌呤、嘧啶的比例各不相同，因此用所测的 RNA 含量之间无法进行绝对的换算或比较。最好用与被测物相同来源的纯化 RNA 制作标准曲线，然后通过此曲线查出被测 RNA 的含量。

三、实验材料

（1）干酵母粉。

（2）试剂：0.05 mol/L NaOH、95%乙醇、1.0%氨水、乙酸、三氯乙酸、盐酸、氧化铜、浓氨水。

（3）RNA 标准溶液：取酵母菌 RNA 配成 50 μg/mL 的溶液。

（4）待测 RNA 样品：以 1 mmol/L NaOH 溶液将待测 RNA 配成 30～50 μg/mL 的溶液。

（5）样品溶液：控制 RNA 浓度为 20～200 μg/mL，本实验称量自制干燥 RNA 粗制品 20 mg（估计其纯度约为 50%），按 RNA 标准溶液方法配制到 100 mL。

（6）地衣酚-铜离子试剂。

1）地衣酚储存液：取地衣酚 5 g，溶于 10 mL 95%乙醇中，溶液呈深红色。

2）铜离子溶液：$CuCl_2 \cdot 2H_2O$ 0.75 g，溶于 500 mL 12 mol/L HCl 中，溶液呈深黄色。使用前，取地衣酚储存液 2 mL，加铜离子溶液 100 mL，临用前混匀配制。

（7）其他：容量瓶（10 mL）、刻度移液管（2.0 mL、5.0 mL）、量筒（10 mL、50 mL）、吸管及滴管、试管、试管夹及试管架、离心机、布氏漏斗、抽滤瓶、pH 试纸、分析天平、恒温水浴、分光光度计、沸水浴锅等。

四、实验步骤

（一）酵母菌 RNA 的稀碱法提取

（1）提取：取干酵母粉 4 g，置于 100 mL 烧杯中，加入 0.05 mol/L NaOH 溶液 40 mL，摇匀成悬浮液，沸水浴浸提 20 min（经常搅拌）。

（2）分离：将上述提取液取出，冷却至室温，至离心管中，4000 r/min 离心 10 min。

（3）沉淀：取上清液，加入 30 mL 95%乙醇，边加边搅动，然后用乙酸调 pH 至 2.5。静置，待 RNA 沉淀完全后，3000 r/min 离心 5 min，弃上清。

（4）洗涤：向离心管中加入 95%乙醇 10 mL，振荡摇匀以洗涤沉淀，3000 r/min 离心 3 min，再弃上清后，所得沉淀即为 RNA 粗品。

（5）干燥：布氏漏斗抽滤后，于空气中干燥，称量所得 RNA 粗品的质量。

（6）计算：由所得 RNA 干燥粗品，计算干酵母粉中 RNA 的百分含量。

（二）酵母菌 RNA 的氨法提取

（1）提取：取干酵母粉 4 g，置于 100 mL 烧杯中，加入 1.0%氨水 40 mL，摇匀成悬浮液，60℃恒温水浴浸提 50 min（经常搅拌）。

（2）分离：将上述提取液取出，冷却至室温，至离心管中，4000 r/min 离心 10 min。

（3）除杂蛋白：取上清液，加入 30 mL 95%乙醇，边加边搅拌，然后用盐酸调 pH 至 4.2。静置，待杂蛋白沉淀完全后，3000 r/min 离心 5 min。

（4）沉淀：取上清液，用乙酸调 pH 至 2.3～2.5。静置，待 RNA 沉淀完全后，3000 r/min 离心 5 min，弃上清。

（5）洗涤：向离心管中加入 95%乙醇 10 mL，振荡摇匀以洗涤沉淀，3000 r/min 离心 3 min，再弃上清后，所得沉淀即为 RNA 粗品。

（6）干燥：布氏漏斗抽滤后，于空气中干燥，称量所得 RNA 粗品的质量。

（7）计算：由所得 RNA 干燥粗品，计算干酵母粉中 RNA 的百分含量。

（三）地衣酚法定量测定 RNA

1. 标准曲线的制作

（1）取试管 7 支，按表 3-1 配制反应液。

表 3-1　地衣酚法定量测定 RNA 标准曲线的制作

试剂	试管编号						
	1	2	3	4	5	6	7
RNA 标准液/mL	0.0	0.2	0.4	0.8	1.2	1.6	2.0
去离子水/mL	2.0	1.8	1.6	1.2	0.8	0.4	0.0
RNA/（μg/管）	0.0	10.0	20.0	40.0	60.0	80.0	100.0

（2）向每个试管中加入 2 mL 地衣酚溶液。

（3）各管摇匀，置于 100℃水浴中保温 35 min 后，流水冷却。选用光程为 1 cm 的比色杯，以 1 号管作空白对照，测定其他各管的 A_{670} 值。以 A_{670} 值为纵坐标，RNA 含量（μg）为横坐标作标准曲线。

2. 样品中 RNA 含量的测定

（1）取试管 4 支，按 3-2 表配制反应液。

表 3-2　样品 RNA 含量的测定

试剂	试管编号			
	1	2	3	4
样品溶液/mL	0	2	2	2
去离子水/mL	2	0	0	0

（2）向每个试管中加入 2 mL 地衣酚溶液。

（3）各管摇匀，置于 100℃水浴中保温 35 min 后，流水冷却。以 1 号管作空白对照，测定其他各管的 A_{670} 值，并计算其平均值。在标准曲线上找到相应的 RNA 含量。

3. 结果计算

样品中 RNA 含量计算公式如下：

$$\omega(\text{RNA}) = \frac{y \times N}{2 \times m \times 10^3} \times 100\%$$

其中，y 为样品测得 A_{670} 值在标准曲线上查得的 RNA 含量（μg）；N 为所测样品稀释倍数；m 为样品重（mg）；2 为测定时所取样品的溶液量为 2 mL。

五、实验结果

比较两种方法提取酵母粉中 RNA 粗品的质量，并分别计算两种样品中 RNA 的含量，比较两种样品中 RNA 粗品的纯度。

六、思考题

1. RNA 提取的原理是什么？
2. 提取 RNA 过程中为什么要严格控制时间、温度、pH？
3. 根据实验结果，试比较两种提取 RNA 的方法优劣，并解释其原因。

七、参考文献

高英杰, 郝林琳. 2011. 高级生物化学实验技术. 北京: 科学出版社.

刘箭. 2010. 生物化学实验教程. 2 版. 北京: 科学出版社.

Modigan T M, Martinko J M, Stahl D A, et al. 2010. Brock biology of microorganisms. 13th ed. San Francisco: Pearson Education, Inc.

实验四　法夫酵母菌细胞虾青素的提取及测定

类胡萝卜素（carotenoid）是一类天然产物的总称，是由 8 个异戊二烯单元组成四十碳的四萜类化合物，可溶解于大部分有机溶剂中。在遇光、酸、氧及高温时不稳定，易降解。类胡萝卜素是普遍存在于动物、高等植物、真菌、藻类和细菌中的黄色、橙红色或者红色的色素，主要包括 β-胡萝卜素和 γ-胡萝卜素，因此得名。目前已经发现有 600 多种天然类胡萝卜素，比较常见的有虾青素（astaxanthin，$C_{40}H_{52}O_4$）、番茄红素（lycopene，$C_{40}H_{56}$）、叶黄素（lutein，$C_{40}H_{56}O_2$）、玉米黄素（zeaxanthin，$C_{40}H_{56}O_2$）、α-胡萝卜素和 β-胡萝卜素（α-carotene or β-carotene，$C_{40}H_{56}$）等。

虾青素是一种橘红色酮式类胡萝卜素，动物可以通过摄取自然界中的虾青素并积累在体内而呈现艳丽的色泽，如火烈鸟的羽毛、鲑鱼及龙虾的皮肤和肌肉。

虾青素（3,3′-二羟基-4,4′-二酮基 β,β′-胡萝卜素，3,3′-dihydroxy-β,β′-carotene-4,4′-dione）分子式为 $C_{40}H_{52}O_4$，相对分子质量为 596.85，虾青素的分子结构图如图 4-1 所示。

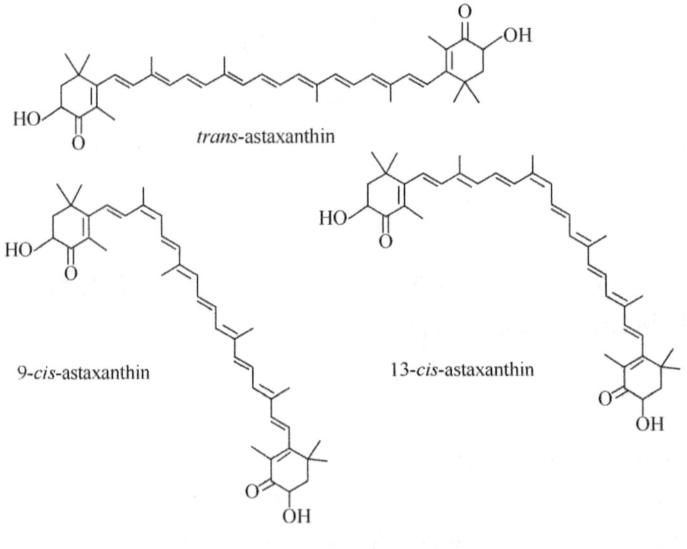

图 4-1　虾青素的结构

如图 4-1 所示，虾青素是一种含氧的类胡萝卜素，骨架是由 4 个异戊二烯以共轭双键形式连接，两端又各连有由两个异戊二烯单位组成的六元环结构。其分子结构中的碳骨架由中央多聚烯链和位于两侧的芳香环组成，每个芳香环上各有一个羟基（—OH）及一个酮基（＝O）。这些含氧基团增加了共轭双键的数量，赋予虾青素比其他非极性类胡萝卜素更强的抗氧化活性（如虾青素的抗氧化活性是维生素 E 的 100～

500 倍，是 β-胡萝卜素的 10 倍）。

虾青素分子中存在大量的碳—碳双键，可以形成多种几何异构体。连接在碳—碳双键两个碳原子上的大的化学基团在同侧的为顺式结构 Z（Zusammen），在异侧为反式结构 E（Entgegen）。虾青素分子的线性结构部分存在多个双键，每一个双键均可能存在 Z 或 E 构型。从热动力学角度来看，虾青素全反式结构因为其双键上的取代集团不存在空间障碍是最稳定的。自然界中，已经发现虾青素分子的 9 位和 13 位存在顺式异构体（图 4-1）。存在于自然界中的大部分虾青素及虾青素酯为全反式异构体。

虾青素的分子结构中，两侧芳香环上的两个羟基分别连接的两个碳原子（3 和 3′碳原子）均为不对称碳原子，可以形成 3S，3′S、3R，3′R 和 3R，3′S 三种旋光异构体。天然虾青素以 3S，3′S 或 3R，3′R 形态存在。法夫酵母菌中虾青素含量较高，主要以游离的形式存在。

虾青素在遇光、酸、氧及高温时不稳定，易降解，故要避光操作和保存。

生物氧化反应是生物体细胞的基本生理生化过程。生物氧化过程会产生单线态氧（$^1O_2$）、羟基自由基（·OH）、超氧阴离子自由基（$·O_2^-$）和过氧化氢（H_2O_2）等活性氧（reactive oxygen species，ROS）。

活性氧具有高度不稳定性，导致氨基酸的氧化、蛋白质的降解和 DNA 的损伤等多种细胞伤害。氧自由基还会攻击细胞膜上的不饱和脂肪酸，氧化的脂肪酸能通过链式反应产生更多的脂肪酸自由基（free radical）。过多自由基的存在打破了生物体内自由基和抗氧化剂的平衡，是导致风湿性关节炎、心脏病、帕金森病、多种癌症和休克的重要因素。

生物体中存在许多防御系统，如抗氧化酶有超氧化物歧化酶（superoxide dismutase）、过氧化氢酶（catalase）和各种过氧化物酶（peroxidase），以及一些抗氧化的小分子如谷胱甘肽（glutathione）、褪黑激素（hormone melatonin）、尿酸（uric acid）。这些内源的抗氧化剂并不能彻底地保护生物体不受氧化压力的破坏，长期的氧化压力会引起机体衰老等其他相关疾病。维生素 C、维生素 E 和类胡萝卜素是内源抗氧化系统的补充。

类胡萝卜素主要通过两种机制保护细胞不受氧化破坏：物理机制淬灭单线态氧和化学机制淬灭各种自由基。单线态氧分子上过量的能量首先被转移到类胡萝卜素分子的长链——共轭双键结构（富电子结构）上，类胡萝卜素分子被激化转化成三线态（$^3Car^*$），接下来多余的能量以热能的形式释放，三线态（$^3Car^*$）又恢复到基态（$^1Car^*$）。这种机制并不破坏类胡萝卜素的结构，还原到基态的类胡萝卜素又能继续淬灭单线态氧和其他自由基。叶黄素、玉米黄质、番茄红素、异玉米黄素和虾青素 5 种类胡萝卜素及其衍生物中共轭双键数不同，抗氧化作用随共轭双键的增加而增加，虾青素的作用为最强。

$$\begin{cases} ^1O_2^* + ^1Car^* \longrightarrow {}^3O_2 + {}^3Car^* \\ ^3Car^* \longrightarrow {}^1Car^* + heat \end{cases}$$

类胡萝卜素具有多种化学淬灭自由基的机制：如贡献一个电子给自由基或与自由基结合反应生成复合物；类胡萝卜素的富电子结构较其他分子更易于吸引自由基，从而保护其他细胞成分（脂类、蛋白质、DNA）免于自由基的攻击。类胡萝卜素及其衍生物中羟基和酮基的存在与数目对清除自由基的作用非常重要。虽然虾青素与其他类胡萝卜素的结构相似，但其生物活性有很大的不同，虾青素清除自由基的能力最强。此外，还具有增强免疫力、预防癌症等功能，被广泛应用在营养保健食品、药品、化妆品、水产养殖业的饲料添加剂中。

一、实验目的

1. 理解并掌握法夫酵母菌虾青素的分离提取方法。
2. 学习采用分光光度计检测类胡萝卜素化合物的方法。
3. 学习薄层层析法和高效液相色谱法检测虾青素的原理及方法。

二、实验原理

在自然界中，法夫酵母菌细胞中虾青素含量占总类胡萝卜素比例较高，故本实验以法夫酵母菌为实验材料，对细胞总类胡萝卜素和虾青素进行提取与检测。

1. 虾青素的提取

法夫酵母菌细胞壁含有葡聚糖、几丁质、甘露聚糖等多糖，非常坚固，提取虾青素通常需要破壁。二甲基亚砜能溶解大多数有机化合物，甚至对无机盐也能溶解，具有很强的渗透性，因此能够渗透并破坏细胞壁。虾青素是一种脂溶性极强的化合物，几乎不溶于水。虾青素溶于大多数有机试剂，尤其易溶于非极性有机溶剂，如四氢呋喃、卤代烃和己烷中，而非极性溶剂很难接近酵母菌细胞，因此，在提取时需在提取液中同时加入甲醇等极性溶剂。

2. 薄层层析原理

薄层层析（thin layer chromatography，TLC）是将吸附剂或支持剂均匀地铺在一块玻璃上，形成薄层层析板。把待分离的样品点在薄层层析板上，用适宜的溶剂展开使混合物得以分离的方法。薄层层析是一种微量、快速的层析方法，它不仅可以用于纯物质的鉴定，也可以用于混合物的分离、提纯及含量的测定。

展层剂：薄层层析中用来将样品展开的溶剂。展开：用极性适当的溶剂浸润已经点了样品的薄层层析板的一端，凭借毛细作用带动样品在薄层层析板上移动，最终使样品分离的操作过程。展层剂常是两种或两种以上的溶剂按一定比例组成的溶剂系统。展层剂不变的情况下，被分离成分的极性越大，吸附剂对其作用越强，展开距离越短；被分离成分极性越弱，展开距离越大。

3. 分光光度计法测定原理

由于线性共轭双键系统的存在，类胡萝卜素会表现出很深的黄色、橙色或红色。

它们的吸收光谱与共轭双键的数量有关，一般为 400～500 nm。类胡萝卜素表现出很高的光吸收效率，针对这一特点，用分光光度计法等可对类胡萝卜素进行检测。根据特征吸收峰还可以鉴定类胡萝卜素的种类。虾青素分子结构所具有的发色团在紫外-可见光区有独特的吸收区，最大吸收峰在 476 nm 处，其结晶或溶液在可见光下具有十分绚丽的紫红色。法夫酵母菌中虾青素占总类胡萝卜素的比例在 80%以上，因此，对其进行总类胡萝卜素测定时，采用 476 nm 为检测波长。

4. HPLC 工作原理

以高压液体为流动相的液相色谱分析法称为高效液相色谱法（high performance liquid chromatography，HPLC）。其基本方法是用高压泵将具有一定极性的单一溶剂或不同比例的混合溶剂（流动相）泵入装有填充剂的色谱柱，经进样阀注入的样品被流动相带入色谱柱内进行分离。依次进入检测器，经过检测器时样品浓度被转换成电信号传送到记录仪，由记录仪、积分仪或数据处理系统记录电信号或进行数据处理而得到分析结果（图 4-2）。高效液相色谱法具有分离效能高、选择性好、灵敏度高、分析速度快、使用范围广、色谱柱可反复使用的特点。常用甲醇、水或乙腈作为流动相。

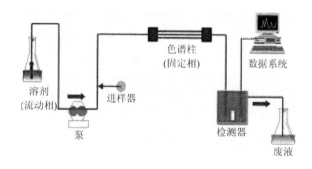

图 4-2　HPLC 工作原理示意图

三、实验材料

（1）菌种：法夫酵母菌高产突变株 MK19（*Phaffia rhodozyma* MK19）。

（2）培养基主要有以下几种。

1）PDA 固体培养基：200 g 去皮土豆、20 g 葡萄糖、20 g 琼脂，调 pH 至 6.5，用 H_2O 定容至 1 L，121℃高压蒸汽灭菌 30 min。

2）种子培养基：20 g 葡萄糖、4 g 酵母粉、2.4 g 尿素、2 g KH_2PO_4、0.5 g $MgSO_4 \cdot 7H_2O$，调 pH 至 6.5，用 H_2O 定容至 1 L，121℃高压蒸汽灭菌 30 min，尿素过滤灭菌。

3）发酵培养基：110 g 葡萄糖、2 g 酵母粉、2.4 g 尿素、2 g KH_2PO_4、0.5 g $MgSO_4 \cdot 7H_2O$，调 pH 至 6.5，用 H_2O 定容至 1 L，115℃高压蒸汽灭菌，尿素过滤灭菌。

（3）实验仪器：分光光度计、高效液相色谱仪、数显恒温水浴锅、普通台式离心机、C18 反相色谱柱（填料 C18，粒径 dp 5 μm，柱长 250 mm，内径 4.6 mm）、展层缸、硅胶板。

（4）试剂：虾青素标准品，二甲基亚砜、甲醇、二氯甲烷等提取试剂均为分析纯，甲醇、水等色谱分析试剂均为色谱纯。

四、实验步骤

（一）法夫酵母菌培养

将法夫酵母菌高产突变菌株 MK19（−80℃保存），在 PDA 斜面上活化。22～25℃培养 2～3 d 后，刮取菌苔接种于 20 mL 种子培养基中，22～25℃振荡培养 2 d，按 5%的接种量转接于另一含有 50 mL 发酵培养基的锥形瓶中，24℃振荡培养 120 h，使其充分合成虾青素。

（二）法夫酵母菌总类胡萝卜素的提取

1 mL 发酵液 5000 r/min 离心 3 min 收集菌体，去离子水洗 2 遍，沉淀加入预热二甲基亚砜 200 μL，剧烈振荡混匀，60℃水浴保温 20 min，移液管加入提取液（甲醇：二氯甲烷=3：1）1 mL 静止数分钟，2000 r/min 离心 1 min，小心将上清转移至干净离心管，沉淀重复用二甲基亚砜破壁、提取液提取 2 或 3 次至菌体为白色为止（注意：避光，尽量防止类胡萝卜素的光氧化降解）。

（三）法夫酵母菌虾青素分离测定

1. 薄层层析（TLC）法分离法夫酵母菌类胡萝卜素

按照图 4-3 将样品点在起始处（约距离底部 1 cm），点上样的溶剂充分挥发后，将薄层放置在展层缸中，展层液浸没硅胶薄层板底部约 0.5 cm，进行浸润展开的过程，展层剂展开至距离薄层板顶部约 1 cm 处取出薄层板，立刻用铅笔划出展层剂前沿（注意：先悬空饱和，再入液展开；样点不能泡在展开剂中；薄层进入时不能歪斜进入）。

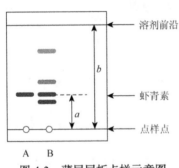

图 4-3　薄层层析点样示意图

A. 虾青素标准品；B. 法夫酵母菌总类胡萝卜素提取液；
TLC 检测展层剂为丙酮：正己烷=1：6

展开结束后，各色素斑点出现不同程度的分离。为了表示各成分的相对位置（极性），通常以迁移率（Rf 值）作为衡量斑点位置的指标。

Rf =（斑点中心与原始样点之间的距离 a）/（溶剂前沿与原始样点之间的距离 b）

2. 分光光度法检测总类胡萝卜素含量

检测波长为虾青素的最大吸收波长 476 nm。以提取液甲醇：二氯甲烷=3：1 为空白调零，测样品吸光度，注意避光，计算公式如下：

$$总类胡萝卜素含量（mg/L）=OD_{476}*v/0.21$$

式中，v 为稀释倍数；0.21 为虾青素的消光系数。

3. 高压液相色谱法检测虾青素的含量

标准溶液的配制：称取 10 mg 的虾青素标准品，溶于适量的提取液（甲醇：二氯甲烷=3：1）中，转移至 100 mL 的容量瓶中，定容后的 100 mg/L 的虾青素标准液避光、冷冻保存备用。使用时在避光的条件下用提取液稀释成适当浓度。本实验配制 1 mg/L、2 mg/L、3 mg/L、4 mg/L、5 mg/L 等一系列浓度的虾青素标准溶液。HPLC 测定标准溶液在 476 nm 处的峰面积，以虾青素的质量浓度为横坐标，峰面积为纵坐标作图，得到虾青素的标准曲线及回归方程。

HPLC 流动相：A 液为甲醇；B 液为乙腈。

梯度洗脱程序：　0～25 min　　　A%0～100%

　　　　　　　　25～35 min　　　A%100～0%

　　　　　　　　35～45 min　　　A%0～0%

上述提取样品高速离心或 4.5 μm 滤膜过滤后，用微量移液器吸取>60 μL 样品，HPLC 检测；流速 1.0 mL/min，柱温 40℃。虾青素检测波长为全波长扫描，虾青素浓度根据标准品的标准曲线确定。

五、实验结果

（1）观察并记录薄层层析法中的 TLC 分离图谱。通过 TLC 可以分离出几种类胡萝卜素，分别计算 Rf 值。

（2）通过高效液相色谱法计算样品中虾青素的含量。结合分光光度法，计算虾青素在总类胡萝卜素中所占的比例。

六、思考题

1. 为什么提取法夫酵母菌总类胡萝卜素时，首先需要将细胞处理（预热二甲基亚砜 200 μL，剧烈振荡混匀，60℃水浴保温 20 min）？

2. 为确保虾青素提取与检测的质量，需要注意的关键问题有哪些？

七、参考文献

惠伯棣. 2005. 类胡萝卜素化学及生物化学. 北京: 中国轻工业出版社.

姜建国, 王飞, 陈倩. 2007. 类胡萝卜素功效与生物技术. 北京: 化学工业出版社.

Bernhard. 1990. Synthetic astaxanthin: The route of carotenoids from research to commercialization. *In*:

Krinsky N I, Mathews-Roth M M, Taylor R F. Carotenoids: Chemistry and Biology. New York: Plenum Press.

Camera E, Mastrofrancesco A, Fabbri C, et al. 2009. Astaxanthin, canthaxanthin and beta-carotene differently affect UVA-induced oxidative damage and expression of oxidative stress-responsive enzymes. Exp Dermatol, 18(3): 222~231.

Fassett R G, Coombes J S. 2009. Astaxanthin, oxidative stress, inflammation and cardiovascular disease. Future Cardiol, 5(4): 333~342.

Osterlie M, Bjerkeng B, Liaaen J S, et al. 1999. Accumulation of astaxanthin all-*E*, 9*Z* and 13*Z* geometrical isomers and 3 and 3' RS optical isomers in rainbow trout(*Oncorhynchus mykiss*)is selective. J Nutr, 129(2): 391~398.

实验五　极端嗜盐菌甘油二醚类衍生物的检测

一、实验目的

1. 掌握极端嗜盐菌甘油二醚类衍生物的提取方法。
2. 学会应用薄层层析法测定极端嗜盐菌的甘油二醚类衍生物。

二、实验原理

极端嗜盐菌是指对浓度在 15% 以上的 NaCl 有特殊适应能力的一类微生物。Kusherner 根据细菌与 NaCl 浓度之间的关系，将细菌分为 3 类（表 5-1），表中将生长在 0.2~5.2 mol/L（1.17%~30.42%）NaCl 浓度中的细菌统称为嗜盐菌，而其中生长在 2.5 mol/L（14.63%）以上 NaCl 浓度的嗜盐菌称为极端嗜盐菌。

表 5-1　不同细菌对 NaCl 的反应（Kushner，1978）

分类	生长最适 NaCl 浓度/（mol/L）	代表菌
非嗜盐菌	<0.2	常见细菌
弱嗜盐菌	0.2~0.5	海洋细菌
中度嗜盐菌	0.5~2.5	喜盐微球菌
极端嗜盐菌	2.5~5.2	盐生盐杆菌
耐盐菌	能耐盐的非嗜盐菌	表皮葡萄球菌

嗜盐菌在长期适应高盐环境的过程中形成了自己独特的细胞膜。在真细菌（包括耐盐菌，如盐单胞菌属）和真核生物中，其磷脂主要是甘油磷脂，两个脂酰基为直链脂肪酸，这种脂质通常称为正常脂质（normal lipid）。嗜盐菌的极性脂质则是由

甘油和饱和植烷醇（phytanol，其烃链每隔 4 个碳原子就有一个甲基）通过醚键结合，称为古菌脂质（archaebacterial lipid）（图 5-1）。根据醚脂结构中的醚键的数目，古菌脂质一般分为甘油二醚脂质和甘油四醚脂质，甘油四醚能形成大小和脂双分子层相同的单层膜脂（图 5-2）。产甲烷细菌的细胞膜中 C_{20} 甘油二醚和 C_{40} 甘油四醚都存在，而极端嗜盐菌的细胞膜中只含有 C_{20} 甘油二醚，真细菌耐盐菌的细胞膜中则均不含有甘油二醚类衍生物。根据这一特点，可通过测定极端嗜盐菌菌体的甘油二醚类衍生物，来提高分离和鉴别极端嗜盐菌的效果。本实验提取极端嗜盐菌菌体的甘油二醚类衍生物，并采用薄层层析法进行测定。因脂质物质不耐高温，本实验干燥菌体的过程采用真空冷冻干燥技术。

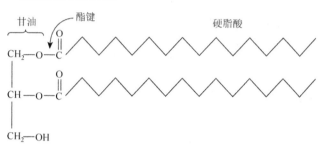

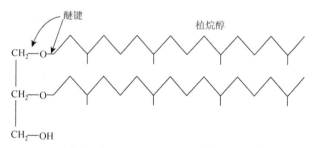

图 5-1　古菌及细菌和真核细胞的脂质结构

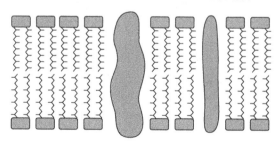

a

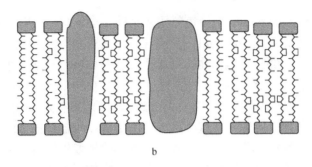

b

图 5-2　古菌细胞膜的脂质

a. 双层 C_{20} 甘油二醚组成的膜；b. C_{40} 甘油四醚组成的单层膜

真空冷冻干燥的原理是使含水物质温度降至冰点以下，再使由水凝固的冰在较高真空度下直接升华而除去的干燥方法。与传统的高温加热的干燥技术相比，真空冷冻干燥主要具有以下几个特点：①物料在低压下干燥，使物料中的易氧化成分不致氧化变质，同时因低压缺氧，能灭菌或抑制某些细菌的活力；②物料在低温下干燥，使物料中的热敏成分能保留下来，营养成分和风味损失很少，可以最大限度地保留食品原有成分、味道、色泽和芳香；③由于物料在升华脱水以前先经冻结，形成稳定的固体骨架，因此水分升华以后，固体骨架基本保持不变，干制品不失原有的固体结构，保持着原有形状；④由于物料中水分在预冻以后以冰晶的形态存在，原来溶于水中的无机盐之类的溶解物质被均匀分配在物料之中，升华时溶于水中的溶解物质就地析出，避免了一般干燥方法中因物料内部水分向表面迁移所携带的无机盐在表面析出而造成表面硬化的现象。鉴于冷冻干燥技术具有其他干燥法无法比拟的优点，已广泛应用于生物制品等方面。

真空冷冻干燥系统由制冷系统、真空系统、加热系统和控制系统等部分组成（图 5-3）。其中制冷系统由冷冻机、冻干箱、冷凝器及内部的管道等组成。冷冻机对冻干箱和冷凝器进行制冷，以维持冻干过程中的低温环境。冻干机组的真空系统由冻干箱、冷凝器、真空

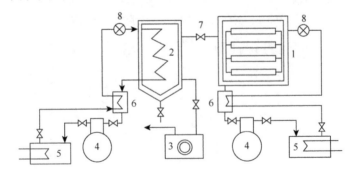

图 5-3　真空冷冻干燥机的示意简图（王明俊等，1997）

1. 干燥箱；2. 冷阱；3. 真空泵；4. 制冷压缩机；5. 冷凝器；6. 热交换器；7. 冷阱进口阀；8. 膨胀阀

泵、真空管道和阀门所组成。不同冻干机组有不同的加热方式，有利用电直接加热法，也有利用循环泵将中间介质（传热流体）循环加热方式。加热系统可将冻干箱加热至50℃，使物质中的水分不断升华而干燥。控制系统由各种控制开关、指示和记录仪表、自动化元件等组成。控制系统的功用是对冻干机组进行手动或自动控制，使其正常运行，保证冻干制品的质量。

冻干过程需要 3 个阶段。①预冻阶段：预冻是将溶液中的自由水固化，使干燥后产品与干燥前有相同的形态，防止抽空干燥时起泡、浓缩、收缩和溶质移动等不可逆变化产生，减少因温度下降引起的物质可溶性降低和生命特性的变化。②升华干燥阶段：升华干燥也称第一阶段干燥。将冻结后的产品置于密闭的真空容器中加热，其冰晶就会升华成水蒸气逸出而使产品脱水干燥。这种阶段产品的温度应足够地高，只要不烧毁产品和不造成产品过热而变性就可。同时，为了使解析出来的水蒸气有足够的推动力逸出产品，必须使产品内外形成较大的蒸汽压差，因此此阶段中箱内必须是高真空。此时约除去全部水分的 90%。③解析干燥：也称第二阶段干燥。在第一阶段干燥结束后，在干燥物质的毛细管壁和极性基团上还吸附有一部分水分，这些水分是未被冻结的。为了改善产品的储存稳定性，延长其保存期，需要除去这些水分。

三、实验材料

（1）材料：盐生盐杆菌（*Halobacterium halobium*）。

（2）试剂：酵母浸膏、柠檬酸钠、NaCl、$FeSO_4 \cdot 7H_2O$、$MgSO_4 \cdot 7H_2O$、酪蛋白水解物、KCl、甲醇、甲苯、浓硫酸、己烷、无水乙醇、石油醚、乙醚、丙酮、磷钼酸、羧甲基纤维素钠、硅胶 G。

（3）Complete medium（CM 培养基）：$MgSO_4 \cdot 7H_2O$ 20 g/L、酪蛋白水解物 7.5 g/L、NaCl 200 g/L、酵母浸膏 10 g/L、柠檬酸钠 3 g/L、$FeSO_4 \cdot 7H_2O$ 0.05 g/L、KCl 2 g/L，pH 7.0。装瓶量为瓶体积的 1/4～1/3，光照，180 r/min 培养。

（4）其他：电子天平、托盘天平、称量纸、牛角匙、精密 pH 试纸、量筒、烧杯、无菌水、无菌培养皿、无菌移液管、无菌微口滴管、无菌玻璃涂棒、玻璃板、带磨口玻璃塞的刻度试管、锥形瓶、微量移液器、电吹风、小喷雾器、层析缸、恒温水浴、烘箱、摇床、载玻片、毛细管等。

四、实验步骤

（一）极端嗜盐菌的培养及菌体收集

（1）按照 CM 培养基的配方准确称量试剂。

（2）培养基的溶解：将称好的药品依次加入烧杯中，加入一定量的水之后，放到电磁炉上加热，边溶解边搅拌至完全溶解。

（3）调节 pH：CM 培养基未调 pH 时，其自然 pH 是 5，在该 pH 条件下，不利于盐生盐杆菌的生长，因为过酸的条件会造成菌体的裂解，需调节 pH 至 7.0 左右。

（4）过滤分装灭菌：将配制好的培养液过滤，并分装到 250 mL 锥形瓶中，每瓶 60 mL CM 培养基，121℃，灭菌 20 min 后待用。

（5）取 3 mL 盐生盐杆菌的菌悬液，接入盛有 60 mL CM 培养液的 250 mL 锥形瓶中，置于 37℃旋转式摇床上，光照条件下振荡培养 6 d（注意：盐杆菌的生长温度为 30～55℃，最适温度是 38℃，在 38℃以上也能生长良好。但由于温度太高，会造成培养基中水分的过度蒸发，从而会使培养基中盐分析出，造成培养基中各成分变化过大，而不适宜菌体生长。因此，在培养中通常选用 37～38℃来培养）。

（6）将上述培养液离心，4000 r/min，20 min 收集菌体。

（7）弃上清液后，采用真空冷冻干燥法干燥菌体。

（二）真空冷冻干燥法干燥菌体

（1）系统准备：检查系统是否清洁和干燥，真空泵与冷冻机是否连接，接通电源，检查排气口、冷冻管的密封性。

（2）安瓿管准备：清洗安瓿管时，先用 2%盐酸浸泡过夜，自来水冲洗干净后，用蒸馏水浸泡 pH 至中性，干燥后加入脱脂棉塞后，121℃高压灭菌 20 min，备用。

（3）分装及预冻：将菌体沉淀物分装于安瓿管中，在超低温冰箱中–70℃预冻 1 h。

（4）加样：打开密封管开关，搬开冷冻舱，将样品置于冷冻舱里的隔板上。关闭密封管开关。

（5）冷冻：打开冷冻开关，等待 20～30 min，直至冷冻舱的温度低于–40℃（–45℃左右即可）。

（6）抽真空：打开真空泵开关，等待 10～15 min，至系统压力低于 100 mmHg[①]。

（7）监控过程：确保系统参数（冷冻温度、真空压力）在正常范围内；定期检查冷冻舱中的结冰情况，决定是否要除霜等；观察样品是否干燥完全，本实验干燥过程需要 20 h 左右。

（8）关闭系统：关闭总开关，接上排气管或打开密封管开关以解除真空状态。关闭真空开关，关闭冷冻开关，取出样品。

（三）极端嗜盐菌甘油二醚衍生物的提取

（1）菌体水解：先将实验菌种干菌体 100 mg 置于一含有磨口玻璃塞的刻度试管（10 mL）中，而后在此试管中加入 3 mL 甲醇、3 mL 甲苯及 0.1 mL 浓硫酸，混匀后置于 50℃恒温水浴槽中，水解 15～18 h（中间需振摇数次）。

（2）甘油二醚衍生物的提取：取已完成水解的试管，加入 1.5 mL 己烷，剧烈振

---

① 1mmHg=1.333 22×10^2 Pa

荡 2～3 min，静置 15～20 min 至溶液明显分层（脂质溶于有机溶剂，处于上层液中）。

（四）极端嗜盐菌甘油二醚衍生物的薄层层析

（1）薄层板的制备：取 7.5 cm×2.5 cm 左右的载玻片 2 片，洗净晾干。在 50 mL 烧杯中，放置 3 g 硅胶 G，逐渐加入 0.5%羧甲基纤维素钠（CMC）水溶液 8 mL，调成均匀的糊状，用滴管吸取此糊状物，涂于上述洁净的载玻片上，用手将带浆的玻片在玻璃板或水平的桌面上进行上下轻轻摇动，并不时转动方向，制成薄厚均匀、表面光洁平整的薄层板，涂好硅胶 G 的薄层板置于水平的玻璃板上，在室温放置 0.5 h 后，放入烘箱中，缓慢升温至 110℃，恒温 0.5 h，取出，稍冷后置于干燥器中备用。

（2）点样：取用上述方法制好的薄层板。分别在距一端 1 cm 处用铅笔轻轻划一横线作为起始线。将菌种提取液 20～40 µL，用管口平整的毛细管滴加于离薄层板一端约 1 cm 处的起点线上。点样用毛细管要细，样点要小，样点的颜色较浅，可重复点样，重复点样前必须待前次样点干燥后进行。样点直径不应超过 2 mm。

（3）层析和显色。

1）层析：将点好的样晾干或吹干后置薄层板于盛有展开剂（石油醚：乙醚=85：1，V/V）的展开槽内（图 5-4），浸入深度为 0.5 cm，待展开剂前沿离顶端约 1 cm 附近时，将薄层板取出，并自然风干。

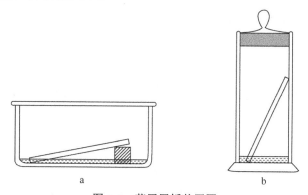

图 5-4　薄层层析装置图

a. 卧式；b. 斜靠式

2）显色：将 10%的磷钼酸溶液（以无水乙醇配制）加到小喷雾器中，然后将此液均匀地喷洒在上述薄层板上，并将此板置于 150℃烘箱中，保持 15 min，可见黑色斑点。记录原点至斑点心和原点至展开剂前沿的距离，计算 Rf 值。极端嗜盐菌的样品提取液仅在 Rf 值约为 0.2 处有一黑色斑点，此斑点即为甘油二醚类衍生物；而盐单胞菌等细菌的样品提取液则在 Rf 值约大于 0.6 处有一黑色斑点，该斑点为非羟基化的脂肪酸甲酯。

3）若斑点呈现伸长现象，表明可能样品液中存在两种甘油二醚类衍生物，需重新点样，以第一种展开剂展开并自然风干后，再采用第二种展开剂（甲苯：丙酮=97：3，

V/V）继续在同一方向上再次展开，并自然风干。这样，经同样的显色过程后，可呈现两个间隔距离很小的黑色斑点，从而表明该样品液具有两种甘油二醚类衍生物。

五、实验结果

观察实验菌种样品液的薄层层析结果，计算各实验菌种样品液的 Rf 值，并绘制各实验菌种样品液的薄层层析结果图；根据层析结果，鉴别极端嗜盐菌。

六、思考题

1. 极端嗜盐菌有哪些机制来适应高盐度环境？
2. 本实验鉴别古菌和真细菌的依据是什么？

七、参考文献

刘会强, 张立丰, 韩彬, 等. 2005. 嗜盐菌的研究新进展. 新疆师范大学学报（自然科学版）, 24(3): 84～88.

王明俊. 1997. 兽医生物制品学. 北京：中国农业出版社.

徐金贵. 2002. 极端嗜盐菌的研究. 西安：西北大学博士学位论文.

周德庆. 2006. 微生物学实验教程. 2 版. 北京：高等教育出版社.

Kushner D J. 1978. Life in high salt and solute concetration. New York: Acdemic Press.

实验六　真菌细胞中多糖成分的提取及单糖组分的测定

一、实验目的

1. 掌握真菌细胞水溶性多糖成分的提取方法。
2. 学习毛细管电泳法测定多糖的单糖组分的原理及方法。

二、实验原理

真菌多糖是指真菌产生的由 10 个以上的单糖以糖苷键连接而成的高分子多聚物。由于组成多糖的单糖的种类、连接方式、分子构型及空间构象具有极大的多样性，在生物体内又常与蛋白质或脂类结合，以糖蛋白或糖脂的形式存在，因此多糖的结构复杂性比蛋白质和核酸要大得多，其生物功能也非常广泛。与动物、植物多糖不同，真菌多糖分子单体之间主要以 β-1,3 与 β-1,6 糖苷键结合，形成链状分子，并具有螺旋状的立体构型，这一点与蛋白质结构类似。

真菌多糖可从真菌的子实体、菌丝体及发酵液中分离得到，这些多糖具有控制细胞分裂分化，调节细胞生长衰老等多种重要的功能。对真菌多糖的研究主要始于20世纪50年代，在60年代后因其具有免疫促进剂的活性而引起关注。近年来，对真菌多糖化学结构和生物活性的深入研究已取得很大成果，研究表明，香菇多糖（图6-1）、银耳多糖、灵芝多糖、冬虫夏草多糖等真菌多糖具有广泛的免疫调节作用，在抗肿瘤、抗突变、抗病毒、降血脂、降血糖、抗辐射等多方面起着重要的作用。

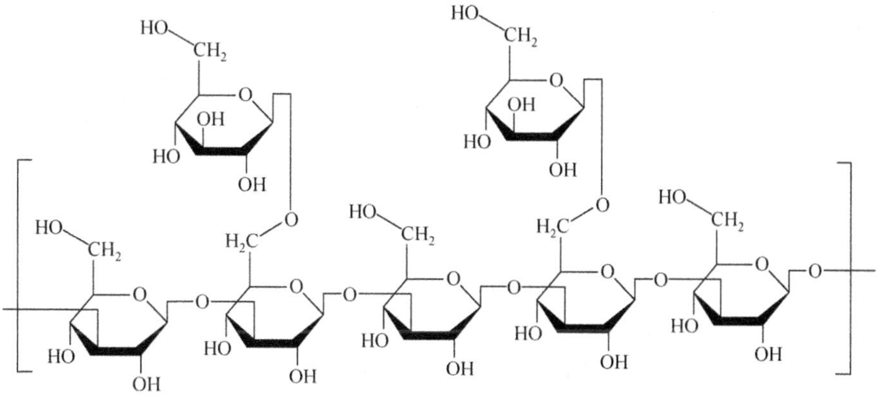

图 6-1　香菇多糖的结构

目前关于真菌多糖的提取，根据多糖的溶解性，常用的提取方法有酸性溶液浸提、碱性溶液浸提、热水浸提及酶法提取等，以有机溶剂沉淀多糖，经脱蛋白后，可得到粗多糖制品。一般在真菌组织中往往存在多种多糖，因而需要对多糖混合物进行分级分离。对多糖进行分级分离的方法有多种，其中利用多糖在乙醇中的溶解度不同是最为常用的简单而有效的方法；根据多糖所带电荷密度的不同，可利用季铵络合物的生成、离子交换色谱和电泳进行分级分离；此外，根据相对分子质量大小的不同，采用凝胶色谱、超滤等技术进行分级分离也是工业生产常用的方法。

本实验采用热水浸提法提取蛹虫草子实体多糖。蛹虫草多糖主要由甘露糖、葡萄糖和半乳糖等单糖组成。在多糖提取过程中，经 Sevag 法去除蛋白质，Sevag 法是去除游离蛋白质的有效方法。在粗多糖溶液中加入氯仿-正丁醇混合溶液（V/V=4∶1）进行充分振摇，使游离蛋白质变性成为不溶性物质，然后经离心分离去除，可达到脱蛋白质的目的。Sevag 法较为温和，对多糖的结构影响不大，但去除蛋白质的效率较低，往往重复多次才能达到理想效果。脱蛋白质后，再以乙醇沉淀得到粗多糖，以苯酚-硫酸法检测粗多糖的总糖含量。测定总糖含量的原理是糖在浓硫酸作用下，水解生成单糖，并迅速脱水生成糖醛衍生物，然后与苯酚缩合成橙黄色化合物，且颜色稳定，波长在 490 nm 处和一定的浓度范围内，其吸光度与多糖含量成正比线性关系。

　　然后以凝胶层析 Sephadex G-150 对粗多糖进行分离纯化。凝胶层析是以被分离物质的相对分子质量差异为基础的一种层析方法，其固相载体多采用具有分子筛性质的凝胶，因此称为凝胶层析。凝胶材料按照种类目前分为葡聚糖凝胶、琼脂糖凝胶和聚丙烯酰胺凝胶 3 种类型，其中葡聚糖凝胶（Sephadex）是由葡聚糖通过环氧氯丙烷交联形成的三维网状凝胶颗粒，凝胶的孔径大小与交联剂的量有关，交联剂多则交联度大，网状结构紧密，分离物质的范围小。不同规格型号的葡聚糖用英文字母 G 来表示，G 后面的数字为凝胶得水值的 10 倍。例如，G-50 为每克凝胶膨胀时吸水 5.0 g，分离物质的相对分子质量为 1500～30 000。考虑到一般真菌多糖相对分子质量较大，本实验采用 Sephadex G-150，既每克凝胶吸水 15 g，分离物质的相对分子质量为 5000～300 000，从而能够将不同种类的多糖按照相对分子质量大小分离开来。

　　分离纯化后的多糖经水解后，进一步采用毛细管电泳法测定多糖的单糖组成，获得有关蛹虫草子实体多糖化学组成的相关信息。

　　毛细管电泳（capillary electrophoresis，CE）又称高效毛细管电泳（HPCE），指以高压电场为驱动力，以毛细管为分离通道，依据样品中各组分之间淌度和分配行为上的差异而实现分离的一类液相分离技术。其仪器装置示意图如图 6-2 所示。所谓淌度是指在电化学中单位电场强度下离子的平均电泳速度，所以物质的带电粒子在电场中的迁移速度取决于粒子淌度和电场强度的乘积，物质所处的环境不同，其形状、大小及所带电荷多少都可能有差异，因而各分离组分淌度的差异是电泳分离的基础。毛细管电泳分离原理示意图如图 6-3 所示。CE 具有选择性强、柱效高（有效塔板数 N 可达 10^5～10^6/m）、分离速度快（几十秒至几十分钟）、溶剂和试样消耗极少、没有高压泵、成本低及可分离生物大分子等优势。CE 是近年来发展最迅速的分离分析方法之一。

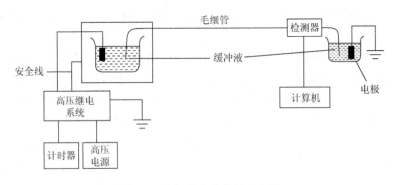

图 6-2　毛细管电泳装置示意图

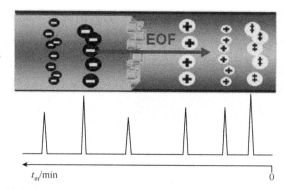

图 6-3　毛细管电泳分离原理示意图（美国贝克曼库尔特公司，2010）（见图版）

EOF. electroosmotic, 电渗流

多糖需完全酸解成单糖，才能进行单糖组成的测定。但由于单糖在水溶液中解离能力极差，必须在强碱条件下才能带上电荷。为使单糖在较低的 pH 条件下带上电荷，需使用含硼砂的电泳缓冲液。硼砂能与糖上的相邻羟基发生络合，使其带上足够的负电荷，以实现电泳迁移。单糖上羟基的取向与数量直接影响与硼砂络合的稳定性，从而影响其电荷量，即不同的单糖在相同的介质条件下与硼砂的络合物具有有效淌度的差异，但这种差异足以被毛细管电泳分辨开。用毛细管电泳分析单糖的另一个问题是单糖的紫外吸收很弱，采用 α-萘胺为衍生剂可使单糖带上可检测的基团，即糖分子的还原端与其反应生成席夫碱后，检测效果良好。

三、实验材料

（1）材料：蛹虫草子实体、其他真菌子实体或来自液体培养的真菌细胞。

（2）试剂：95%乙醇、活性炭、无水乙醇、丙酮、氯仿、正丁醇、Sephadex G-150 凝胶、NaCl、5% $AgNO_3$、H_2SO_4、$BaCO_3$、α-萘胺、硼氢氰化钠、无水甲醇、冰醋酸、苯酚。

（3）主要试剂的配制。

1）单糖标准品：D-葡萄糖、D-果糖、D-半乳糖、D-木糖、D-甘露糖均为国产分析纯。

2）苯酚溶液试剂：取苯酚 6 g，置 100 mL 容量瓶中，加蒸馏水定容，得 6%苯酚溶液，置冰箱中储存备用。

3）葡萄糖标准溶液：准确称取分析纯无水葡萄糖 20 mg，溶于蒸馏水并定容至 50 mL。使用时稀释 10 倍，即得 40 μg/mL 葡萄糖标准溶液。

4）衍生剂：分别精密称取 α-萘胺 143 mg，硼氢氰化钠 35 mg，溶于 450 μL 无水甲醇中，再加入 41 μL 冰醋酸，配制成衍生剂溶液，置于冰箱中待用。

5）硼砂-氢氧化钠缓冲液（pH 10.1，0.05 mol/L）：称取 4.7675 g 硼砂，用水溶解后，稀释至约 800 mL，然后加氢氧化钠 1.84 g，定容至 1000 mL。

（4）实验器材与仪器：高速万能粉碎机、恒温振荡器、漩涡振荡仪、离心机、干燥箱、层析柱（1 cm×75 cm）、计算机全自动部分收集器、恒流泵、冷冻干燥机、透析袋、安瓿瓶、移液器、分析天平、毛细管电泳仪。

四、实验步骤

（一）真菌水溶性多糖成分的提取

（1）预处理：烘干的子实体 5 g，以高速万能粉碎机粉碎后，加入约 5 倍体积的 95%乙醇，用恒温振荡器在室温下振荡 24 h，进行脱脂（若真菌取自培养细胞，此脱脂步骤可省）。

（2）热水浸提：脱脂液以 4000 r/min 离心 15 min，沉淀加 20 倍的去离子水，96℃浸提 4 h，重复提取 1 次后，合并上清，得多糖提取液（若颜色比较深，则需加适量活性炭煮沸 20 min，进行脱色）。

（3）沉淀：加入 3 倍体积的 95%乙醇，静置过夜。4000 r/min 离心 15 min，沉淀以无水乙醇、丙酮各洗涤一次。

（4）脱蛋白质：将提取的多糖沉淀，溶解于 20 mL 去离子水中。按照多糖溶液∶氯仿∶正丁醇=100∶20∶4 的比例加入氯仿、正丁醇，在漩涡振荡仪上剧烈振荡 6～7 min 后，于 4000 r/min 离心 15 min，此时混合液分层，上层即为多糖水溶液。取上清后，再按上述方法重复 3～5 次（注意：次数越多，多糖纯度越高，但同时损失的多糖组分也越多，所以重复次数并非越多越好，要根据样品所含的蛋白质量来确定）。

（5）沉淀：合并所得的上清，加入 3 倍体积 95%乙醇静置过夜，4000 r/min 离心 15 min，沉淀于 60℃烘干得到粗多糖制品。

（二）苯酚-硫酸法检测糖含量

（1）标准曲线的制作：取试管 8 支，编号，按表 6-1 顺序加入试剂。

表 6-1　苯酚-硫酸法测定葡萄糖标准曲线的制作

试剂	试管编号							
	1	2	3	4	5	6	7	8
葡萄糖标准溶液/mL	0.0	0.4	0.6	0.8	1.0	1.2	1.4	1.6
水/mL	2.0	1.6	1.4	1.2	1.0	0.8	0.6	0.4
苯酚试剂/mL	1.0	1.0	1.0	1.0	1.0	1.0	1.0	1.0
浓硫酸/mL	5.0	5.0	5.0	5.0	5.0	5.0	5.0	5.0

摇匀，静置 10 min 后，测定 A_{490} 值（1 号管用于调零）

（2）样品中糖含量测定：粗多糖溶液一般需以蒸馏水稀释 5～20 倍后方可在有效范围内测定糖含量。

（3）粗多糖的分离精制与测定。

1）将处理过的 Sephadex G-150 凝胶装入层析柱（1 cm×75 cm），将粗多糖制品溶于 1 mL 去离子水中，上样后以 0.05 mol/L NaCl 洗脱，流速为 3 mL/5 min，每管收集 3 mL，苯酚-硫酸法检测糖含量。

2）将收集到的一种或几种含糖溶液分别移入透析袋中，用去离子水进行透析至无 Cl⁻为止（Cl⁻检测方法：取透析袋外的液体约 2 mL，加入 5% AgNO₃ 试剂 2～3 滴，观察是否有白色沉淀）。

3）将透析袋中的溶液过滤或离心，冷冻干燥后称重，得到一种或几种子实体多糖组分。

（三）毛细管电泳法测定多糖的单糖组分

（1）酸解：称取多糖样品 10 mg，加入 1 mol/L H_2SO_4 溶液 1 mL，置安瓿瓶中，封管，100℃水解 6 h。

（2）中和：冷却后 3000 r/min 离心 5 min，取上清液，用 $BaCO_3$ 中和，5000 r/min 离心 10 min。

（3）衍生：取上清 50 μL 或各标准单糖 10 mg，加入 40 μL 衍生剂，80℃衍生 1 h，加 500 μL 三蒸水（经过三次蒸馏收集的水，多用于生物和医疗上的检验），混匀，3000 r/min 离心 5 min，取上清用于毛细管电泳分析。

（4）毛细管电泳条件：电泳缓冲液为 50 mmol/L 硼砂缓冲液（pH 10.1），电压为 18 kV，高压进样 15 s，紫外检测波长为 254 nm，色谱柱为 50/13 cm/Φ50 μm i.d.。

（5）标准品电泳：取标准 D-葡萄糖、D-果糖、D-半乳糖、D-木糖、D-甘露糖为对照，分别按照以上条件进行电泳，得到各单糖的电泳图谱（出峰时间）。

（6）样品电泳：将各酸解衍生后的多糖样品按照以上条件电泳，根据电泳图谱与标准单糖图谱，以及出峰时间对其组分进行定性分析。

五、实验结果

计算子实体多糖的质量及多糖的含量比例；请附标准单糖图谱及多糖样品图谱，标注单糖的出峰时间及多糖样品的出峰时间，分析单糖在各多糖中所占的比例。

六、思考题

1. 提取的多糖组分是否含有其他生物大分子？可采用什么方法进行判断？
2. 单糖检测还可以采用哪些方法？
3. 毛细管电泳检测单糖组成的原理是什么？

七、参考文献

罗国安, 王义明. 1995. 毛细管电泳的原理及应用. 色谱, 13(4): 254~256.

美国贝克曼库尔特(BECKMAN COULTER)公司. 2010. 毛细管电泳原理及分析策略(ppt.). http: //
　　www.doc88.com/p-6853720879744.html [2015-01-15].

张海英, 凌建亚, 吕鹏, 等. 2007. 毛细管区带电泳定性分析蒙山九州虫草菌丝体和发酵液多糖水解
　　液组成. 复旦学报(医学版), 34(3): 446~448.

朱建华, 杨晓泉. 2005. 真菌多糖研究进展——结构、特性及制备方法. 中国食品添加剂, 6: 75~80.

第二章　微生物细胞结构的分析

为了了解构成微生物细胞的亚细胞结构的生理功能，需要先将细胞破碎，分离出各种不同的亚细胞结构。本章介绍分析微生物细胞结构的实验技术，包括细胞的收集和处理方法、细胞破碎技术、亚细胞结构的分离及检测技术。实验内容包括丝状真菌线粒体、酵母菌细胞壁、极端嗜盐菌紫膜和大肠杆菌细胞外膜的提取及检测。

实验七　丝状真菌线粒体的提取及检测

一、实验目的

1. 学习并掌握差速离心法提取丝状真菌线粒体的原理及方法。
2. 学习线粒体的观察及检测方法。

二、实验原理

（一）大丽轮枝菌

大丽轮枝菌（*Verticillium dahliae*）是半知菌，属于丛梗孢目淡色孢科轮枝菌属。因为是棉花黄萎病的病原菌，又称棉花黄萎病菌。

大丽轮枝菌初生菌丝体为白色，后变为橄榄褐色，有分隔，直径为 2～4 μm。菌丝体常呈膨胀状，可由单根或数根菌丝芽殖成微菌核。大丽轮枝菌分生孢子呈椭圆形，单细胞，大小为（4.0～11.0）μm×（1.7～4.2）μm，由分生孢子梗上的瓶梗末端逐个割裂形成。空气干燥时，孢子在瓶梗末端聚集成堆，空气湿润时，则形成孢子球。显微镜下制片观察时，孢子即散开，只留下梗端新生出的单个孢子。其分生孢子梗常由 2～4 层轮生瓶梗及上部的顶枝构成，基部略膨大、透明，每轮层有瓶梗 1～7 根，通常有 3～5 根，瓶梗长度为 13～18 μm，轮层间的距离为 30～38 μm（图 7-1）。

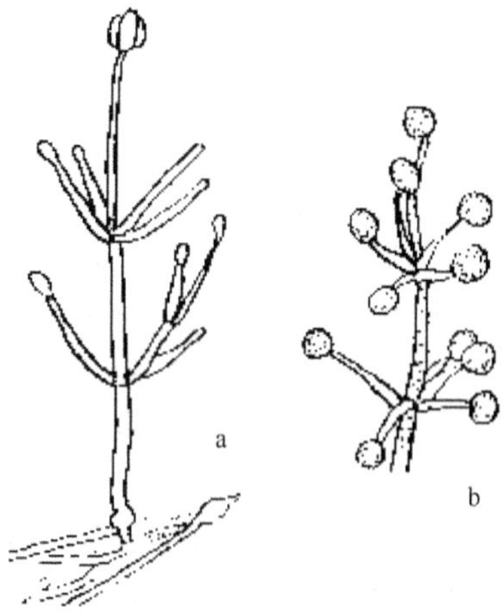

图 7-1　大丽轮枝菌的形态图
a. 分生孢子梗；b. 分生孢子

（二）线粒体

线粒体是真核细胞中的一种重要的细胞器，主要功能是进行氧化磷酸化，合成 ATP，为细胞生命活动提供能量。线粒体由内外两层膜包被，包括外膜、内膜、膜间隙和基质 4 个功能区隔。线粒体呈粒状或杆状，有时可呈环形，哑铃形、线状、分杈状或其他形状。直径一般 $0.5 \sim 1.0~\mu m$，长 $1.5 \sim 3.0~\mu m$。线粒体的主要化学成分是蛋白质和脂类，其中蛋白质占线粒体干重的 $65\% \sim 70\%$，脂类占 $25\% \sim 30\%$。

线粒体是一种半自主细胞器，具有自己的基因组。真菌线粒体基因组均为闭合环形双链 DNA。基因组的大小依据不同种类的真菌而异，为 $10 \sim 80~kb$。真菌线粒体基因组通常包括 11 个编码呼吸链蛋白质亚基的基因（*coxl-3*、*cob*、*nadl-6* 和 *nad4L*）、3 个编码 ATP 合成酶复合物亚基的基因（*atp6*、*atp8* 和 *atp9*）、2 个编码核糖体 RNA 的基因（*rns* 和 *rnl*）和若干编码 tRNA 的基因。线粒体基因组能够单独进行复制、转录及合成蛋白质，但多数线粒体的组成成分还是由核基因编码的，并在细胞质内的核糖体上合成。

线粒体提取技术可应用于真核生物的呼吸、衰老及线粒体 DNA 指纹技术的研究中。

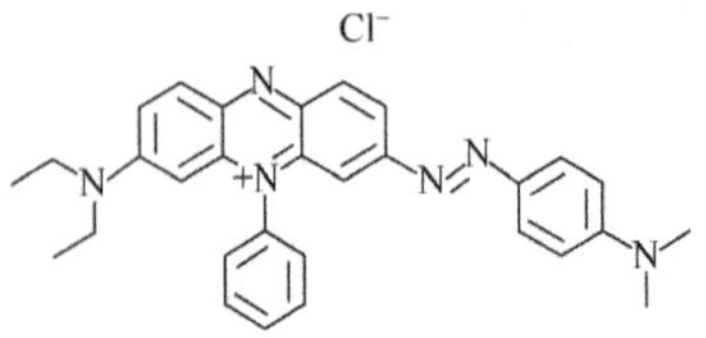

线粒体的检测，通常用詹纳斯绿 B（Janus green B）染色法。詹纳斯绿 B 分子式为 $C_{30}H_{31}ClN_6$，相对分子质量为 511.07，结构如图 7-2 所示。

由于线粒体中具有细胞色素氧化酶系统，而使詹纳斯绿 B 染料始终处于氧化状态呈蓝绿色，而在周围的细胞质中染料被还原，成为无色状态。

图 7-2　詹纳斯绿 B 的结构图

线粒体的提取要先破碎细胞，再从细胞破碎液中分离出线粒体。

（三）破碎微生物细胞的常用方法

破碎微生物的细胞可根据具体情况选择研磨法、压榨法、珠磨法、超声波法或渗透压冲击法等。

（1）**研磨法**是将细胞放在研钵中进行研磨而使细胞破碎的方法。这种方法采用手工操作，破碎细胞的效率不是很高，但仍是实验室里破碎丝状真菌细胞的首选方法。为了提高研磨的效率，也为了减少研磨时产生的热量，常将菌丝体在液氮中快速冷冻，再进行研磨。在研磨的过程中，还应不时向研钵中添加液氮，以保持低温。

（2）**压榨法**一般是采用高压使细胞悬液通过微孔（小于细胞直径的孔），由于高压的强烈剪切力及挤压作用，致使细胞破碎。常用仪器是高压细胞破碎仪。

（3）**珠磨法**是将细胞悬液与极小的研磨剂如玻璃珠、石英砂等高速搅拌，细胞与研磨剂之间相互碰撞、剪切，使细胞破碎。可采用珠磨机进行操作。

（4）**超声波法**是在超声波作用下液体发生空化作用，空穴的形成、增大和闭合产生极大的冲击波和剪切力，使细胞破碎。

（5）**渗透压冲击法**是将细胞置于高渗透压的介质中，使之脱水收缩，然后将介质突然稀释或将细胞转置于低渗透压的水或缓冲溶液中，在渗透压的作用下，外界的水向细胞内渗透，使细胞变得肿胀，膨胀到一定程度，细胞破裂，它的内含物随即释放到溶液中。适用于不具有细胞壁或细胞壁强度较弱的细胞的破碎。

（6）**冻结-融化法**的原理是在冷冻过程中会使细胞膜的疏水键破坏，从而增加细胞的亲水性；另外冷冻时胞内水结晶形成冰晶粒，引起细胞膨胀而破裂。将细胞急剧冻结至$-20 \sim -15$℃，然后在室温缓慢融化，反复进行多次这种冻结-融化操作，使细胞破碎。缺点：反复冻融会使蛋白质变性，从而影响有活性的蛋白质的回收率。冻结-融化法适用于比较脆弱的菌体。

（7）**酶促破碎法**是先利用能水解细胞壁的酶处理细胞，使细胞壁受到部分或完全破坏后，再利用渗透压冲击等方法破坏细胞膜，最后导致细胞破碎。利用此方法处理细胞必须根据细胞壁的结构和化学组成选择适当的酶。常用的有溶菌酶、β-1,3-葡聚糖酶、β-1,6-葡聚糖酶、蛋白酶、甘露糖酶、溶壁酶、蜗牛酶等。细菌主要用溶菌酶处理，酵母菌需用几种酶进行复合处理。使用溶解细胞壁的酶系统时要注意控制温度、pH、酶用量及反应时间。

（四）**分离亚细胞组分的常用方法**

自细胞破碎液中分离亚细胞组分的方法主要有差速离心和密度梯度离心。

（1）**差速离心**（differential centrifugation）是建立在颗粒的大小、形状和密度有明显不同，沉降系数存在较大差异的基础上，利用颗粒在离心场中的沉降系数差异进行逐级分离的离心方式，是分离细胞器最常用的方法。先将细胞破碎液在低转速下离心，大颗粒沉淀下来，中、小颗粒悬浮在"上清液"中。将"上清液"在提高转速的情况下离心，中等颗粒沉淀，小颗粒仍悬浮在上清中，再提高转速离心，小颗粒也沉淀出来。差速离心法可将形状、大小不同的颗粒，在不同的离心力下分开。在差速离心中细胞器沉的顺序依次为：细胞核、线粒体、溶酶体与过氧化物酶体、内质网与高尔基体、最后为核糖体。一般$10\,000 \times g$，离心30 min，可沉淀酿酒酵母菌的线粒体（图7-3）。通过差速离心可将细胞器初步分离。对于差速离心，由于小沉降系数的物质是均匀分布在溶液中，因此在大沉降系数的物质沉降的过程中，位于离心管底部的小沉降系数的物质被压在大沉降系数的物质下面，所以每次得到的沉淀物都不是纯的，但其纯度随着离心次数的增加而提高，而收率随离心次数的增加而降低。因此常需进一步通过密度梯度离心再进行分离纯化。另外，采用此法制备线粒体时，常混有细胞膜碎片，需进一步通过密度梯度离心再进行分离纯化。

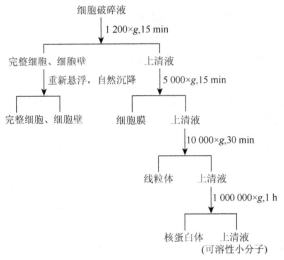

图 7-3　差速离心分离酿酒酵母菌的亚细胞结构（李颖等，2013）

（2）**密度梯度离心**（density gradient centrifugation）是所有使用密度梯度介质离心方法的统称。密度梯度离心比差速离心的分辨率高。一般差速离心只能分离沉降系数差别在 10 倍以上的颗粒，而密度梯度离心可以分离沉降系数仅相差 10%～20%的颗粒。密度梯度离心主要有两种类型，根据颗粒的不同沉降速度而分层的是**速率区带离心**（rate zonal centrifugation），根据颗粒的不同密度而分层的是**等密度区带离心**（isopycnic zonal centrifugation）。**速率区带离心**前要预先在离心管中装入密度梯度介质，样品液加在梯度液的上面，在离心力的作用下，样品中的各个组分以不同的沉降速度沉降，当颗粒的沉降速度与某密度区域的浮力相等时，颗粒就停留在该区域，使各组分分离。此法适用于样品性质相同，但颗粒的大小和形状不同的组分的分离。速率区带离心时，制备的梯度液要满足颗粒的质量密度要大于任何位置的介质密度，还要在所需组分到达离心管底部之前停止离心。**等密度区带离心**是根据颗粒密度的差异进行的分离，因此要选择好介质和密度范围，使介质的密度范围涵盖所有待分离颗粒的密度。样品可以加在已制备好的密度梯度介质的上面，也可以与密度介质混在一起，待离心后形成自成型的梯度。由于颗粒密度与介质密度达到平衡后，形成的颗粒区带停止运动，因此延长离心时间对离心效果无明显影响。此外，等密度区带离心还可以使用不连续梯度，使待分离组分的浮力密度介于任两层梯度间，或与某层的密度相同，离心后就可以在两层之间或某层梯度中得到分离样品了。

三、实验材料、仪器及试剂

（1）菌种：大丽轮枝菌（*Verticillium dahliae*）。
（2）培养基配制如下。

1）PDA 斜面，每组一支，配方见实验四。

2）CM 完全液体培养基，每组 100 mL：3 g KNO$_3$、0.5 g MgSO$_4$·7H$_2$O、1.0 g K$_2$HPO$_4$、10 g 葡萄糖、10 g 蛋白胨、5 g 酵母粉，加蒸馏水定容至 1 L，pH 自然，115℃ 高压蒸汽灭菌 30 min。

（3）试剂配制如下。

1）线粒体提取缓冲液：50 mmol/L 三羟甲基氨基甲烷-盐酸缓冲液［Tris（hydroxymethyl）aminomethane-HCl，Tris-HCl］、50 mol/L 乙二胺四乙酸二钠（Ethene diamine tetraacetic acid disodium salt，EDTA-Na$_2$）、10%蔗糖。

2）1 mol/L Tris-HCl（pH 8.0）：60.55 g Tris，用 HCl 调 pH 到 8.0，用蒸馏水定容到 500 mL。

3）0.5 mol/L EDTA-Na$_2$（pH 8.0）：90.05 g 乙二胺四乙酸二钠，用 NaOH 调 pH 到 8.0，用蒸馏水定容到 500 mL。

4）詹纳斯绿染液（2%）（注意：用线粒体提取缓冲液溶解该染料）。

（4）灭菌物品：无菌水管（5 mL 蒸馏水）、300 mL 无菌水锥形瓶（装量约 100 mL）、菌丝过滤装置（250 目）、培养皿、无菌滤纸、吸水纸、无菌研钵、离心管、移液吸头。

（5）仪器：大型高速冷冻离心机、小型高速冷冻离心机、摇床、显微镜、液氮罐。

（6）其他：厚手套、1000 μL 移液器。

四、实验步骤

（1）将菌株转到新鲜的 PDA 斜面上培养 7～10 d，用无菌水清洗斜面，制成菌丝体孢子悬液，倒入 CM 液体培养基中，150 r/min，室温培养 3 d。

（2）无菌操作打开菌丝过滤装置的培养皿盖（图 7-4），把培养物倒入 250 目网筛中。用灭菌的金属小勺轻轻搅拌培养物，以增加过滤速度。培养物中的液体通过网筛及漏斗流到锥形瓶中，菌丝体留在网筛中。

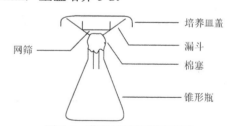

图 7-4　菌丝过滤装置示意图

（3）用无菌水洗涤网筛中的菌丝体 2 或 3 次（注意：一边用灭菌的金属小勺轻轻地搅起菌丝，一边向网筛中倒入无菌水进行冲洗，以防菌丝堵住网筛）。

（4）用无菌滤纸包裹菌丝体，外面再包裹 4 或 5 层吸水纸后，用空试剂瓶擀出菌丝中的水分。当外层包裹的吸水纸吸水变湿后，更换吸水纸，反复擀至菌丝干燥，外面包裹的吸水纸再吸不出水分为止（注意：如果菌丝带有水分，遇液氮易于结块，给研磨带来麻烦。因此，要尽量把菌丝中的水分擀出）。

（5）把干燥的菌丝放入培养皿中，冰箱中冷冻备用。

（6）用灭菌的金属小勺把干燥的菌丝转移到灭过菌的研钵中，加入液氮，研磨菌丝（注意：带厚手套，以防液氮冻伤）。在研磨的过程中，当液氮挥发完后，再加入液氮，继续研磨，直至镜检无菌丝为止。

（7）取一个灭菌的 50 mL 离心管，加入 20～40 mL 线粒体提取缓冲液，再用灭菌的金属小勺把研钵中的破碎细胞转移到该离心管中（注意：不要把线粒体提取缓冲液直接倒入研钵中，易结成冻块），4000 r/min 离心 10 min 取上清液。12 000 r/min 离心 10 min，弃上清液收集线粒体沉淀。

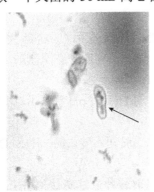

图 7-5　油镜下的线粒体照片（陈文峰摄）（见图版）
箭头所示为线粒体

（8）取少量线粒体用詹纳斯绿 B 染液染色，在光学显微镜（高倍镜或油镜）下检验其纯度。油镜下的线粒体见图 7-5。

五、实验结果及分析

1. 画出你看到的线粒体。评价线粒体的纯度。讨论从哪些方面可以提高线粒体的纯度。

2. 提取线粒体的方法还有哪些（请列出参考文献）？评价这些方法的优缺点。

六、参考文献

李颖, 关国华. 2013. 微生物生理学. 北京: 科学出版社.

萧能庆, 余瑞元, 袁明秀, 等. 2005. 生物化学实验原理和方法. 2 版. 北京: 北京大学出版社.

实验八　酵母菌细胞壁的制备及多糖组分的检测

一、实验目的

1. 学习酵母菌细胞壁的制备方法。
2. 学习高效液相色谱法检测细胞壁葡聚糖和甘露聚糖含量的实验技术。

二、实验原理

酵母菌细胞壁的厚度为 0.1～0.3 μm，质量占细胞干重的 18%～30%，主要由 D-葡聚糖和 D-甘露聚糖两类多糖组成，含有少量的蛋白质（约 13%）、几丁质（约 1%）

和极少量的脂肪与矿物质。细胞壁多糖中一般是大约等量的葡聚糖和甘露聚糖占细胞壁干重的 85%。细胞壁的结构类似三明治（图 8-1），外层为甘露聚糖，占细胞壁干重的 40%～45%，中间层是一层蛋白质分子，约占细胞壁干重的 10%。其中有些是以与细胞壁相结合的酶的形式存在，内层为葡聚糖。β-葡聚糖和几丁质主要生理功能是维持细胞壁的结构，保持细胞正常的生理形态，而外层甘露聚糖主要负责细胞识别和与环境的交互作用，决定酵母菌的免疫特性。

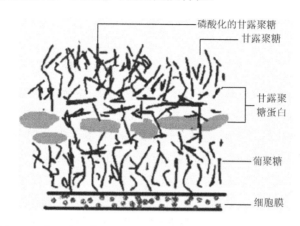

图 8-1　酿酒酵母菌细胞壁的结构示意图（杨翠竹等，2007）

　　近年研究认为，酵母菌细胞壁含有的甘露聚糖和葡聚糖可对细菌、病毒引起的疾病及环境因素引起的应激反应产生非特异性免疫力。酵母菌细胞壁物质在酸解过程中较稳定，其碎片能完好无损地通过胃或皱胃，因而近年来酵母菌细胞壁作为一种免疫促进剂，成为畜牧业及渔业中具有很大潜力的新型添加剂。

　　酵母菌细胞壁较厚，其破壁方法较多，目前主要有酸碱法、盐法、有机溶剂等化学法破壁，高压匀浆、研磨法等物理破壁，以及采用蛋白酶、蜗牛酶等生物破壁法和自溶法。酵母菌自溶是借助酵母菌菌体的内源酶（蛋白酶、核酸酶和碳水化合物水解酶等）将菌体的高分子物质水解成小分子而溶解至菌体外的过程，该方法无需添加其他物质，对细胞壁多糖的破坏程度较小，但其通常时间较长，且破壁率不高（一般在 30%左右），因此自溶后一般还需借助其他方法如外加一些酶类或高温加热来促进酵母菌细胞壁的溶解。此外因为酵母菌自溶是在自身多种酶的参与下进行的，所以调节溶液的 pH 可通过影响这些酶的活性来影响酵母菌的自溶过程；研究表明，当 pH 在 5.0 左右时，可达到酵母菌细胞内自溶酶的最适 pH。

　　酵母菌细胞壁中葡聚糖和甘露聚糖是主要的多糖组分。葡聚糖（glucan）是以葡萄糖为单糖通过糖苷键共价连接的多糖的总称，由于葡萄糖残基彼此间结合样式的不同而分为多种，广泛分布于微生物界、植物界、动物界。其中酵母菌葡聚糖包括碱不溶性葡聚糖和碱溶性葡聚糖，碱不溶性葡聚糖以 β-1,3-D-葡聚糖为主，占总葡聚糖量的 85%。对其结构的研究表明，该碱不溶性葡聚糖是以 3 股螺旋的形式存在，3 条多糖链平行缠绕，通过链间氢键作用处于稳定状态。酵母菌葡聚糖分子结构见图 8-2。

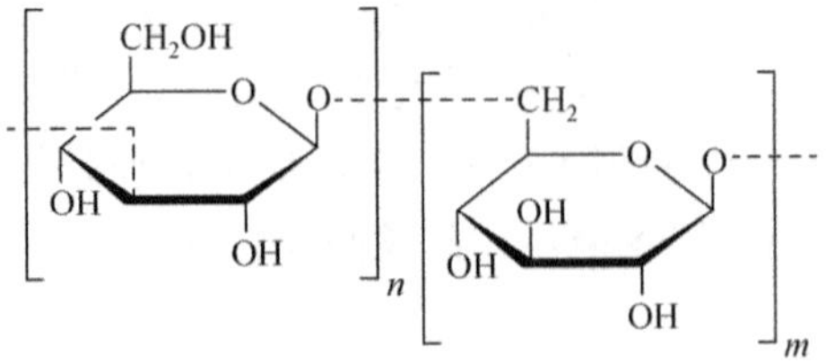

β-1,3-D-葡萄糖   β-1,6-葡萄糖

图 8-2　酵母菌葡聚糖分子结构简图

甘露聚糖是以甘露糖为单体组成的高分子多糖，在酵母菌细胞中主要存在于细胞壁外层。酵母菌甘露聚糖以共价键形式与蛋白质结合，其中蛋白质占 5%～20%，甘露糖占 80%～90%，因此又称为甘露聚糖蛋白。甘露聚糖相对分子质量为 20 000～200 000，以 α-1,6-甘露糖为主链，具有丰富的分支结构，分支部分大部分残基具有 α-1,2 或 α-1,3 连接的含有 2～5 个甘露糖残基的侧链。

对于多糖含量的检测一般通过酸完全水解至单糖后，再分别检测葡萄糖和甘露糖的含量，其中葡萄糖多采用苯酚-硫酸法测定。其原理是在高温条件下，硫酸使糖水解并脱水生成糠醛衍生物，进而与苯酚缩合形成稳定的有色化合物，可在 490 nm 处进行比色测定。该方法所测定的是总糖，缺乏葡萄糖的特异性；此外实验温度对显色影响较大，而实验中加入硫酸的速度等操作因素因人而异，系统沸腾程度不同，系统温度相差较大，因此对显色效果有较大影响，结果存在一定误差。

而甘露糖则采用紫外分光光度法进行定量测定。其原理为糖的脱水反应与酸度、温度、时间及某些试剂（如氯化钠和硼酸）有关。在浓 H_2SO_4 溶液中己糖脱水生成羟甲基-2-呋喃醛，戊糖脱水主要产物是 2-呋喃醛。呋喃醛具有共轭双键，可产生强烈的紫外吸收。甘露糖脱水产物在 319 nm 处产生最大吸收，当在 $NaCl-H_3BO_3$ 存在的情况下，部分 5-羟甲基-2-呋喃醛转化为 5-氯甲基-2-呋喃醛（硼酸对这种转化有协调作用），由于氯原子的电负性大于羟基，共轭双键的紫外吸收向低波长位移，即 5-氯甲基-2-呋喃醛在 278 nm 产生最大紫外吸收。5-羟甲基-2-呋喃醛转化为 5-氯甲基-2-呋喃醛的量与甘露糖的量成线性正相关。由于各种己糖结构上的差异，其脱水的速度也不同，甘露糖脱水速度快，而葡萄糖最难脱水。原因是葡萄糖呋喃环上 C2、C3 的羟基为反式结构。实验证明在相同条件下，葡萄糖在 278 nm 处不产生最大紫外吸收，因此控制脱水条件即可测定甘露糖在混合糖溶液中的含量。

上述糖含量的测定方法灵敏度较低，不能准确分析出其中含有的几丁质等其他多糖，结果有一定误差。本实验采用高效液相色谱法可同时测定酵母菌细胞壁中含有的葡萄糖和甘露糖，同时可排除其他多糖的干扰。该方法分离效率高，分析快速，定量准确，数据可靠度高，是目前测定复合多糖或混合多糖含量较准确的方法。

高效液相色谱法（high performance liquid chromatography，HPLC）是 20 世纪 60 年代后期，在经典液相色谱法的基础上，引入气相色谱理论而迅速发展起来的重要的分离分析技术。传统的经典液相色谱法多使用粗粒多孔固定相，装填在大口径、长玻璃柱管内，流动相仅靠重力流经色谱柱，溶质在固定相的传质、扩散速度缓慢，柱入口压力低，仅有低柱效，分析时间冗长。高效液相色谱法使用了全多孔微粒固定相，装填在小口径、短不锈钢柱内，流动相通过高压输液泵进入高柱压的色谱柱，溶质在固定相的传质、扩散速度大大加快，从而在较短的分析时间内获得高柱效和高分离能力。高效液相色谱法和经典液相（柱）色谱法的比较可见表 8-1。

表 8-1 高效液相色谱法与经典液相（柱）色谱法的比较（周梅村，2008）

方法 项目	高效液相色谱法	经典液相（柱）色谱法
色谱柱：柱长/cm 柱内径/mm	10～25 2～10	10～200 10～50
固定相粒度：粒径/μm 筛孔/目	5～50 2500～300	75～600 200～30
色谱柱入口压力/MPa	2～20	0.001～0.1
色谱柱柱效/（理论塔板数/m）	$2 \times 10^3 \sim 5 \times 10^4$	2～50
进样量/g	$10^{-6} \sim 10^{-2}$	1～10
分析时间/h	0.05～1.0	1～20

与经典液相色谱及气相色谱法相比，高效液相色谱法无疑具有较大优势，其主要特点：①分离效能高，由于新型高效微粒固定相填料的使用，液相色谱填充柱的柱效可达 $2 \times 10^3 \sim 5 \times 10^4$ 块理论塔板数/m，远远高于气相色谱填充柱 10^3 块理论塔板数/m 的柱效；②选择性高，由于液相色谱柱具有高柱效，并且流动相可以控制和改善分离过程的选择性，因此，高效液相色谱法不仅可以分析不同类型的有机化合物及其同分异构体，还可分析在性质上极为相似的旋光异构体，并已在高疗效的合成药物和生化药物的生产控制分析中发挥了重要作用；③检测灵敏度高，在高效液相色谱法中使用的检测器大多数都具有较高的灵敏度，如被广泛使用的紫外吸收检测器，最小检出量可达 10^{-9} g；用于痕量分析的荧光检测器，最小检出量可达 10^{-12} g；④分析速度快，由于高压输液泵的使用，相对于经典液相（柱）色谱，其分析时间大大缩短，当输液压力增加时，流动相流速会加快，完成一个样品的分析时间仅需几分钟到几十分钟。

高效液相色谱法除具有以上特点外，它的应用范围也日益扩展。由于它使用了非破坏性检测器，样品被分析后，在大多数情况下，可除去流动相，实现对少量珍贵样品的回收，也可用于样品的纯化制备。HPLC 一般的流程示意图如图 8-3 所示。

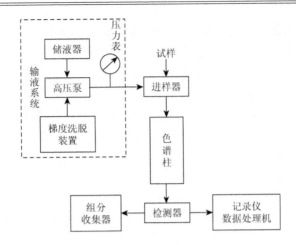

图 8-3　HPLC 流程示意图（武汉大学化学系，2001）

HPLC 分离测定甘露糖和葡萄糖的原理及方法简述如下：葡萄糖和甘露糖是 2 位-差向异构体，它们的极性相当，性质相近，从极性方面选择色谱条件难以把两者分开。在实验中需选择合适的流动相、柱温及色谱柱，从而达到葡萄糖和甘露糖的有效分离。

（1）流动相的选择：采用乙腈-水系统作为流动相后，还需考虑到它们电离常数的微弱差异，添加适当浓度的 NaH_2PO_4 水溶液到流动相中，以流动相为乙腈：NaH_2PO_4（0.012 mol/L）=4∶1（V/V）时分离效果最好。

（2）柱温的选择：用高效液相色谱仪进行分离，随着柱温升高，两种糖的分离效果越好，但因为受示差检测器的温度限制，所以采用柱温 40℃，而适当降低流速，在 0.8 mL/min 时可得到分离完全且峰形比较理想的色谱图。

（3）色谱柱的选择：在实验中选用填料粒度为 5 μm 的柱能把葡萄糖和甘露糖分离。所以要将甘露糖和葡萄糖分离，对色谱柱是有一定要求的，在此实验中采用 5 μm 的 NH_2 氨基柱才能达到分离要求。

本实验中糖类的 HPLC 检测采用示差折光检测器，该检测系统属于总体性能检测器，其响应值取决于柱后流出液折射率的变化，采用含有样品的流出液与不含样品的流出液的同一物理量的示差测量。示差折光检测器的响应信号与溶质的浓度成正比，因此它属于浓度型检测器。每种物质都有一定的折射率，是一种通用型检测器，原则上只要是与溶剂有差别的样品都可以用示差检测器检测，具有广泛的适用范围。检测器的灵敏度与溶剂和溶质的性质都有关系，溶有样品的流动相和流动相本身之间折射率之差反映了样品在流动相中的浓度。

与紫外-可见吸收检测器相比，示差折光检测器的灵敏度较低，一般不用于痕量分析。有些很灵敏的检测器（如紫外吸收检测器）不能响应的组分（如多羟基组分）可用示差折光检测器检测。因此，在不苛求灵敏度的情况下，用示差折光检测器检测还是很有效的。此外，因折光物质对于温度变化引起该物质密度变化，进而可导致折射率的改变，因此示差检测器对压力和温度的变化很敏感。一般需将温度控制在 $\pm 10^{-4}$℃。

三、实验材料

（1）干酵母粉或自行培养的酿酒酵母菌（*Saccharomyces cerevisiae*）。

（2）试剂：95%乙醇、纯水、浓硫酸、BaOH、NaH_2PO_4、H_3PO_4、Na_2HPO_4、乙腈、甘露糖、葡萄糖、无水乙酸钠、冰醋酸。

（3）流动相：称取 NaH_2PO_4 1.8721 g 溶于 900 mL 二次蒸馏水中，以 20% H_3PO_4 溶液调节 pH 至 3.0，定容至 1 L 的容量瓶，然后经过 0.45 μm 滤膜过滤，即得 0.012 mol/L NaH_2PO_4（pH 3.0）；乙腈同样需经 0.45 μm 滤膜过滤，过滤后按 4∶1 体积混合即可。

（4）甘露糖和葡萄糖标准样：准确称取甘露糖和葡萄糖标准样分别为 0.5000 g 和 0.5000 g，混合于 100 mL 的容量瓶中，以流动相溶解并定容。

（5）乙酸-乙酸钠缓冲液（pH 5.0，0.02 mol/L）：称取 1.6406 g 无水乙酸钠，用去离子水溶解后，稀释至约 960 mL，然后用冰醋酸调溶液 pH 至 5.0，去离子水定容到 1000 mL。

（6）实验器材：烧杯、锥形瓶（250 mL）、刻度试管（50 mL）、容量瓶（10 mL、100 mL、200 mL）、吸管及滴管、中速定性滤纸、0.45 μm 滤膜及过滤器、显微镜、恒温水浴摇床、高压灭菌锅、离心机、精密天平、水浴锅、漩涡振荡仪、酸度计、高压液相色谱仪、示差折光检测器等。

四、实验步骤

（一）酵母菌细胞壁的制备

（1）洗涤：取干酵母粉或自行培养新鲜酵母菌 30 g（干重），置于 250 mL 烧杯中，加入适量蒸馏水，摇匀成悬浮液，3000 r/min 离心 5min，进行洗涤，重复洗涤 3～5 次［注意：需多次离心洗净，去除残留培养基成分，防止后续操作发生美拉德反应，即羰基化合物（还原糖类）和氨基化合物间的反应，经过复杂的历程最终生成棕色甚至是黑色的大分子物质类黑精或称拟黑素，所以又称羰胺反应，导致细胞壁颜色变深］。

（2）诱导自溶：将洗净的酵母菌沉淀置于 250 mL 锥形瓶中，加 pH 5.0 乙酸-乙酸钠缓冲液 100 mL，置 55℃恒温水浴摇床中，60 r/min 振荡自溶 20～24 h（期间可以镜检方式检查细胞壁的破壁情况）。

（3）收集：取自溶液于 4000 r/min 条件下离心 20 min，收集沉淀，经 95%乙醇洗涤后，于 105℃干燥。

（二）细胞壁葡聚糖和甘露聚糖的含量测定

（1）酸解：精密称取 1.0000 g 上述制备的酵母菌细胞壁样品于 50 mL 刻度试管中，准确加入 2 mL 浓硫酸，均匀混合后，置于 30℃水浴振荡器，120 r/min，振荡 45 min。然后将样品液全部转入 100 mL 容量瓶中，以纯水定容至 100 mL，转入 250 mL 锥形瓶中，于 121℃高压灭菌锅中水解 1 h。

（2）中和：将水解后的样品取出，立即冷却至室温，加入 1 mol/L BaOH 溶液调节 pH 至中性（注意：在调节过程中需不断搅拌溶液，以保证溶液反应彻底）。

（3）过滤：将中和后的溶液转入 250 mL 容量瓶，定容后，先以中速定性滤纸过滤，然后滤液再通过 0.45 μm 滤膜过滤后，备用。

（4）标准曲线的绘制：准确称取甘露糖和葡萄糖标准样分别为 0.5000 g 和 0.5000 g，混合于 100 mL 的容量瓶中，以流动相（乙腈：0.012 mol/L NaH₂PO₄=4：1，V/V）溶液溶解并定容。然后分别取 7.50 mL、5.00 mL 和 2.50 mL 于 3 个 10 mL 容量瓶中并用流动相定容。在色谱条件下准确进样 20 μL，得到色谱峰积分面积和标准样质量浓度之间的回归方程。

（5）色谱条件：Waters 510 型高压液相色谱仪；色谱柱为 Spherisorb-NH₂ ϕ 4.6 mm×200 mm，5 μm；流动相为乙腈：NaH_2PO_4（0.012 mol/L）=4：1（V/V）；柱温为 40℃；检测器为 Waters 410 型示差检测器；流量为 0.8 mL/min；灵敏度为 8。

（6）样品分析：将已处理好备用的样品准确进样 20 μL，重复 3 次以上测定样品中甘露糖和葡萄糖的含量。

（7）结果计算：

$$X = \frac{C \times 200}{m \times 10^6} \times 0.9 \times 100\%$$

式中，X 为葡聚糖（或甘露聚糖）含量（%）；C 为样品溶液中葡萄糖（或甘露糖）含量（μg/mL）；m 为样品质量（g）；0.9 为葡萄糖转换为葡聚糖（或甘露糖转换为甘露聚糖）系数。

五、实验结果

计算酵母细胞壁的质量及其占酵母细胞质量的百分比；比较酵母细胞壁中葡聚糖和甘露聚糖的含量及其占细胞壁质量的百分比。

六、思考题

1. pH 对自溶的影响体现在哪些方面？
2. HPLC 测定多糖含量的原理是什么？
3. 葡萄糖和甘露糖在结构上有什么不同？葡聚糖和甘露聚糖在细胞壁中的功能

是什么?

4. 细胞破壁除显微镜镜检外,还有哪些方法可以判断细胞的破壁状态?

七、参考文献

陈少峰, 望忠福. 2009. 高效液相色谱法测定酵母葡聚糖. 食品科技, 34(7): 278~280.

武汉大学化学系. 2001. 仪器分析. 北京: 高等教育出版社.

谢小波, 李桂贞. 2002. 高效液相色谱法测定魔芋葡甘露聚糖. 华东理工大学学报, 28(4): 406~410.

杨翠竹, 李艳, 阮南, 等. 2006. 酵母细胞破壁技术研究与应用进展. 食品科技, 31(7): 138~142.

周梅村. 2008. 仪器分析. 武汉: 华中科技大学出版社.

实验九 极端嗜盐菌紫膜的分离和提取

许多微生物能耐受较高浓度的盐,多数在高盐环境居住、营化能有机营养的菌,属古菌中的极端嗜盐菌。由于生活在高盐环境,往往这些嗜盐菌在细胞壁、细胞膜及进行正常生理功能的机制与细菌细胞和真核细胞有很大差异。实验五中提到嗜盐菌的细胞膜含有醚键类脂成分,除此之外,极端嗜盐菌的细胞膜上还存在一种性能非常特殊的呈现紫色的膜——紫膜(purple membrane)。紫膜约占细胞膜面积的 1/2,此外,膜上还分布有黄色和红色部分(称红膜),黄色部分含气囊壁,起着调节细胞在水中深度的作用;在红色部分中排列有呼吸链和氧化磷酸化酶系统,红色素可避免蓝光的致死效应。

紫膜实际上具有光能转化器的作用,是一种光驱动的质子泵。它吸收光子,把膜内的质子泵到膜外,从而形成一种跨膜的质子电化学梯度,储存在梯度中的能量用来合成 ATP 和完成其他需要能量的生命活动。这种依靠紫膜进行的光合作用是无叶绿素或菌绿素参与的独特的光合作用,是迄今为止最简单的光合磷酸化反应。

紫膜在嗜盐菌原生质膜上以碎片形式存在,在电子显微镜下,紫膜呈圆形、椭圆形膜片,直径大约为 0.5 μm,厚度 5 nm,它与原生质膜上其余的黄色部分和红膜共面。紫膜含大约 25% 的类脂和 75% 的蛋白质(指质量比),其类脂成分与其他细胞膜中的类脂很相似。在所有的细胞类脂中,紫膜所特有的是磷脂酰硫酸甘油和糖脂硫酸,其量占总类脂的 15%。

紫膜的蛋白质成分主要是细菌视紫红质(bateriorhodopsin, bR)。视紫红质(rhosdopsin)是蛋白质和视黄醛(retinal)的共价结合体,是动物成视过程的物质基础。1971 年,Oesterhelt 和 Stoekenins 研究发现,嗜盐杆菌中存在着一种和视紫红质很相似的蛋白质,这种蛋白质因而被称为细菌视紫红质。bR 作为一种光敏感蛋白质,存在于嗜盐菌的细胞膜中。

bR 是一种较小的膜蛋白,由 248 个氨基酸组成,分子质量约 26 kDa,第 216 位的赖氨酸的 ε-氨基通过席夫(Shiff)碱基和生色团视黄醛分子相连,并以 7 个 α 螺旋的基本二级结构跨膜定位于嗜盐菌的细胞膜上，其中 N 端位于细胞外，C 端位于细胞质中（图 9-1）。天然状态下，每 3 个 bR 单体组成三聚体，构成六角形二维晶格的膜片层——紫膜。由于视黄醛的结合，使紫膜呈深紫色。

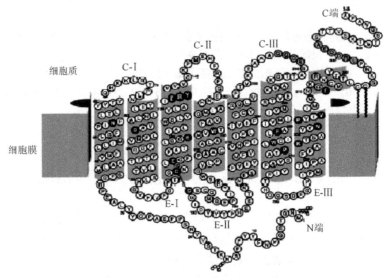

图 9-1　细菌视紫红质的结构示意图（Palczewski et al.，2000）

早期研究一般认为，bR 是紫膜中存在的唯一蛋白质。后来研究发现，紫膜中还有一种分子质量为 27 kDa 的蛋白质，这种蛋白质在 bR 的 N 端增加了 13 个氨基酸，被称为细菌视紫红质前体（the precursor of bR，Pre-bR）。bR 基因测序的结果说明：bR 基因编码的 N 端有与 Pre-bR 相同的 13 个额外氨基酸，C 端有一个额外的天冬氨酸，但成熟的 bR 氨基酸序列则不包含 N 端的这 13 个氨基酸和 C 端的 Asp。

bR 最重要的功能就是利用光能驱动质子完成跨膜转运，近年来的研究对于这种特殊的光转化系统有了深入了解。bR 中的视黄醛起着吸收光的作用，而蛋白质部分则起着类似质子传递通道的作用。在吸收光能后，视黄醛经历全反→13 顺→全反的异构化过程，同时蛋白质构象发生变化，经过一系列中间体，最终回到 bR 基态。在这个过程中，视黄醛的席夫碱基首先去质子化，质子被传递给 Asp 85，然后质子在细胞膜外侧释放，随后席夫碱基从 Asp 96 重新获得质子，去质子化的 Asp 96 又从细胞膜内侧捕获一个质子，最后 Asp 85 去质子，该质子传递到膜外侧的释放位点（图 9-2）。从整体上看，质子由细胞膜内，通过质子传递通道被泵至细胞膜外，这就是 bR 的质子泵功能的基本模型。视黄醛每吸收一个光量子，便有两个质子跨过细胞膜排出胞外，形成细胞膜两侧的质子梯度差。

等细胞外侧积累了足够的质子，达到一定质子电化学梯度（ΔP）时，便可驱动质子通过膜上 ATP 酶的作用合成 ATP，为细胞提供能量（图 9-3）。这是一种完全不同于叶绿素的、独特的光合作用。嗜盐菌除了通过上述方式获得能量外，在无光有氧的情况下，还可以通过膜上的呼吸链进行氧化磷酸化作用而获得能量。

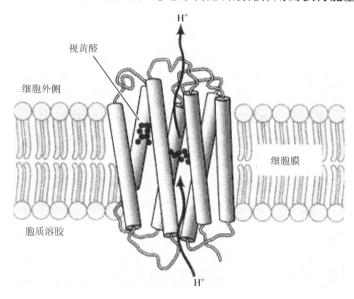

图 9-2　细菌视紫红质质子泵功能的模型（王金发，2003）

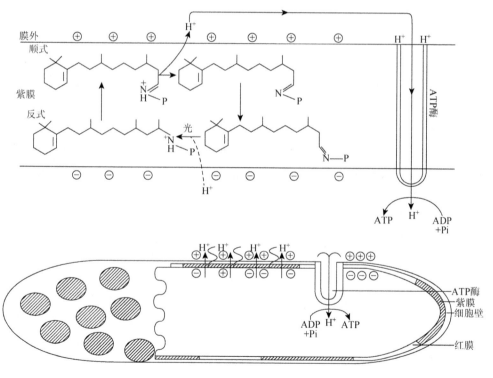

图 9-3　盐杆菌的菌视紫红质及其光合磷酸化模型（周德庆，2002）

P 表示与视黄醛结合的蛋白质

　　此外，紫膜在嗜盐菌其他的正常生理活动中也有重要作用。例如，物质转运通过活细胞膜时，一般需要能量，这种能量通常由 ATP 的分解提供。而嗜盐杆菌在转运氨基酸时，所需要的能量与 ATP 的分解无关，直接由光照驱动紫膜的质子泵形成的电化势能供给。还有研究表明，紫膜很可能参与了排 Na^+ 吸 K^+ 的生理过程。提取嗜盐杆菌含紫膜的细胞膜，人工制成膜囊，在其内外充以 4 mol/L NaCl，光照后则发生 Na^+ 的排放和 K^+ 的摄取。据推测，其中可能存在 H^+ 梯度和 Na^+ 梯度互换的机制。

　　自从 bR 被发现以来，紫膜的结构和功能，如紫膜的成分构成、紫膜光循环中的瞬态变化等，已成为研究的热点问题；同时紫膜的独特性也使得应用研究迅速扩展。作为细胞膜上离子通道的原型蛋白，bR 的跨膜转运质子机制可以为其他的离子通道蛋白的结构功能的研究起到指导性作用；bR 的光电响应和光致变色特性使其在太阳能电池、人工视网膜、光信息存储、神经网络、生物芯片等应用领域有着广阔的前景。

一、实验目的

　　1. 掌握极端嗜盐菌紫膜分离与提取的原理及方法。
　　2. 掌握紫膜纯度的检测方法。

二、实验原理

　　有研究指出，盐生盐杆菌的菌体生长和紫膜生长是不同步的，紫膜是在对数生长后期，限制氧气，给予光照的条件下产生的。因而，在培养中，要先给以充分的氧气，使菌体大量繁殖，在对数生长后期，再限制氧气，造成缺氧环境，以促使紫膜的生长。

　　极端嗜盐菌在蒸馏水中可以完全裂解，而紫膜的结构却很稳定。因而，基于紫膜对蒸馏水的抗性，可将已培养好的嗜盐菌装入透析袋中在蒸馏水中透析。在透析过程中，细胞膜破碎成小碎片，并有溶解性蛋白部分溶出。在菌体裂解中使用透析袋，还可以减少后期的处理量。紫膜的 bR 分子的分子质量是 26 kDa，因此应选择截留值小于 20 kDa 的透析袋，为保险起见，实验中可选择截留值在 10 kDa 以下的透析袋，以保证紫膜片段留在袋内而不至于损失。为降低核酸裂解液的黏度，应在裂解液中加入 DNase，用以水解核酸，同时应在透析过程中多次换水。

　　透析结束后将蒸馏水中胞溶的细胞作差速离心，即先低速离心，除去裂解液中残留的培养基成分及细胞碎片；然后将上清液进行高速离心，得到紫膜在内的碎片沉淀。在沉淀物中，还存在一定量的红色膜，即红膜。要将两者分开，可利用两者的密度不同（红膜的密度是 1.16 g/cm³，紫膜的密度是 1.18 g/cm³），进行蔗糖密度梯度离心。蔗糖密度梯度离心后，根据其所处交界面的位置及颜色，很容易辨别出含有紫膜的色带，取出淡紫色带，即得到嗜盐菌的紫膜。

　　对于紫膜纯度的检测可采用两种方式。一种是光谱检测法，紫膜在 565 nm 处有其特征吸收峰。因此将样品进行全波长扫描，若只在该处有最大吸收峰，则可基本判断样品中只含有紫膜；若样品中有红膜杂质，则会显示类胡萝卜素的特征吸收峰，即在 488 nm、497 nm 和 531 nm 处都存在吸收峰。

第二种方式是对紫膜进行十二烷基硫酸钠聚丙烯酰胺凝胶电泳（SDS-PAGE）鉴定。若只存在紫膜蛋白质，一般出现两条带，分别出现在分子质量为 26 kDa 和 27 kDa 位置处。显然，26 kDa 的是 bR，而 27 kDa 是 Pre-bR；因为 Pre-bR 到 bR 的成熟过程是分二步进行的，所以有时也会出现 3 条带，分子质量分别为 26.5 kDa、27.8 kDa 和 28.5 kDa。其中 26.5 kDa 是 bR 带，28.5 kDa 是修饰过的 Pre-bR，在成熟的 C 端有一个额外的天冬氨酸，27.8 kDa 是 Pre-bR。总之，进行 SDS-PAGE 后，若蛋白条带集中在 26~28 kDa，则说明只含有紫膜蛋白质。

三、实验材料

（1）材料：盐生盐杆菌（*Halobacterium halobium*）。

（2）试剂：酵母浸膏、柠檬酸钠、$FeSO_4 \cdot 7H_2O$、$MgSO_4 \cdot 7H_2O$、酪蛋白水解物、KCl、NaCl、DNase、蔗糖、Sephadex G-50、低分子质量及高分子质量标准蛋白质成套试剂盒、考马斯亮蓝 R-250、三氯乙酸、乙酸等。

（3）CM 培养基：$MgSO_4 \cdot 7H_2O$ 20 g/L，酪蛋白水解物 7.5 g/L、NaCl 200 g/L、酵母浸膏 10 g/L、柠檬酸钠 3 g/L、$FeSO_4 \cdot 7H_2O$ 0.05 g/L、KCl 2 g/L、pH 7.0。

（4）不连续体系 SDS-PAGE 有关试剂。

1）10%（*m/V*）SDS 溶液：称 5 g SDS，加双蒸水至 50 mL，微热使其溶解，置试剂瓶中，4℃储存。SDS 在低温易析出结晶，用前微热，使其完全溶解。

2）1% *N,N,N',N'*-四甲基乙二胺（*N,N,N',N'*-Tetramethylethylenediamine，TEMED）（*V/V*）：取 1 mL TEMED，加双蒸水至 100 mL，置棕色瓶中，4℃储存。

3）10%过硫酸铵（ammonium persulfate，AP）（*m/V*）：称 AP 1 g，加双蒸水至 10 mL。最好临用前配制。

4）0.05 mol/L pH 8.0 三羟甲基氨基甲烷-盐酸缓冲液［Tris（hydroxymethyl）aminomethane-HCl，Tris-HCl］：称 Tris 0.6 g，加入 50 mL 双蒸水，再加入约 3 mL 1.0 mol/L HCl，调 pH 至 8.0，最后用双蒸水定容至 100 mL。

5）样品溶解液：内含 1% SDS，1%巯基乙醇，40%蔗糖或 20%甘油，0.02%溴酚蓝，0.01 mol/L pH 8.0 Tris-HCl 缓冲液，具体配制见表 9-1。

表 9-1 不连续体系样品溶解液配制

SDS	巯基乙醇	溴酚蓝	蔗糖	0.05 mol/L Tris-HCl	加双蒸水至最后总体积
100 mg	0.1 mL	2 mg	4 g	2 mL	10 mL

6）30%分离胶储存液：配制方法与连续体系相同，称丙烯酰胺（acrylamide，Acr）30 g 及甲叉双丙烯酰胺（bisacrylamide，Bis）0.8 g，溶于双蒸水中，最后定容至 100 mL，过滤后置棕色试剂瓶中，4℃储存。

7）10%浓缩胶储存液：称 Acr 10 g 及 Bis 0.5 g，溶于双蒸水中，最后定容至 100 mL，过滤后置棕色试剂瓶中，4℃储存。

8）分离胶缓冲液（3.0 mol/L pH 8.9 Tris-HCl 缓冲液）：称 Tris 36.3 g，加少许双蒸水使其溶解，再加 1 mol/L HCl 约 48 mL，调 pH 至 8.9，最后加双蒸水定容至 100 mL，4℃储存。

9）浓缩胶缓冲液（0.5 mol/L pH 6.7 Tris-HCl 缓冲液）：称 Tris 6.0 g，加少许双蒸水使其溶解，再加 1 mol/L HCl 约 48 mL 调 pH 至 6.7。最后用双蒸水定容至 100 mL，4℃储存。

10）其他：透析袋、电子天平、托盘天平、称量纸、牛角匙、精密 pH 试纸、量筒、烧杯、无菌水、无菌培养皿、无菌移液管、无菌微口滴管、无菌玻璃涂棒、玻璃板、带磨口玻璃塞的刻度试管、锥形瓶、微量进样器、电吹风、小喷雾器、层析缸、恒温水浴锅、烘箱、紫外分光光度计、高速冷冻离心机、层析柱、部分收集器、紫外检测仪、电泳仪等。

四、实验步骤

（一）极端嗜盐菌的培养及菌体收集

（1）按照 CM 培养基的配方配制培养基，并灭菌。

（2）菌种培养：将斜面菌种转移至盛 50 mL CM 液体培养基的锥形瓶中，光照，37℃，250 r/min，培养 3～4 d，当培养液开始呈现紫色时，即以 10%的接种量把菌液分别接入装有 100 mL CM 液体培养基的锥形瓶中，置光照培养箱中，37℃，250 r/min，培养 3～4 d 至菌液开始变紫时，再以 10%的接种量把菌液分别接入装有 1 L CM 液体培养基的锥形瓶中，光照，37℃，250 r/min，培养 6～7 d 至菌液呈紫色（注意：紫膜收率很低，一般每升培养液可提取 1～1.5 mg 紫膜，所以前期需大量培养液）。

（3）菌体收集：收集菌液，4℃，7000 r/min，离心 20 min，弃上清，留红色沉淀。

（4）洗涤菌体：沉淀加适量 25% NaCl 溶液洗涤，然后 7000 r/min，离心 15 min，弃上清。

（二）紫膜的粗提取

（1）透析准备：取新鲜的透析袋（截留值为 8～10 kDa）裁剪成合适的长度，沸水浴 30min，待用。

（2）菌体破碎透析：上述沉淀用 8 mL 左右的 25% NaCl 溶液溶解，再加入 2 mg DNase，搅拌均匀后，装入透析袋中，在蒸馏水中透析。透析最好在 4℃，需搅拌，并多次换水，过夜。

（3）取透析液，8000 r/min，离心 10 min，将裂解液中残留的培养基成分或小颗粒成分去除。弃沉淀，保留上清。

（4）上清液 18 000 r/min，离心 40 min，弃上清。沉淀以蒸馏水洗涤，同样条件下离心。因红膜密度略低于紫膜密度（红膜的密度是 1.16 g/cm^3，紫膜的密度是 1.18 g/cm^3），因此高速长时间地离心也可去除部分红膜。该过程多次反复进行，可除去大部分的红膜，沉淀可见逐渐泛出紫色。

（三）紫膜的精提取

（1）沉淀以 5 mL 左右蒸馏水溶解悬浮。

（2）按下列蔗糖浓度和体积铺好蔗糖不连续密度梯度（*m/m*）：下层 60%蔗糖溶液 1 mL，密度是 1.29 g/cm^3；中层 43%蔗糖溶液 6.5 mL，密度是 1.20 g/cm^3；上层 38%蔗糖溶液 4 mL，密度是 1.17 g/cm^3。

（3）小心加入悬浮的样品液 0.6 mL，15℃，30 000 r/min，离心 6 h。离心后，可见在 38%和 43%的交界面上有一红色带，在 60%与 43%的交界面上有一淡紫色带，在底部有黄色沉淀，小心地取出淡紫色带。

（4）将淡紫色带溶液装入透析袋中，在蒸馏水中进行透析，以除去密度梯度离心时溶解的小分子物质。透析需在 4℃进行，搅拌，过夜。

（5）透析液经 18 000 r/min，离心 30 min 后，沉淀即为紫膜蛋白。

（四）紫膜的纯度检测

（1）光谱扫描检测：将紫膜蛋白以少量蒸馏水溶解，紫外分光光度计在 360～600 nm 间作光谱扫描，通过吸收峰的波长位置，检测紫膜的纯度。

（2）紫膜蛋白的凝胶层析柱法纯度检测：凝胶层析柱法鉴定紫膜蛋白的纯度。根据紫膜蛋白的相对分子质量范围，选用 Sephadex G-50 为柱层析介质。经凝胶溶胀、装柱、柱平衡、仪器连接等凝胶层析的准备工作后，加入紫膜蛋白溶液 1 mL，以蒸馏水为洗脱液进行洗脱，部分收集器收集，紫外检测仪 280 nm 处进行检测，观察出峰情况。若洗脱结果只出现一个洗脱峰，说明得到的是纯的紫膜蛋白（因为 Pre-bR 和 bR 的相对分子质量相差不大，所以凝胶层析柱法不易将两者分开）。

（3）紫膜蛋白的 SDS-PAGE 法纯度检测。

1）样品准备：取适量紫膜蛋白，加入 20 μL 样品溶解液溶解，再将 60 μL 浓缩胶缓冲液与样品溶解液混匀，加热 5 min 后待用。相对分子质量 Marker 则根据相对分子质量标准蛋白质试剂盒的要求加样品溶解液，同样进行煮沸处理即可。

2）安装夹心式垂直板电泳槽后，按照 SDS-PAGE 不连续体系制备凝胶板：配制 20 mL 10%分离胶，水封约 30 min 后，再加入 10 mL 3%浓缩胶，将样品槽模板轻轻插入浓缩胶内，放置 50～60 min，待凝胶"老化"后，小心拔去样品槽模板，将 pH

8.3 Tris-甘氨酸缓冲液倒入上、下贮槽中，没过短板约 0.5 cm 以上，即可准备加样。

3）加样电泳：向加样槽内加 20～100 μL 样品液及 Marker 进行电泳，样品在浓缩胶时电压为 60 V，电流为 10 mA；进入分离胶电压为 120 V，电流为 16 mA，电泳时间为 1.5 h 左右。

4）染色：电泳结束取出胶板，将凝胶板放在大培养皿内，先加入 10%三氯乙酸固定 15～20 min，以 0.25%考马斯亮蓝 R-250 室温染色 30 min。

5）脱色：先用水洗去表面多余染液，以 7%乙酸浸泡脱色，脱色后可见胶板上有清晰的蛋白条带，观察蛋白条带的位置及数量。

五、实验结果

计算紫膜的收率；根据光谱扫描结果，鉴定紫膜提取物中是否存在红膜等其他杂质；根据凝胶层析结果或 SDS-PAGE 结果，分析提取的紫膜蛋白的纯度，并计算提取的紫膜蛋白的相对分子质量。

六、思考题

1. 紫膜具有什么特殊性能？如何发挥其功能？
2. 在提取紫膜过程中如何进行菌体的破壁？
3. 检测紫膜纯度有哪些方法？原理是什么？

七、参考文献

陈德亮, 胡坤生. 2001. 细菌视紫红质研究的新进展. 生物物理学报, 17(3): 441～448.

迪丽拜尔·托乎提, 惠寿年, 徐晓晶, 等. 2000. 营养成分与培养时间对极端嗜盐菌紫膜合成的影响. 生物化学与生物物理进展, 27(1): 65～72.

林稚兰, 黄秀梨. 2000. 现代微生物学与实验技术. 北京: 科学出版社.

王金发. 2003. 细胞生物学. 北京: 科学出版社.

周德庆. 2002. 微生物学教程. 北京: 高等教育出版社.

Palczewski K, Kumasaka T, Hori T, et al. 2000. Crystal structure of rhodopsin: A G-745 protein-coupled receptor. Science, 288(4): 739～745.

实验十　革兰氏阴性菌细胞壁外膜的分离和纯化

一、实验目的

1. 掌握革兰氏阴性菌细胞壁外膜的分离技术。
2. 通过实际操作分离制备纯的细胞壁外膜。

二、实验原理

革兰氏阴性菌胞外膜（outer membrane）位于细菌细胞壁外层，由脂多糖、磷脂形成的双脂层和其上的脂蛋白等若干种蛋白质组成的膜，有时也称外壁。外膜是革兰氏阴性菌的一层保护性屏障，可阻止或延缓胆汁酸、抗体及其他有害物质的进入，也可防止周质酶和细胞成分的外流。

本实验是将大肠杆菌细胞放入高渗透压溶液中，使其发生质壁分离，然后用渗透压冲击法或超声波法剥离外膜，并通过低速离心去掉无外膜的细胞体，再用高速离心和连续梯度离心法从上清液中把细胞壁的外膜分离出来得以纯化。

三、实验材料

（1）菌种：大肠杆菌 AS. 1.365（*Escherichia coli* AS. 1.365）。

（2）牛肉汁固体培养：10 g 蛋白胨、5 g NaCl、1 g 酵母膏、1000 mL 牛肉汁、15 g 琼脂，pH 7.0，121℃高压蒸汽灭菌 30 min（用此培养基制备平板备用）。

（3）器材：低速离心机、高速冷冻离心机、超声波粉碎器、恒温箱、显微镜。

（4）试剂：蔗糖、Tris、EDTA。

（5）其他：载玻片、无菌水、洗瓶、擦镜纸、吸水纸、香柏油及接种用具。

四、实验步骤

取培养 18～24 h 的大肠杆菌牛肉汁斜面一支，加无菌水 2～3 mL 制成均匀的细胞悬液，然后用无菌的玻璃刮铲将细胞悬液均匀涂布于牛肉汁琼脂平皿上，并放入 30℃温箱培养 16～18 h 后，向培养皿中加入 3～5 mL 无菌水，用刮铲轻轻刮起细胞，转移至离心管中，用离心法收集细胞（5000 r/min），用无菌水将细胞洗 3 次。将得到的细胞按下列步骤进行处理。

（1）将细胞放于高渗透压的蔗糖-Tris 溶液（0.75 mol/L）处理 30 min，使其发生质壁分离。

（2）将上述质壁分离的细胞，用超声波剥离外膜，时间 1～2 min（注意：维持细胞的完整性，要随时用显微镜检查）。

（3）将上述细胞处理液离心 5000 r/min，20 min，细胞在沉淀中，弃去。

（4）将上清液用 360 000×g，于 2～4℃离心 2 h，其沉淀为外膜。

（5）将沉淀物用 0.25 mol/L 蔗糖、3.3 mol/L Tris-1 mmol/L EDTA 悬液重新悬浮，按步骤（4）离心，收集沉淀物，并再次悬浮。

（6）配制 50%、45%、40%、35% 和 30% 的蔗糖非连续梯度于 55% 的蔗糖垫上，蔗糖溶液中含 5 mmol/L EDTA（pH 7.5）。

（7）将上述外膜制备物 1 mL（含 8 μg 蛋白质）植于梯度液上，以 38 000 r/min 离心 12~16 h，在离心达到平衡之后，密度 $\rho=1.22$ 处即为外膜部分。

在膜的制备过程中要特别注意其纯度，因为它常常影响对某些细胞行为的解释。采用梯度离心法能够得到纯的外膜，因为质膜和外膜具有不同的沉降系数，前者较轻，后者较重。其分布状况见表 10-1。

表 10-1　膜蛋白在蔗糖梯度中的分布

分布	浮力密度/（g/cm³）	回收蛋白质	
		细胞蛋白（占总量）/%	膜蛋白（占总量）/%
全膜		13.6~17.7	（100）
L1	1.14±0.005		7.5~15.1
L2	1.16±0.005		14.1~24.4
M	1.19±0.01		9.4~25.5
H	1.22±0.01		40.0~66.7

注：L 指轻组分（light），H 指重组分（heavy），M 混合部分（mixure）

五、结果与讨论

描述经蔗糖非连续梯度离心后，膜蛋白在蔗糖梯度部分的分布情况，参照表 10-1，说明你是否提取到外膜。

六、参考文献

焦瑞身，周德庆. 1990. 微生物生理代谢实验技术. 北京: 科学出版社.

Bong J H, Yoo G, Park M, et al. 2014. Ultrasonic isolation of the outer membrane of *Escherichia coli* with autodisplayed Z-domains. Enzyme and Microbial Technology, 66: 42~47.

Osborn M J, Gander J E, Parisi E, et al. 1982. Mechanism of assembly of the outer membrane of *Salmonella typhimurium*: isolation and characterization of cytoplasmic and outer membrane. Biol Chem，247: 3962~3972.

第三章　微生物代谢的分析

微生物代谢是微生物生理学研究的重要内容。利用微生物代谢造福人类，是研究微生物代谢的主要目的，为此，本章介绍酒精发酵和乳酸发酵实验。微生物代谢的多样性是微生物代谢的主要特点，为此，本章介绍硝化细菌、反硝化细菌、光合细菌的分离、培养和检测实验，以及豆科植物-根瘤菌固氮共生体构建及检测等实验；还介绍无需分离和培养，直接研究微生物代谢多样性的环境样品宏基因组文库的构建及功能基因筛选实验。具体研究某个代谢过程，要研究参与代谢的蛋白质的功能，为此，本章介绍细菌细胞各组分中铁还原酶的测定、细菌单价阳离子逆向转运蛋白的测定及细菌细胞内金属离子动态平衡的检测等实验。研究参与代谢的蛋白质的功能，还要结合多种生物化学和分子生物学的手段，为此，本章介绍了原生质体的融合及再生、基因敲除、酶的克隆、表达及纯化及研究蛋白质分子进化的易错 PCR 等实验。

实验十一　翻转膜法测定细菌中的单价阳离子逆向转运蛋白活性

一、实验目的

1. 理解并掌握翻转膜法体外测定钠氢逆向转运蛋白的原理。
2. 学习翻转膜制备、荧光检测钠氢逆向转运蛋白活性的技术和方法。

二、实验原理

嗜盐和耐盐微生物在长期进化过程中，逐渐形成了两种适应高盐环境的策略——内盐策略和拒盐策略。利用内盐机制进行渗透调控的微生物，主要为古菌，其中的嗜盐蛋白表现出特有的分子结构，包括分子中含有大量的酸性氨基酸和极少量的疏水性氨基酸，这类蛋白质必须依靠一定的盐浓度才能维持正常的分子构象和活性。绝大多数嗜盐和耐盐微生物都是采用拒盐策略抵抗高盐环境，一方面，细胞积累有机亲和性溶质，用以调节细胞内外的渗透平衡；另一方面，细菌将多余的 Na^+ 排出胞外，以维持胞内较低的盐浓度，从而维持细胞正常的形态、结构和生理功能。

目前已知，在细菌中存在两种 Na^+ 输出系统，即初级钠泵系统和次级钠泵系统。初级钠泵是一类包含生物素的脱羧酶或 NADH 泛醌氧化还原酶等。初级钠泵输出钠离子所需的能量来源包括 ATP 水解、脱羧作用、甲基转移或者 NADH 的氧化，由其参与的 Na⁺输出直接和电子传递相偶联，在降低胞内毒性离子的浓度和碱性条件下的 pH 稳态方面扮演十分重要的角色。而且初级钠泵对解偶联剂不敏感，羰基氰氯苯腙（carbonyl-cyanide m-chlorophenylhydrazone, CCCP）抗性实验是区分和检测初级钠泵和次级钠泵的有效手段，初级钠泵对解偶联剂 CCCP 具有抗性，能够支持 *E. coli* NADH 脱氢酶突变株 ANN0222（ΔnuoΔndh）在碱性条件下的生长，而次级钠泵则对 CCCP 敏感。

　　次级钠泵（secondary sodium antiporter）又称为钠离子（单价阳离子）/氢离子逆向转运蛋白，简称为 Na⁺/H⁺泵，广泛存在于从细菌到哺乳动物的生物体细胞。微生物排除胞内的 Na⁺主要通过次级 Na⁺/H⁺逆向转运蛋白实现。钠离子（单价阳离子）/氢离子逆向转运蛋白属于跨膜蛋白，催化单价阳离子（如 Na⁺、K⁺、Li⁺）输出，该过程与质子（H⁺）的输入相偶联，该过程由跨膜的质子电化学梯度（由呼吸链或 ATP 酶建立）所驱动，即将 H⁺的电化学电位转化为 Na⁺的跨膜电化学电位。几乎所有细菌都具有多个 Na⁺/H⁺泵。例如，在 *E. coli* 中发现了 4 个不同的 Na⁺/H⁺逆向转运蛋白基因，分别是 *nhaA*、*nhaB*、*chaA* 和 *mdfA*。依据结构特点，将钠离子（单价阳离子）/氢离子逆向转运蛋白分为两大类，即单亚基钠离子（单价阳离子）/氢离子逆向转运蛋白和多亚基钠离子（单价阳离子）/氢离子逆向转运蛋白。目前已知绝大多数 Na⁺/H⁺泵为单亚基蛋白，且多属于 CPA-1 家族（cation: proton antiporter-1 family），其次属于 CPA-2 家族。在所有 Na⁺/H⁺逆向转运蛋白中，以对 *E. coli* 的 NhaA（Ec-NhaA）的研究最为深入，已成为研究 Na⁺/H⁺逆向转运蛋白的模式系统。多亚基钠离子/氢离子逆向转运蛋白属于跨膜转运蛋白 CPA-3 家族的成员，在研究初期，曾被给予多种名称，如 Pha（pHadaptationantiporter）、Mnh（multi-subunit Na⁺/H⁺antiporter）、Mrp（multiple resistance and pH-related antiporter）和 Sha（sodium-hydrogen antiporter）等，现在统一称为 Mrp。实际上 Na⁺/H⁺逆向转运蛋白不仅仅介导 Na⁺输出，还参与其他多种生理活动如抗生素外排、起始孢子发育及氮的固定等。

　　钠氢逆向转运蛋白活性测定方法主要有翻转膜活性测定和放射性探针标记的方法，其中翻转膜活性测定方法从 20 世纪 70 年代建立以来，一直沿用至今。主要原理是基于细胞压力破碎后能形成细胞膜翻转的小泡囊，以 D-乳酸氧化提供阳离子转运动力，利用吖啶橙染料（acridine orange, AO）随 pH 变化引起的荧光淬灭和恢复来计算离子泵的转运活性（图 11-1）。吖啶橙含有给电子基团二甲氨基，而且环上的氮原子并未参与成键，仍以 sp2 杂化，与苯环形成 n-π 共轭，因此，吖啶环上 N 原子易发生季铵碱反应，即 AO 可与 H⁺或 OH⁻相互作用，因此可以看作具有共轭酸碱型的荧光染料，酸性基团的解离作用或碱性基团的质子化作用，可能改变与发光过程相竞争的非辐射跃迁过程的性质和速率，也会改变 AO 在水溶液中氢键的形成能力，从而影响化合物的荧光光谱和强度。溶液 pH 主要影响吖啶橙分子基态的质子化和氢键的形成能力，使得分子的基态与激发态之间的能量间隔发生变化，当吖啶橙被质子化，则引起发光光谱向短波方向移动，而解离作用则引起发光光谱向长波方向移动，同时利用 AO 易穿透生物膜的特性，因此可以把它作为细胞 pH 梯度的荧光探针。

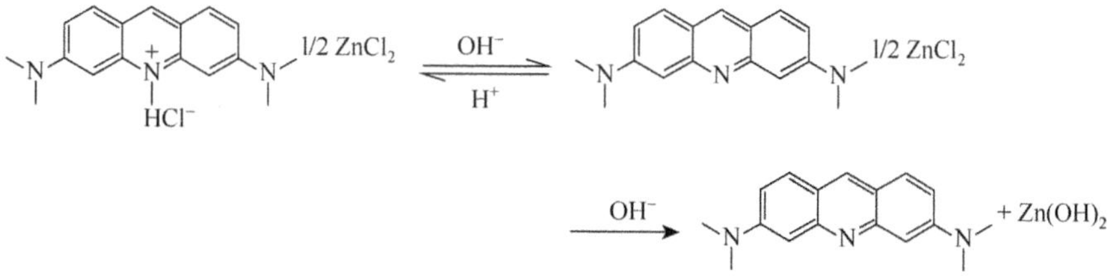

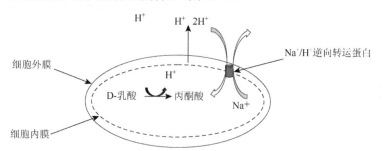

图 11-1　吖啶橙的结构及 H^+ 或 OH^- 相互作用

翻转膜活性测定方法的具体原理流程如图 11-2 所示。在正常的细胞中，推测乳酸脱氢酶可能定位于细胞内膜中，在 D-乳酸氧化生成丙酮酸的过程中，会形成向外的质子势梯度，为逆向转运蛋白的离子转运提供能量，催化胞内阳离子外排和质子向内转运（图 11-2）；利用法式细胞破碎仪处理细胞后，细胞瞬间破裂，细胞膜翻转后会形成小的泡囊，此时原本的内膜向外，外膜向内，在添加 D-乳酸和荧光染料吖啶橙后，D-乳酸氧化转而形成向内的质子势梯度，引起泡囊内 pH 降低，吖啶橙发生质子化，发光光谱向短波方向移动，490 nm 左右的吸收峰发生偏移，导致荧光淬灭（图 11-3）；此时加入阳离子（如 Na^+、K^+、Li^+），若细胞膜上存在钠氢逆向转运蛋白活性，会以质子势为动力，将阳离子向内运输，从而改变泡囊内 pH，引起吖啶橙发生离解作用，引起吸收峰向长波区移动，荧光强度恢复，通过恢复效率与淬灭效率的比值推算钠氢逆向转运蛋白的活性（图 11-4）。

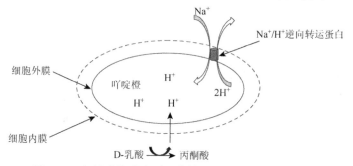

图 11-2　正常完整细胞中质子势的形成和阳离子转运模式

图 11-3　翻转膜泡囊中质子势的形成和阳离子转运模式

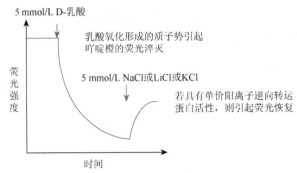

图 11-4　钠氢逆向转运蛋白活性测定反应体系图解

放射性探针标记法是将阳离子进行放射性标记后（如 $^{22}Na^+$、$^{45}Ca^{2+}$），通过检测胞内放射性标记离子的数量，对离子泵的活性进行研究，在确定初级钠泵、次级钠泵能量来源、转运活性和转运底物等方面都有应用。

研究微生物与钠离子输出和胞内 pH 稳态有关的基因可通过互补 *E. coli* 钠离子输出相关基因的缺陷株，并检测其活性来实现。这是用于分离和鉴定 Na^+/H^+ 逆向转运蛋白基因，并研究其功能特性最有效、最普遍的方法，如 NM81（*nhaA⁻*）、EP432（*nhaA⁻*、*nhB⁻*）、KNabc（*nhaA⁻*、*nhB⁻*、*chaA⁻*）和 TO114（*nhaA⁻*、*nhB⁻*、*chaA⁻*）等；其中，*E. coli* KNabc 缺失 3 个主要的 Na^+/H^+ 逆向转运蛋白基因 *nhaA*、*nhaB* 和 *chaA*，不能在含 0.2 mol/L NaCl 的 LBK 培养基上生长。因此，该菌株成为从各种微生物体克隆、表达和检测 Na^+/H^+ 逆向转运蛋白基因的理想筛选模型和便捷实验材料。本实验以分离自中度嗜盐菌达坂喜盐芽孢杆菌（*Halobacillus dabanensis*）D-8^T 的 *nhaH* 为例，通过翻转膜活性测定的方法，确定该基因是否具有单价阳离子逆向转运蛋白活性。

三、实验材料

1. 菌种和质粒

菌株：大肠杆菌（*E. coli*）KNabc（Km^r、Cm^r、*nhaA⁻*、*nhaB⁻*、*chaA⁻*）。

质粒：pUCnhaH，克隆载体 pUC18 中整合了达坂喜盐芽孢杆菌（*H. dabanensis*）D-8^T 的 *nhaH* 基因、Amp^r。

2. 培养基

LBK 培养基（1 L）：胰蛋白胨 10 g、酵母粉 5 g、KCl 6.48 g、自然 pH。部分实验中添加 NaCl 或 LiCl 至所需浓度。

3. 制备反转膜所需试剂

缓冲液 A：10 mmol/L Tris-HCl（pH 7.5）、140 mmol/L 氯化胆碱、0.5 mmol/L 二硫苏糖醇（1,4-dithiothreitol，DTT）、250 mmol/L 蔗糖（或 10%甘油）、5 mmol/L MgCl$_2$、1 mg/mL DNase、0.1 mol/L 苯甲基磺酰氟（phenyl methyl sulfonyl fluoride，PMSF，

用异丙醇溶解，工作浓度为 1 mmol/L）。

4. 测定 Na^+（Li^+）/H^+ 逆向转运蛋白活性用试剂

缓冲液 B：10 mmol/L Tris-MES（pH 6.5～9.5）、140 mmol/L 氯化胆碱，5 mmol/L $MgCl_2$、1 mmol/L 吖啶橙（acridine orange，AO，工作浓度为 1 μmol/L）、2 mol/L D-乳酸钾（用 Tris 调节 pH 至 8.0）、2 mol/L D-乳酸（pH 8.0）、2 mol/L NaCl、2 mol/L LiCl、2 mol KCl，以上 5 种 2 mol/L 浓度试剂的工作浓度均为 5～10 mmol/L。

5. 测定蛋白质浓度用试剂

（1）蛋白质标准溶液：准确称取 100 mg 牛血清白蛋白（BSA），溶解于蒸馏水中，并定容到 100 mL（浓度为 1000 μg/mL）。

（2）考马斯亮蓝试剂：称取 100 mg 考马斯亮蓝 G-250，溶于 50 mL 90%乙醇（或甲醇）中，再加入 100 mL 85%（m/V）的磷酸，用蒸馏水定容至 1 L。

四、实验步骤

（一）反转膜（inverted membrane vesicle）的制备

（1）菌体培养：将携带 *nhaH* 重组质粒的大肠杆菌 KNabc（KNabc/pUCnhaH）和阴性对照菌株（KNabc/pUC18）在 LBK 液体培养基中 37℃，200 r/min 培养过夜，第 2 天按 1%接种量转接至 200 mL LBK 液体培养基中培养至稳定期。

（2）菌体收集：4℃，8000×g 离心 10 min 收集菌体，然后用 20 mL 缓冲液 A［注意：缓冲液中可以使用蔗糖，也可以选择甘油，但有研究表明蔗糖缓冲液中形成的跨膜 pH 梯度（即 ΔpH）更明显，而且蔗糖缓冲液中泡囊泄露质子能力更慢，能较好维持质子势］洗涤菌体 1 或 2 次，并重悬于相同缓冲液（另外需加入 PMSF 至终浓度 1 mmol/L 和 DNase，缓冲液 A 用量大致为 20 mL/g 菌体）。

（3）破壁：用法式细胞破碎仪以 1500 p.s.i.的系统压力（对应的细胞压力约为 21 000 p.s.i.）破碎细胞，然后 8000×g 离心 10 min，以去除未破碎的细胞及细胞碎片；未破碎细胞可再通过法式细胞破碎仪破碎，重复上述步骤，将两次破碎的细胞悬液合并（注意：一定要尽量去除未破碎细胞，实验中质子势是离子转运的能量来源，若悬液中存在较多未破碎细胞，则有可能干扰质子梯度的形成，影响荧光淬灭和恢复效率）。

（4）超速离心：将破碎后的细胞悬液 4℃，100 000×g 超速离心 1 h，以缓冲液 A 洗涤沉淀 1 或 2 次，重复以上步骤，将所得沉淀（即反转膜）重悬于缓冲液 A（每克原始菌体加 0.5～1.0 mL 缓冲液 A），–70℃保存备用。

（二）翻转膜蛋白质浓度测定

1. 标准曲线的制作

（1）取 6 支试管，按表 11-1 的配比制作 0～100 μg/mL BSA 的标准曲线。

表 11-1　标准曲线（0～100 μg/mL）的制作配比

管号 试剂	1	2	3	4	5	6
标准蛋白溶液/mL	0.00	0.02	0.04	0.06	0.08	0.10
蒸馏水/mL	1.00	0.98	0.96	0.94	0.92	0.90
考马斯亮蓝 G-250/mL	5.00	5.00	5.00	5.00	5.00	5.00

（2）混合各管溶液，静置 2 min 后，测定 OD_{595} 值。

（3）以 BSA 蛋白浓度为横坐标，OD_{595} 值为纵坐标，制作 0～100 μg/mL 蛋白质的标准曲线。

2. 反转膜中蛋白质浓度的测定

取反转膜 5～10 μL，加蒸馏水至 1 mL，再加入 5 mL 考马斯亮蓝 G-250，充分混匀。放置 2 min 后，测定 OD_{595} 值，然后通过标准曲线计算反转膜中蛋白质的含量。

3. Na^+（Li^+）/H^+ 逆向转运蛋白活性的测定

（1）向加有 2 mL 缓冲液 B 的石英杯中加入 1 μmol/L 吖啶橙（acridine orange，AO）和 40 μg 反转膜，抽吸混匀。

（2）向反应体系中添加 Tris-乳酸钾（测 K^+/H^+ 逆向转运蛋白活性时用 Tris-乳酸替代 Tris-乳酸钾）至终浓度为 5 mmol/L（乳酸和乳酸盐作为底物，通过呼吸链产生跨膜 pH 梯度），此时荧光强度开始猝灭（quenching）；利用 AO 作为荧光探针，通过日立 F-4500 荧光分光光度计监控跨膜 pH 梯度（即 ΔpH）的变化。荧光监测参数为：激发光（EX）波长 495 nm，发射光（EM）波长 530 nm。

（3）当荧光强度下降至稳态时，向反应体系加入 5 μL 浓度为 2 mol/L 的 NaCl、KCl 或 LiCl，以破坏 ΔpH，此时，荧光强度开始升高。根据荧光强度的恢复程度（dequenching）判断并表示 Na^+（Li^+）/H^+ 逆向转运蛋白活性的大小。

4. 不同 pH 对 Na^+/H^+ 或 Li^+/H^+ 逆向转运蛋白活性影响的测定

单价阳离子逆向转运蛋白在不同 pH 条件下活性不同，通过此实验可检测待测基因的蛋白质活性是否具有 pH 依赖性。选择不同 pH（7.0～9.5）的缓冲液 B，按照步骤 3 操作，分别加入 1 μmol/L 吖啶橙和 40 μg 反转膜，抽吸混匀后，添加 Tris-乳酸钾至终浓度为 5 mmol/L，当荧光强度下降至稳态时，向反应体系加入 5 μL 浓度为 2 mol/L 的 NaCl 或 LiCl，根据荧光强度的恢复程度（dequenching）计算不同 pH 条件下 Na^+（Li^+）/H^+ 逆向转运蛋白活性大小。

5. K_m 测定

在具有最高逆向转运蛋白活性的 pH 条件下，测定其 K_m。使用不同浓度（0.5 mmol/L、1 mmol/L、1.5 mmol/L、2 mmol/L、5 mmol/L、10 mmol/L、20 mmol/L）的 NaCl 和 LiCl 测定 NhaH 的 Na^+（Li^+）/H^+ 逆向转运蛋白活性。然后，以 NaCl 或 LiCl 的浓度和荧光强度作双倒数图，并由此计算转运蛋白对 Na^+ 或 Li^+ 的表观 K_m 值。

五、实验结果

（1）计算不同 pH 条件下 Na^+（Li^+）/H^+逆向转运蛋白活性大小，确定其最适反应条件，讨论该逆向转运蛋白活性是否具有 pH 依赖性（单价阳离子逆向转运蛋白活性=荧光强度的恢复值/荧光淬灭值×100%）。

（2）计算转运蛋白对 Na^+和 Li^+的表观 K_m 值。

六、思考题

1. 翻转膜制备过程中为什么要尽量去除未破碎细胞？是否会对活性测定有影响？

2. 翻转膜活性测定方法是否适合测定初级钠泵的活性？

七、参考文献

Rosen B P. 1986. Ion extrusion systems in *Escherichia coli*. Methods Enzymol, 125: 328～336.

Sakuma T, Yamada N, Saito H, et al. 1998. pH dependence of the function of sodium ion extrusion systems in *Escherichia coli*. Biochim Biophys Acta, 1363: 231～237.

Yang L F, Jiang J Q, Zhao B S, et al. 2006. A Na^+/H^+antiporter gene of the moderately halophilic bacterium Halobacillusdabanensis D-8^T: cloning and molecular characterization. FEMS Microbiol Lett, 255: 89～95.

实验十二　根瘤菌接种豆科植物实验

一、实验目的

1. 学会种子表面消毒技术。
2. 掌握无菌操作条件下的接种技术。
3. 掌握实验室内根瘤菌接种豆科植物的方法。

二、实验原理

豆科植物的根部因根瘤菌的侵入形成根瘤，根瘤菌在根瘤中可以将空气中的氮气固定为氨，一方面作为自己的氮素营养，另一方面也以氨基酸的形式提供给豆科植物作为氮素来源。豆科植物也为根瘤菌提供其生活所必需的碳水化合物，根瘤菌与豆科植物之间的这种关系，称为共生关系。除了这种氮源和碳源的交换外，根瘤菌与豆科植物的共生关系还体现在：①豆科植物合成球蛋白，根瘤菌合成血红素，两者结合在一起形成豆血红蛋白，起到类似于人体血液中的血红蛋白的功能，以对氧的分压进行调节，保证固氮酶固氮时对低氧分压的要求；②豆科植物通过其查尔酮合成酶（CHS）和类黄酮合成酶（IFS）合成类黄酮，作用于根瘤菌的 NodD 蛋白，进而激发根瘤菌的结瘤基因（*nodABC...*）合成结瘤因子（NF），而后者又反过来刺激豆科植物根毛上的受体蛋白（NFP），促使根毛发生卷曲，进而引起根毛细胞内的钙离子振荡及下游的级联反应；③植物合成高柠檬酸，作为根瘤菌固氮酶所必需的电子传递辅因子。豆科植物与根瘤菌两者之间的分子对话及根瘤的形成示意图如图 12-1 所示。

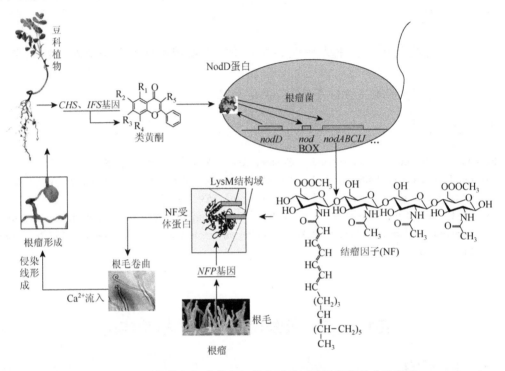

图 12-1　豆科植物与根瘤菌之间的分子对话及根瘤的形成示意图

　　根瘤菌侵染豆科植物形成根瘤有专一性，即某种根瘤菌只能侵染某种或某类豆科植物，而对于其他豆科植物，或者是侵染形成无效瘤（假瘤），或者不能侵染。例如，从新疆地区的鹰嘴豆植物上分离到的木垒中慢生根瘤菌，其宿主范围仅限于其自身，而不能侵染其他豆科植物。也有例外的现象，如 *Sinorhizobium* sp. NGR 234 可以侵染 112 个属不同种类的豆科植物而形成可以结瘤固氮的根瘤。也发现一些豆科植物，如菜豆、苦豆子、苦参等，能与多个属、许多种根瘤菌建立共生关系，这种相对专一性共生的关系称为混杂性共生。

　　豆科植物的种子表面有许多微生物，可能也有根瘤菌存在。实验室条件下，要保证供试根瘤菌能入侵供试的豆科植物，必须进行种子的表面消毒，然后再接种根瘤菌。液体培养的根瘤菌到对数生长期时，取 1 mL 菌液，接种到根际。大田接种根瘤菌可采用拌种的方法，但要注意，不要与农药、化肥等一起使用，以防对根瘤菌的杀灭作用。

有的种子（如甘草、苦参、黄芪等）种皮较厚，不易吸水发芽，因此还需对种子进行处理，如用浓硫酸处理软化种皮或用碾米机碾破种子，然后再进行消毒、种子发芽、接种根瘤菌等工作。

种子发芽后，将发芽种子小心移入装有蛭石的双层瓶内。双层瓶上层装有蛭石或沙子，拌有满足植物生长和结瘤固氮的低氮营养液，下层为低氮营养液。上下两层有绵纱布相连，起到吸水的作用。双层瓶的结构及组成见图 12-2。

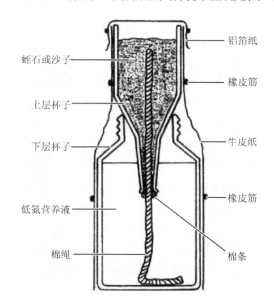

图 12-2　双层瓶的结构及组成（Somasegaran，1994）

三、实验材料

（1）种子及菌种：豆科植物种子选用各种豆科植物种子，以当年采收的新鲜种子为佳；根瘤菌选择与选用的豆科植物相匹配的根瘤菌。

（2）实验器材：蛭石、罐头瓶、棉纱布、培养皿、锥形瓶（150 mL）、耐高温灭菌的塑料杯、移液器、牛皮纸、皮筋、镊子、剪刀、一次性无菌手套、废液缸等。

（3）试剂：95%乙醇、0.2%升汞（或 2%～3%的次氯酸钠）、浓硫酸、无菌水、0.7%水琼脂。

（4）双层瓶植物培养系统（或称为 Leonard Jars 系统）：上层的塑料杯内装有适量的拌有 1 倍低氮营养液的蛭石，下层为 1 倍低氮营养液或无菌水，以棉纱布为吸水装置。

（5）TY 液体培养基（1 L）：胰蛋白胨 5 g、酵母粉 3 g、$CaCl_2 \cdot 2H_2O$ 0.7 g、蒸馏水 1000 mL、pH 6.8～7.2，121℃高压蒸汽灭菌 30 min。

（6）低氮营养液（1 L）：Ca(NO$_3$)$_2$ 0.03 g、CaSO$_4$ 0.46 g、KCl 0.075 g、MgSO$_4$·7H$_2$O 0.06 g、K$_2$HPO$_4$ 0.136 g，柠檬酸铁 0.075 g、微量元素 1 mL。

（7）微量元素配方（1 L）：H$_3$BO$_3$ 2.86 g、MnSO$_4$ 1.81 g、ZnSO$_4$ 0.22 g、CuSO$_4$·5H$_2$O 0.8 g、H$_2$MoO$_4$ 0.02 g。

四、实验步骤

（1）用 1×低氮营养液将蛭石搅拌湿润，装在一次性塑料杯中，杯底有孔，并穿入 20 cm 的医用砂布，放置在罐头瓶中。用牛皮纸将其包好，121℃灭菌，2 h，或者间歇灭菌 2 或 3 次。备用。

（2）种子处理：对于种皮厚，不易吸水的豆科植物种子（如甘草），先用浓硫酸处理 3～4 h，倒去硫酸；无菌水冲洗 5 或 6 次；加入 0.2%升汞，浸泡 3 min，用无菌水冲洗 5 或 6 次。如是其他种子，如大豆种子，则用 95%乙醇处理 30 s，再用 0.2%升汞浸泡 3 min，最后用无菌水冲洗 5 或 6 次。也可用 2%～3%的次氯酸钠代替升汞灭菌。

（3）种子发芽：将消毒过的种子移入灭菌的装有水琼脂的培养皿内，25℃黑暗处发芽 2 d。

（4）播种种子：将发芽的种子小心植入组装好的灭菌的双层瓶植物培养系统，深度控制在 1.5～2 cm，不能离表面太近（注意：勿伤到根尖）。

（5）根瘤菌菌剂的扩大培养：无菌操作法取 1 mL 根瘤菌母液转接到 100 mL 的 TY 液体培养基内，28℃摇床（160 r/min）培养 2～3 d。

（6）植物接种根瘤菌：无菌操作法将根瘤菌接种到发过芽的幼苗根际，每个瓶子接种 1 mL。对照不必接种根瘤菌，只接种 TY 液体培养基。

（7）温室中光照培养植物 40～60 d。白天温度控制在 25℃，16 h，光照强度为 2700～3000 lx；晚上温度为 15℃，8 h。在培养期间，定期查看，防止缺水而引起植物死亡。如果缺水请用灭菌的去离子水补充水分。

（8）观察并记录实验结果。

五、思考题

1. 对某些豆科植物种子（如甘草）为什么要进行硫酸和升汞处理？

2. 为什么要对豆科植物种子消毒后后再接种根瘤菌？根瘤菌对豆科植物的主要作用是什么？

3. 查资料讨论田间如何对豆科植物接种根瘤菌效果最佳？

六、参考文献

宋渊. 2012. 微生物学实验教程. 北京: 中国农业大学出版社.

Hakoyama T, Niimi K, Watanabe H, et al. 2009. Host plant genome overcomes the lack of a bacterial gene for symbiotic nitrogen fixation. Nature, 462(7272): 514~517.

Jensen E O, Paludan K, Hgldig-Nielsen J J, et al. 1981. The structure of a chromosomal leghaemoglobin gene from soybean. Nature, 291: 677~679.

Li Y, Tian C F, Chen W F, et al. 2013. High-resolution transcriptomic analyses of *Sinorhizobium* sp. NGR234 bacteroids in determinate nodules of *Vigna unguiculata* and indeterminate nodules of *Leucaena leucocephala*. PloS ONE, 8: e70531.

Santana M A, Pihakaski-Maunsbach K, Sandal N, et al. 1998. Evidence that the plant host synthesizes the heme moiety of leghemoglobin in root nodules. Plant Physiol, 116(4): 1259~1269.

Somasegaran P, Hoben H J. 1994. Handbook for Rhizobia, Methods in Legume-Rhizobium Technology. New York: Springer-Verlag Inc.

Zhang J J, Liu T Y, Chen W F, et al. 2012. *Mesorhizobium muleiense* sp. nov., nodulating with *Cicer arietinum* L. International Journal of Systematic and Evolutionary Microbiology, 62: 2737~2742.

实验十三 豆科植物-根瘤菌共生体有效性测定

一、实验目的

1. 观察豆科植物接种根瘤菌与否的地上部分生长情况差异及地下部分的结瘤情况。

2. 学习利用气相色谱法测定根瘤固氮酶活性的原理、方法与步骤。

二、实验原理

豆科植物在有合适根瘤菌的情况下才能被侵染，形成有固氮活力的根瘤。根瘤菌侵染豆科植物形成定型或非定型根瘤的过程示意图如图 13-1 所示。正常结瘤的植株地上部分颜色暗绿，有效根瘤切面因含有大量的调节氧分压的豆血红蛋白而呈现血红色。有固氮活力的根瘤内充满了没有细胞壁但有共生体膜包被的类菌体。未结瘤的植株因为缺氮而叶片发黄。如果根瘤内的类菌体没有固氮活力，则形成无效根瘤，则根瘤切面为白色或青色。

根瘤中的类菌体固氮酶除能将氮气中的氮氮三键打开并还原为氨外（$N_2+8[H]\rightarrow 2NH_3+H_2$），也能将含有碳碳三键的乙炔还原为乙烯（$C_2H_2+2[H]\rightarrow C_2H_4$），而乙炔和乙烯很容易通过气相色谱进行分离，而根据一定时间内，单位质量根瘤生成乙烯的量即可判断固氮酶活性的高低。使用 HP-PLOT Al_2O_3 S（19095P-S21）型号的色谱柱时，设定进样器温度为 100℃，柱温 70℃，检测器温度 250℃，氮气流速（尾吹流量）为 5 mL/min；氢气流速为 40 mL/min；空气流速为 400 mL/min 等参数，乙烯的出峰时间约 0.6 min，先出来；乙炔的出峰时间约为 1.2 min，后出来。根据峰图，计算峰高、峰面积等信息，用于固氮酶活性的计算，公式如下：

$$固氮酶活性=\frac{样品乙烯峰面积×瓶体积（mL）}{标样乙烯峰面积×上样体积（mL）}×标准乙烯的量（nmol）÷瘤重（mg）÷作用时间（1h）$$

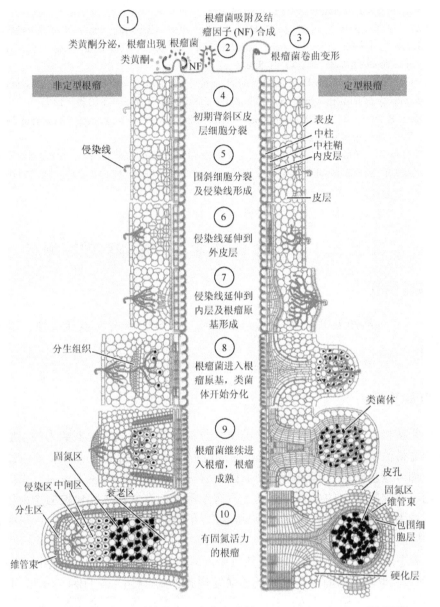

图 13-1　根瘤菌入侵豆科植物及根瘤发育过程（Ferguson，2010）（见图版）

标准乙烯的测定按实验二十七固氮酶活性测定方法进行。

三、实验器材

标签纸、高纯乙炔（99.9999%）、气相色谱仪、刀片、镊子、剪刀、一次性注射器

（10 mL）、吸水纸、100 mL 血清瓶（带塞子）、100 mL 容量瓶、5 号针头、青霉素小瓶（用 1 mL 水封好，带塞，倒置）、天平（0.0001g）、信封、记号笔、100 μL 微量进样器、水盆、结晶紫染液、蒸馏水、洗瓶、载玻片、显微镜、25℃培养箱等。

四、实验步骤

（1）将培养在蛭石杯中的豇豆植物小心取出，在水盆中清洗掉附着在根上的蛭石，放在吸水纸上将水吸干。勿伤到或弄掉植物根瘤。

（2）用剪刀将地上部剪下放在事先称量好的信封里，并称其鲜重。

（3）将地下部分迅速放入血清瓶中，瓶口向下，用 10 mL 注射器从里面抽出 10 mL 空气，再注入 10 mL 纯乙炔气体，整个过程完全同步，且保证每个瓶口向下。

（4）将注入乙炔的血清瓶倒放入 25℃温箱中严格保温 1 h。

（5）1 h 后，将血清瓶从温箱取出（正放），用注射器从血清瓶取出 2 mL 反应后的气体转注入预先抽出 2 mL 空气的青霉素小瓶中。

（6）取 100 μL 反应气，在气相色谱仪上测定乙烯生成量，记录峰面积。

（7）记录根瘤的位置、形状、颜色和根瘤数量，有效瘤和无效瘤的数量，填写表格。

（8）将血清瓶内全部根瘤从根上剪下，放培养皿内，置天平上称其鲜重并记录。

（9）切开一个有效根瘤和无效根瘤，观察豆血红蛋白的颜色。

（10）将根瘤切面在载玻片上挤压、涂布、干燥、固定、结晶紫染色、水洗、风干、油镜下观察类菌体形态。并与自生状态的根瘤菌进行比较。

五、实验结果

将实验中数据记录至表 13-1。

表 13-1　豆科植物—根瘤菌共生体有效性测定记录表

观察对象	接种植株	未接种植株
总根瘤数/个		
总有效根瘤/个		
总无效根瘤/个		
总根瘤鲜重/（mg/株）		
有效根瘤表面颜色		
有效根瘤切面颜色		
无效根瘤表面颜色		
无效根瘤切面颜色		

续表

观察对象	接种植株	未接种植株
类菌体形态		
标准乙烯峰面积		
标准乙烯上样体积/mL		
标准乙烯的量/nmol		
样品乙烯峰面积		
瓶体积/mL		
反应时间/h		
根瘤固氮酶活		

六、思考题

1. 记录实验结果，填写表 13-1。

2. 与不接根瘤菌的对照相比，接根瘤菌的实验组植物生长、结瘤情况如何？请分析原因。

3. 结合本次实验结果，讨论根瘤菌对豆科植物的作用及生物固氮的意义。

七、参考文献

宋渊. 2012. 微生物学实验教程. 北京：中国农业大学出版社.

Ferguson B, Indrasumunar A, Hayashi S, et al. 2010. Molecular analysis of legume nodule development and autoregulation. J Integr Plant Biol, 52(1): 61~76.

Somasegaran P, Hoben H J. 1994. Handbook for Rhizobia, Methods in Legume-Rhizobium Technology. New York: Springer-Verlag Inc.

实验十四　反硝化细菌的培养及异化型硝酸盐还原作用的检测

广义的反硝化作用，包括一切硝酸盐的还原作用，可以形成各种产物，如亚硝酸盐、氨、含氮有机物等；狭义的反硝化作用，专指硝酸盐的还原最终产物是分子态氮（N_2）或一氧化二氮（N_2O）的过程。能够进行反硝化作用的细菌，称为反硝化细菌（denitrifying bacteria）。反硝化作用是反硝化细菌以硝酸盐作为最终电子受体的厌氧呼吸过程。要完成这个厌氧呼吸过程，需要不断地从外界获得电子供体。已知的反硝化细菌都是微好氧的，尚未见到严格厌氧的反硝化细菌。

反硝化菌广泛存在于自然界中，有研究表明，它们占土壤、水体和水底淤泥中微生物总量的10%～15%。反硝化作用最初在细菌中发现，包括假单胞菌科（Pseudomonaceae）、芽孢杆菌科（Bacillaceae）、根瘤菌科（Rhizobiaceae）、红螺菌科（Rhodospirillaceae）、噬纤维菌科（Cytophagaceae）等。后来在真菌、放线菌、酵母菌、古菌，甚至一种深海有孔虫（*Globobulimina pseudospinescens*）中均有反硝化现象发现。反硝化细菌分属于无色杆菌属、不动杆菌属、芽孢杆菌属等55个属。

根据营养类型、需氧情况的不同，大致可将反硝化过程分为以下几类。

1. 异养兼性反硝化（heterotrophic facultative denitrification）

即传统的反硝化细菌，利用有机碳源如甲醇、乙醇、葡萄糖、乙酸、甲酸等合成自身物质，同时有机物也作为电子供体还原硝酸盐。通常情况，反硝化发生在厌氧或缺氧条件下。当同时存在分子态氧和硝酸盐时，反硝化细菌优先进行有氧呼吸。微生物从有氧呼吸转变为无氧呼吸的关键是合成无氧呼吸的酶，而分子态氧的存在会抑制这类酶的合成及活性。因此，必须保持严格的缺氧状态（DO<0.5 mg/L）[溶解氧（dissolved oxygen，DO）是指溶解在水中的分子态氧]，此类反硝化才能正常进行。一般在缺氧的情况下，兼性厌氧菌首选硝酸盐进行呼吸作用，将 NO_3^- 逐步还原为 N_2。氮的转化过程如图 14-1 所示。

$$NO_3^- \xrightarrow{\text{硝酸盐还原酶}} NO_2^- \xrightarrow{\text{亚硝酸盐还原酶}} NO \xrightarrow{\text{氧化氮还原酶}} N_2O \xrightarrow{\text{氧化亚氮还原酶}} N_2$$

图 14-1　反硝化作用中氮的转化

许多细菌具有将硝酸盐还原为亚硝酸盐的酶，可实现第一步转化，但要完成彻底脱氮，则要求细菌必须具有完整的反硝化酶系。异养反硝化细菌在自然界中分布最为广泛，种属众多。绝大多数分布于细菌界，少数分布于古菌界。最普遍的是假单胞菌属（*Pseudomonas*），其次是产碱杆菌属（*Alcaligenes*）。此外，某些真菌也具有异养反硝化能力。

2. 异养好氧反硝化（heterotrophic aerobic denitrification）

也称有氧反硝化或高耐氧反硝化，指在有氧条件下进行反硝化的过程。过去反硝化作用一直被认为是在无氧或微氧条件下进行，直至 20 世纪 80 年代，研究者发现在好氧条件下也能进行反硝化作用。近年来，国内外不少研究报道已充分证明了好氧反硝化菌的存在，好氧反硝化菌也已成功分离，并建立了多种分离筛选好氧反硝化细菌的方法，这一发现突破了传统理论的认识。

不同的好氧反硝化细菌具有不同的氧气耐受性，在 DO 浓度为 1.0～9.0 mg/L，都有细菌能进行反硝化。一般认为，当 DO 浓度低于 3.0 mg/L 时，好氧反硝化菌具有反硝化活性，但也有个别菌种的 DO 耐受性较强。

目前，仅发现好氧反硝化现象在细菌中存在，在放线菌、真菌中尚没有报道。好氧反硝化菌主要存在于假单胞菌属（*Pseudomonas*）、产碱杆菌属（*lcaligenes*）、副球菌属（*Paracoccus*）和芽孢杆菌属（*Bacillus*）等中，是一类好氧或兼性好氧、以有机碳作为能源的异养细菌。与厌氧反硝化菌的反硝化相比，好氧反硝化菌的反硝化的特征为：①一般好氧反硝化菌脱氮的主要产物是 N_2O，而厌氧反硝化菌则主要产生 N_2 及少量的 N_2O 和 NO；②反硝化能在好氧条件下进行，可同时利用氧气和硝酸盐作为电子受体进行产能代谢，缺少 NO_3^- 或 O_2 都会降低细菌的生长率和反硝化率；③可将铵态氮在好氧条件下直接转化成气态产物；④反硝化速率较厌氧菌慢。

3. 同时硝化与反硝化（SND：simultaneous nitrification and denitrification）

研究证明，硝化细菌和反硝化细菌具有超乎寻常的代谢多样性。一些硝化细菌除了能够进行正常的硝化作用外，还能进行反硝化作用；一些好氧反硝化细菌如 *Pseudomonas* sp.、*Alcaligenes faecalis* 等除了能在有氧条件下进行正常的反硝化作用外，还能在有氧条件下进行异养硝化作用（不同于传统意义上的自养硝化），直接把氨转化成氮气。一般把兼具硝化和反硝化功能的微生物统称为同时硝化反硝化微生物，此类微生物可在自养或异养条件下完成脱氮过程。

4. 自养反硝化（autotrophic denitrifieation）

近年来发现一些自养细菌如脱氮硫杆菌（*Thiobacillus denitrificans*）能够以无机碳化合物（CO_2、HCO_3^-）为碳源，以无机物如硫化物、亚硫酸盐、硫代硫酸盐为电子供体还原硝酸盐，进行反硝化作用，这类细菌称为自养反硝化细菌。

由于反硝化微生物是一大类生理类群，已被发现存在于细菌、真菌及古细菌中，因此除了传统的反硝化作用的测定及 16S rRNA 方法外，反硝化微生物中特有的反硝化酶编码基因成为研究重点，近年来已取得极大进展，常被选作分子探针和引物设计的模板用于海洋、土壤等多种生境下微生物体系与种群结构的分析。

硝酸盐还原酶催化硝酸盐到亚硝酸盐的反应，根据细胞内定位不同，该酶可分为膜结合硝酸盐还原酶（membrane-bound nitrate reductase，Nar）和周质硝酸盐还原酶（periplasmic-bound nitrate reductase，Nap）。膜结合硝酸盐还原酶 Nar 在厌氧及低氧条件下被诱导表达，进行硝酸盐呼吸，但对高浓度氧分子敏感；而周质硝酸盐还原酶 Nap 的表达对氧分子不敏感。目前认为好氧反硝化作用得以实现是因为此类微生物含有不被氧气抑制的 Nap。大部分好氧反硝化细菌可同时拥有 *nar* 和 *nap* 基因，在厌氧及缺氧条件下 *nar* 和 *nap* 同时表达，而在好氧条件下，仅 *nap* 可表达。

由亚硝酸盐转化为 NO 的过程，是反硝化作用有别于其他硝酸盐代谢的标志性反应，也是反硝化过程中最重要的限速步骤。催化该反应的亚硝酸盐还原酶（nitrite reductase，Nir）是反硝化作用的限速酶。Nir 分布于细胞膜外周质中，目前已发现存在两种类型 Nir，一种因含有细胞色素 c 和细胞色素 d_1 被称为细胞色素型亚硝酸盐还原酶（cd_1-Nir），另一种因含有 Cu 催化中心被称为 Cu 型亚硝酸盐还原酶（Cu-Nir）。这两种酶功能相同，但结构及催化位点不同，且不能共存于同种细胞中。有研究表明，目前发现的各种反硝化细菌、硝化细菌和古细菌中以 Cu-Nir 占多数。

一氧化氮还原酶（nitric oxide reductase，Nor）是一种膜结合的细胞色素 bc 型酶，通过对 Nor 一级结构和空间结构的研究揭示，Nor 分为两种，一种为 cNor，是异源二聚体寡聚酶；另一种为 qNor，是单体酶，发现于 β 变形杆菌（*Ralstonia eutropha*，该菌又名富养罗尔斯通氏菌，也叫真氧产碱杆菌）。目前 Nor 酶已在施氏假单胞菌、脱氮副球菌等细菌中被分离提纯，但该酶很不稳定。Nor 对 NO 具有很高的亲和力，可使 NO 浓度维持在极低的水平，从而消除 NO 对细胞的毒害作用。

一氧化二氮还原酶（nitrous oxide reductase，Nos）催化由 N_2O 至 N_2 的过程。Nos 是一种含铜蛋白质，位于膜外周质中，含有两个 Cu 活性中心，其中一个与氧化酶的 CuA 中心很相似，用于从 Cyt c 接收电子。在某些含有 *nir* 和 *nor* 基因的细菌和古细菌中，*nos* 基因往往缺失，使反硝化过程终产物为 N_2O 而非 N_2。研究表明约有 1/3 的反硝化菌缺失 *nos* 基因。因为该酶催化的是反硝化作用的最后一步，因此 *nos* 常被作为分子标记用于检测可进行完全反硝化作用（终产物为 N_2）的微生物。

就目前的报道而言，反硝化过程的 4 种还原酶，其编码基因都有用于反硝化菌的鉴定及分子生态学的研究，且大部分研究中均利用两种以上功能基因相结合的方法，并常结合反硝化能力的测定，综合分析，用于筛选反硝化能力强的菌株。

由于还原程度不同，反硝化作用的还原产物也有差异，从而将还原作用分为异化型硝酸盐还原作用（dissimilatory nitrate reduction）和同化型硝酸盐还原作用（assimilatory nitrate reduction）两种类型（表 14-1）。

表 14-1　异化型硝酸盐还原作用和同化型硝酸盐还原作用的特点

项目	异化型硝酸盐还原	同化型硝酸盐还原
酶的性质	适应性的，很少是组成性的	适应性或组成性的
酶合成的诱导	NO_3^- 的存在，且缺氧条件下	NO_3^- 的存在，与氧气无关
酶合成的阻遏	氧气阻遏	NH_4^+ 阻遏
酶活性的抑制	氧气阻遏，NH_4^+ 不抑制	NH_4^+ 抑制，氧气不抑制

异化型硝酸盐还原作用是在无氧或缺氧条件下细菌利用硝酸盐作为呼吸链的最终氢受体，进行硝酸盐呼吸，其产物为亚硝酸盐、NO、N_2O 和 N_2，其总反应式如下：

$$2NO_3^- + 5H_2A \longrightarrow N_2 + 2OH^- + 4H_2O + 5A$$

同化型硝酸盐还原作用是以 NO_3^- 作细菌氮源时，硝酸盐被还原生成 NH_4^+，NH_4^+ 可作为绿色植物和微生物的营养，合成氨基酸、蛋白质、核酸等含氮有机物，为生长提供氮源。很多细菌、真菌及植物可将 NO_3^- 还原成 NH_3，反应过程如下：

$$HNO_3 \rightarrow HNO_2 \rightarrow \cdots\cdots NH_2OH \rightarrow NH_4$$

一、实验目的

1. 学习并掌握反硝化细菌的培养方法。
2. 掌握反硝化细菌异化型硝酸盐还原作用定性和定量测定的原理和方法。

二、实验原理

由于反硝化细菌对 NO_3^- 和 NO_2^- 的去除是通过同化作用（合成代谢）和异化作用（分解代谢）共同完成的，只有被细菌异化作用还原的氮元素才能（以气态）彻底从系统脱除。据此，只测定 NO_3^- 或 NO_2^- 的减少量并不能准确反映硝酸盐经还原生成 N_2（即异化型硝酸盐还原作用）的量，而通过测定菌液（菌体加培养液）中总氮含量（total nitrogen，TN）含量变化方可反映系统实际脱氮情况。

本实验采用过硫酸钾氧化-紫外分光光度法测定 TN。在 120～124℃的碱性基质条件下，用过硫酸钾作氧化剂，将有机氮和无机氮化合物都转变为硝酸盐后，再以紫外法测定。紫外法测定硝酸盐氮的原理是利用硝酸根离子在波长 220 nm 处的吸收而定量测定硝酸盐氮，因溶解的有机物在波长 220 nm 处也会有吸收，而硝酸根离子在波长 275 nm 处没有吸收。因此，需在波长 275 nm 处作另一次测量，以校正硝酸盐氮值，一般校正值为 2，即硝酸盐氮的吸光度按下式计算，$A = A_{220} - 2A_{275}$，从而计算出总氮含量。

反硝化菌的种类很多，培养条件也各有差异，但也存在一些共同特点。反硝化碳源通常分为三种类型：第一类是易于生物降解的有机物，如实验中采用的甲醇、乙醇、蔗糖、葡萄糖等；第二类为可慢速生物降解的有机物，如实验中的可溶性淀粉等；第三类为细胞物质，细菌会利用细胞成分进行内源反硝化。碳源的种类对菌株的反硝化活性有很大影响。一般来说，在反硝化过程中，易于生物降解的有机物是最好的电子供体，反硝化速率高。

多数反硝化细菌在 20～35℃生长良好，一般认为在 20℃或更低温度下，硝酸盐还原酶、亚硝酸盐还原酶等活性受到严重影响，导致较低温度下反硝化效果较差。已知的反硝化细菌都是微好氧的，尚未见到严格厌氧的反硝化细菌。一般而言，O_2 浓度超过某一浓度，反硝化细菌会优先选择好氧呼吸，而在低于某一 O_2 浓度进行厌氧呼吸；这种"临界 O_2 浓度"因菌株而异。为了避免亚硝酸盐的累积并达到理想的脱氮效果，一般控制反硝化反应在缺氧环境下进行。对于 pH 的作用，由于在亚硝酸盐还原时会生成碱度，单纯从反硝化反应来看，溶液中 OH^- 如果过多，会抑制亚硝酸盐的还原，导致亚硝酸盐积累。通常情况下，反硝化细菌最适宜的 pH 为 7.0～8.5，在这个 pH 范围内反硝化速率最高。此外，pH 还影响反硝化最终产物，pH 超过 7.3 时终产物为 NO，低于 7.3 时终产物为 N_2O。

三、实验材料

（1）材料：假单胞菌（*Pseudomonas* sp.）。

（2）试剂：石蜡、$NaNO_3$、丁二酸钠、酸水解酪素、Na_2HPO_4、KH_2PO_4、$MgSO_4 \cdot 7H_2O$、$CuSO_4 \cdot 5H_2O$、$FeSO_4 \cdot 7H_2O$、$FeCl_3 \cdot 6H_2O$、$NaMO_4 \cdot 2H_2O$、$CoCl_3 \cdot 6H_2O$、$CaCl_2 \cdot 2H_2O$、过硫酸钾、HCl、KNO_3、H_2SO_4、HCl、三氯甲烷、NaOH、KNO_3、液

状石蜡。

（3）反硝化细菌培养基：$NaNO_3$ 0.85 g/L、丁二酸钠 4.72 g/L、酸水解酪素 5.00 g/L、Na_2HPO_4 7.90 g/L、KH_2PO_4 1.50 g/L、$MgSO_4 \cdot 7H_2O$ 0.10 g/L、微量元素溶液 2.00 mL，pH 7.0～7.4。

（4）微量元素溶液：$CuSO_4 \cdot 5H_2O$ 4.00 g/L、$FeSO_4 \cdot 7H_2O$ 0.70 g/L、$FeCl_3 \cdot 6H_2O$ 7.00 g/L、$NaMO_4 \cdot 2H_2O$ 3.40 g/L、$CoCl_3 \cdot 6H_2O$ 0.20 g/L、$CaCl_2 \cdot 2H_2O$ 2.00 g/L、pH 7.0。

（5）碱性过硫酸钾溶液：准确称取 $K_2S_2O_8$ 40 g、NaOH 15 g，溶于无氨水，稀释至 1 L 定容即可。溶液放在聚乙烯瓶内，可储存一周。

（6）无氨水：每升水中加入 0.1 mL 浓硫酸，蒸馏。收集馏出液于玻璃容器中或用新制备的去离子水。

（7）20% NaOH：称取 20 g NaOH，溶于无氨水中，稀释至 1 L。

（8）硝酸钾标准溶液。

1）硝酸钾标准储存液：称取 0.7218 g 经 4 h 烘干（105～110℃）的硝酸钾，溶于无氨水中，定容至 1000 mL，加入 2 mL 三氯甲烷作为保护剂，可至少稳定 6 个月。此溶液含硝酸盐氮 100 μg/mL。

2）硝酸钾标准使用液：将储存液以无氨水稀释 10 倍即可，此溶液含硝酸盐氮 10 μg/mL。

（9）1+9 盐酸：在 9 份体积的蒸馏水中，徐徐加入 1 份浓盐酸（d=1.198 g/mL）。

（10）其他：25 mL 比色管、锥形瓶、试管（规格：15 mm×100 mm）、紫外分光光度计、压力蒸汽消毒器、电子天平、托盘天平、称量纸、牛角匙、精密 pH 试纸、量筒、烧杯、无菌水、小试管、无菌移液管、无菌微口滴管、无菌玻璃涂棒、带磨口玻璃塞的刻度试管、锥形瓶、微量移液器、恒温水浴锅、恒温培养箱、烘箱等。

四、实验步骤

（一）反硝化细菌的培养

（1）按照反硝化细菌培养基的配方配制培养基，以 20% NaOH 调节 pH 至 7.4。按每瓶（250 mL 锥形瓶）装入 200 mL 培养液（以形成深层培养的缺氧环境），并在 121℃，灭菌 20 min。

（2）加 10 mL 无菌水于新鲜斜面菌种上，用接种环将菌苔轻轻刮下，轻摇试管制成菌悬液。

（3）将菌悬液加入已灭菌的培养液中，置于 30℃恒温培养箱中培养 48 h。

（4）培养 48 h 后的菌液以 5%的接种量加入 250 mL 锥形瓶中，每瓶装液量为 200 mL，置于 30℃恒温培养箱中培养 60 h。

（二）异化型硝酸盐还原作用的定性实验——产气实验

（1）按照反硝化细菌培养基的配方配制培养基，每试管（规格：15 mm×100 mm）

加入 10 mL 培养液，并在 121℃，灭菌 20 min。

（2）取培养好的菌液 1 mL 至试管中，搅拌混匀。之后用 1 mL 的灭菌后的液状石蜡封口。以未接种任何菌株的试管作为空白对照。

（3）将试管一同置入 30℃恒温培养箱静置培养 6 d。

（4）培养过程中，观察液状石蜡是否出现气泡及气泡的量。

（三）异化型硝酸盐还原作用的定量实验——TN 测定

1. 标准曲线的绘制

（1）分别吸取 0 mL、0.5 mL、1.00 mL、2.00 mL、3.00 mL、5.00 mL、7.00 mL、8.00 mL 的硝酸钾标准使用液于 25 mL 比色管中，用无氨水稀释至 10 mL 标线。

（2）加入 5 mL 碱性过硫酸钾溶液，塞紧磨口塞（注意：用纱布及纱绳裹紧管塞，以防蹦出）。

（3）将比色管置于压力蒸汽消毒器中，升温至 120～124℃开始计时，加热 30 min。

（4）自然冷却（注意：未冷却至零压力时，一定不可自行开阀放气，以免比色管塞蹦出），开阀放气，移去外盖。取出比色管并冷却至室温。

（5）加入 1+9 盐酸 1 mL，用无氨水稀释至 25 mL 标线。

（6）在紫外分光光度计上，以新鲜无氨水作对照，用 10 mm 石英比色皿分别在波长 220 nm 及 275 nm 处测定吸光度。用校正的吸光度（$A=A_{220}-2A_{275}$）绘制标准曲线。

2. 样品的测定步骤

菌液摇匀后立即取样（内含菌体和培养液）1～10 mL（视反硝化作用效率而定，NT 量在 20～80 μg，可参照定性实验中的产气量进行估计），加入 5 mL 碱性过硫酸钾溶液，置于压力蒸汽消毒器，120～124℃开始计时，加热 30 min（注意：菌体过多时，在过硫酸钾氧化后可能出现沉淀。遇此情况，可吸取氧化后的上清液进行紫外分光光度法测定）。加 1+9 盐酸 1 mL，无氨水稀释至 25 mL 定容，在波长 220 nm 及 275 nm 处测定吸光度。用校正的吸光度（$A=A_{220}-2A_{275}$）在校准曲线上查出相应的总氮量，再用下列计算总氮含量。

$$总氮（mg/L）=m/V$$

式中，m 表示从标准曲线上查得的含氮量（μg）；V 表示所取菌液体积（mL）。

五、实验结果

观察定性实验中石蜡中出现气泡的时间及数量的变化；计算反硝化细菌的脱氮率；若在培养过程中每天取样，可计算反硝化细菌不同培养时间的脱氮率。

六、思考题

1. 反硝化作用是硝化作用的相反过程吗？其脱氮作用如何完成？

2. 反硝化菌的培养条件一般有哪些要求？

3. 异化型硝酸盐还原作用定性和定量的测定机制是什么？

七、参考文献

陈朋. 2009. 反硝化细菌的筛选、鉴定及其强化处理硝酸盐废水的研究. 济南: 山东大学博士学位论文.

郭丽芸, 时飞, 杨柳燕. 2011. 反硝化菌功能基因及其分子生态学研究进展. 微生物学通报, 38(4): 583~590.

吕锡武. 2002. 同时硝化反硝化的理论和实践. 环境化学, 21(6): 564~570.

魏复盛. 2002. 水和废水监测分析方法. 4版. 北京: 中国环境科学出版社.

曾庆武. 2008. 反硝化细菌的分离筛选及应用研究. 武汉: 华中农业大学博士学位论文.

实验十五　光合细菌的分离与纯化

光合细菌（photosynthetic bacteria）是20亿年前地球上出现最早、自然界中普遍存在、具有原始光能合成体系的原核生物，在厌氧条件下进行不放氧光合作用的细菌的总称。光合细菌属革兰氏阴性菌，菌体形态极为多样，主要有球状、杆状、螺旋状和卵圆形。虽其形态多变，但每一物种仍具有一定的形态特征。例如，在红硫菌科和绿硫菌科的一些种类，常发现胞内存在大小不等的气泡，同时细胞内外存在硫粒沉淀。除绿硫菌外多具有鞭毛，能够游动。光合细菌的细胞大小也存在很大差异，小者一般只有1~2 μm。而大的红螺菌可长达6 μm以上。其繁殖方式主要行二分裂繁殖，少数种类有出芽方式，即在母子细胞之间常有柄相连，如沼泽红假单胞菌及万氏红微菌。它们广泛分布于自然界的土壤、水田、沼泽、湖泊、江海等处，主要分布于水生环境中光线能透射到的缺氧区。

随着光合细菌的资源研究迅速发展，新的物种、模式种及特殊功能物种的不断发现，不断提出新的分类单元，其分类系统变化较大。过去人们把不产氧光合细菌称为光合细菌（phototrophic bacteria）。《伯杰氏系统细菌学手册》第1版开始使用不产氧光合细菌（anoxygenic phototrophic bacteria，APB）名称，以区别光合作用释放氧气的产氧光合细菌——蓝细菌，但国内外一些学者仍习惯沿用"光合细菌"。

据《伯杰氏细菌鉴定手册》第9版（1991年发行），光合细菌的分类系统仍以传统的表型特性为主要分类依据：光合细菌均隶属于红螺菌目（Rhodospirillales），分成6类，27属，66种；紫色非硫菌科（Purple nonsulfur bacteria）即原来的红螺菌科（Rhodospirillaceae），含6属；着色菌科（Chromatiaceae）（又称红色硫细菌、紫硫细菌），含9属；外硫红螺菌科（Ectothiochodospirilaceae），含1属；绿硫菌科（Greensulfurbacteria）即原绿菌科（Chlorobiaceae），含5属；多细胞绿丝菌科（Multicellular filamentous green），即原绿丝菌科（Chloroflexaceae），含 4 属；盐杆菌（Heliobacterium），含 2 属。各类的主要特性见表 15-1。

表 15-1　光合细菌的生理学特性（1999，崔战利）

特征	红色非硫菌科[**]（Purple non-sulfurbacteria）	着色菌科（Chromatiaceae）	外硫红螺菌科（Ectothiochodo-spirilaceae）	绿硫细菌（Green-sulfurbacteria）	多细胞绿丝菌科（Multicellular filamentous green）
光合作用中电子供体	有机化合物、H_2、H_2S[*]等	H_2、H_2S、S	有机化合物、H_2、H_2S	H_2、H_2S、$S_2O_3^{2-}$	有机化合物、H_2S、$S_2O_3^{2-}$
主要碳源	有机化合物、CO_2	有机化合物、CO_2	有机化合物、CO_2	有机化合物、CO_2	有机化合物、CO_2
对氧的要求	兼性、需氧和微好氧	严格厌氧和兼性需氧	兼性需氧和兼性厌氧	严格厌氧	兼性厌氧
厌氧呼吸	有[*]	—	有	无	—
需氧呼吸	有	有[*]	有	无	有
化能自养	无	有[*]	有	无	无
所需生长因子	光照下厌氧生长，需复合生长因子	维生素 B_{12} 或无	维生素 B_{12} 或无	维生素 B_{12} 或无	维生素 B_2、维生素 B_1、维生素 B_{12}叶酸、泛酸

注："*"为只有少数菌种具有的特性，"**"即原来的红螺菌科（Rhodospirillaceae）

红螺菌科和着色菌科在分类位置上同属于细菌门真细菌纲红螺细菌目（表 15-2），它们都是单细胞，二等分裂，少数芽殖；多数有鞭毛能运动，少数不运动；DNA碱基组成中 G＋C 物质的量值含量为 46%～73%（表 15-3）。因细胞内含类胡萝卜素使菌体呈紫红色或褐色。鉴别时要注意这两科细菌的区别。着色菌科细菌在需氧黑暗处不生长，细胞内或外（其中一属）积累 S 颗粒、严格光能自养型；红螺菌科细菌在需氧黑暗处可生长，细胞内外无 S 颗粒积累，属于光能异养型。两科主要区别见表 15-1 和表 15-2。

表 15-2　红螺菌科与着色菌科性质比较

项目	红螺菌科	着色菌科
光合作用主要类型	光能异养型	光能自养型
需氧黑暗生长	+或–	–
氧化 H_2S 能力	+或–	+
H_2S 氧化成 SO_4^{2-}	–	+
过程中 S 的积累	–	+
对 H_2S 的毒性	通常高	通常低

注："+"表示有，"–"表示无

表 15-3　红螺菌科 3 个属的区别（钱存柔，2008）

属名	细胞形状	鞭毛	细胞分裂方式	菌柄
红螺菌属	螺旋状	极生	二等分裂	–
红假单胞菌属	柱状或卵球形	极生	二等分裂或芽殖	–
红微菌属	卵球状	周生	芽殖	+

注："+"表示有，"–"表示无

近年来，以分子生物学指征为依据的分类学研究使光合细菌的分类地位发生了较大的变化。2000~2008 年发行的《伯杰氏系统细菌学手册》第 2 版，分类系统按 16S rDNA 系统发育数据来编排，标志着自然分类系统的形成。APB 的显著变化之一是提出了许多新分类单元，如变形菌门（Proteobacteria）、着色菌目（Chromatiales）、红环菌目（Rhodocyclales）和红杆菌目（Rhodobacterales）、红环菌科（Rhodocyclaceae）和红杆菌科（Rhodobacteraceae）等；此外还发现光合生物和非光合生物相互交叉分布在不同的新的进化分支上，尤其是紫色非硫细菌和好氧光合细菌；同时螺旋杆菌和好氧光合细菌也有了明确分类地位。目前，APB 包括绿色非硫细菌（green nonsulfur bacteria）、绿硫细菌（green sulfur bacteria）、紫细菌（purple bacteria）、含 Bchl a 的好氧细菌（aerobic bacteriochlorophyll-containing bacteria）和螺旋杆菌科（Heliobacteriaceae）5 个类群。但后两类群的某些特性如厌氧光合生长、光合器官和细胞结构特点等则与 APB 定义很不吻合，这使得 APB 的分类仍急需完善。为方便起见，本文对光合细菌的称谓仍采用传统沿用的名称。

光合细菌都含有菌绿素（bacteriochlorophyll，Bchl）和 β-类胡萝卜素，随其种类和数量的不同，菌体呈现不同的颜色。菌绿素与叶绿素、血红素相似，其核心均是由 4 个吡咯环联成的卟啉环结构，其差别在于血红素卟啉的中心金属原子是铁而不是镁。按照吸收光谱不同而将菌绿素分为 Bchl a、Bchl b、Bchl c、Bchl d 及 Bchl e，叶绿素与 Bchl a、Bchl b、Bchl c、Bchl d、Bchl e 之间的卟啉结构是相同的，而其差异在于卟啉结构的侧链不同。

光合细菌在光照下能利用 H_2S、硫代硫酸盐、分子氢或其他还原剂，把 CO_2 还原成有机物，经细菌型光合作用，将 CO_2 还原成有机营养物，并能固定大气中的氮。目前所知，所有的厌氧型光合细菌都能以 CO_2 为碳源，以无机物为供氢体（光合细菌不能利用 H_2O 作为还原 CO_2 的供氢体，只能以 H_2、H_2S 或有机物作为氢供体，故在光合过程中无 O_2 产生，进行不产氧光合作用），在光照下进行自养生长。同时，这些细菌也能利用有机物进行异养生长。但对一种光合细菌而言，自养和异养程度不同。紫硫细菌和绿硫细菌主要是自养，而紫色非硫细菌和绿色非硫细菌主要是异养细菌。

光合细菌大多存在于自然界的水域中，特别是处于静止状态的湖泊、水田、浅海及潮间带的表层活性污泥等。其原因在于这些环境常含有丰富的有机质，同时含氧量很低，并有一定量的硫化物存在，阳光也可微弱地射到，这就是光合细菌的最适生态环境。由于它们的光合作用与藻类不同，不需要氧和水作供氢体，而是以 H_2S 或有机物等作供氢体，并能吸收较长波长的光，因此光合细菌在水域中首先出现于有 H_2S 的水层中，光合细菌在水域中的垂直分布与水域中环境因素的关系可参见图 15-1。

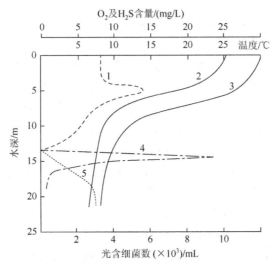

图 15-1　光合细菌在湖水中的垂直分布与环境因素的关系（1990，陈世阳）

1. O_2 含量；2. 温度；3. 光；4. 光合细菌数；5. H_2S 含量

研究表明，光合细菌在养殖业、种植业、环境治理、新能源开发利用等应用领域具有十分广阔的前景。在水产养殖业中，光合细菌可以改善水质，稳定养殖环境，增进鱼虾的免疫力，预防疾病。同时，光合细菌的菌体蛋白质含量高达 65% 以上，各种维生素、辅酶等生物活性物质含量丰富，可作为鱼虾的饵料及饵料添加剂或利用光合细菌生产单细胞蛋白。此外，光合细菌能以不同的有机酸和醇类等有机化合物作为光合作用的供氢体和碳源，其中不少种能耐受高浓度有机物，并具有较强的分解和去除有机物的生理特性。因此，利用光合细菌处理高浓度有机废水也成为光合细菌的主要应用领域。近些年来发展起来的光合细菌处理法，就是一种以红假单胞菌为主，管理简单，降解率高的废水处理系统。

一、实验目的

1. 学习并掌握从土壤或水体中采样、富集培养、分离、纯化红螺菌科细菌。
2. 了解培养兼性光能异养型细菌的培养基和培养方法。

二、实验原理

光合细菌的生长除需必需的营养成分外还要求一定的环境条件。光的存在是光合细菌生长的必要条件，但对光的需要并不是没有限度的。一些研究指出，低于 7×10^3 erg/（cm^2·s）（尔格每平方厘米每秒，用于衡量光强度，1 erg=10^{-7} J）的光强度能强烈抑制无机盐培养液中光合细菌的生长，随着光照由 7×10^3 erg/（cm^2·s）增到 15×10^3 erg/（cm^2·s），光照能显著地刺激细胞生长，然而当光强度再增大时，光合细菌便发生光饱和现象。光合细菌的光合作用基本上是一个厌氧过程。有研究证明，只有几株光合细菌可以好氧生长。光合细菌的世代周期在厌氧光照时为 2.5～3.0 h，而黑暗时则为 6.0～10.0 h。

光合细菌的生长温度较宽，一般为 10～30℃，最佳温度为 25～28℃。光合细菌能耐较高温度，置于 40～42℃恒温箱中仍能正常生长。当温度降至 10℃以下时，光合细菌生长缓慢。50℃以上，光合细菌基本停止生长。0℃左右，并置于黑暗条件下 7～15 d 后，菌体大部分会沉降死亡。光合细菌生长的 pH 范围一般微酸性到中性，pH 为 6.6～7.5，在培养过程中需定时测定培养液的 pH 变化，这一方面取决于 H_2S 的含量及培养基中其他有机物和无机化合物的存在及浓度；另一方面，CO_2 的同化、H_2S 或 $S_2O_3^{2-}$ 氧化成的 H_2SO_4、有机物的蓄积等都会影响生长期的 pH。

根据光合细菌的一些生理特性及营养需要（表 15-1），培养光能自养型的细菌，一般以几种无机盐为基础培养基，并于其中加入适量的碳酸氢盐作为 CO_2 的来源，以 H_3PO_4 调整 pH 为 7.0～8.0。而后再加入 0.05%～0.10%的 Na_2S·$9H_2O$ 作为电子供体和供氢体，在光照厌氧下 20～30℃培养。对光能异养型的红螺菌则需在基础培养液（NH_4Cl 0.1%、KH_2PO_4 0.05%、$MgSO_4$ 0.02%）中再加入 0.2%酵母膏、0.25%乙酸钠、0.05%丙酸钠，以 5% $NaHCO_3$ 调整其 pH 为 7.0～8.0。在室内培养所用光源最好以一般的钨丝灯泡（荧光灯缺乏较长的红外光波不宜使用），光照强度不要太强，会使菌绿素形成量减少。

三、实验材料

（1）材料：潮湿土壤或非流动自然水体。

（2）试剂：酵母膏、蒸馏水、维生素 B_1、乙尼克丁酸、对氨基苯甲酸、丙酸钠、蛋白胨、谷氨酸、琼脂、NH_4Cl_2、$NaHCO_3$、K_2HPO_4、KH_2PO_4、乙酸钠、$MgSO_4$·$7H_2O$、NaCl、$Fe_2(SO_4)_3$、$CuSO_4$·$5H_2O$、H_3BO_3、$MnCl_2$·$4H_2O$、$ZnSO_4$·$7H_2O$、$Co(NO_3)_2$、$CaCl_2$。

（3）富集培养基：酵母膏 0.01 g、$NaHCO_3$ 0.1 g、K_2HPO_4 0.02 g、乙酸钠 0.1～0.5 g、$MgSO_4$·$7H_2O$ 0.02 g、NaCl 0.1 g、生长因子 1 mL（含维生素 B_1 0.001 mg、乙尼克丁酸 0.1 mg、对氨基苯甲酸 0.1 mg、生长素 0.001 mg）、蒸馏水 97 mL、微量元素溶液 1 mL（$FeSO_4$ 5 mg、$CuSO_4$·$5H_2O$ 0.05 mg、H_3BO_3 1 mg、$MnCl_2$·$4H_2O$ 0.05 mg、$ZnSO_4$·$7H_2O$ 1 mg、$Co(NO_3)_2$·$6H_2O$ 0.5 mg），以上试剂分别溶于蒸馏水中并定容至 1 L。

（4）分离用培养基：酵母膏 0.1 g/L、乙酸钠 3.0 g/L、丙酸钠 0.3 g/L、NaCl 1.0 g/L、MgSO$_4$ 0.2 g/L、蛋白胨 0.01 g/L、谷氨酸 0.2×10^{-3} g/L、Na$_2$HPO$_4$ 0.3 g/L、NaH$_2$PO$_4$ 0.5 g/L、CaCl$_2$ 0.05 g/L、MnCl$_2$ 0.003 g/L、FeSO$_4$ 0.005 g/L、琼脂粉 20 g/L，pH 7.25。

（5）生理盐水：准确称取分析纯 NaCl 9 g，溶于蒸馏水并定容至 100 mL。使用时再稀释 10 倍，即得 0.9% NaCl 溶液，即生理盐水。

（6）厌氧培养箱或自制简易厌氧光合装置：自制厌氧光合装置可采用透明真空玻璃干燥器，抽真空后补充氮气或补充 95% H$_2$ 和 5% CO$_2$ 的混合气体，以保证厌氧环境，再配以白炽灯光照条件即可。

（7）其他：电子天平、托盘天平、称量纸、牛角匙、精密 pH 试纸、量筒、搪瓷杯、250 mL 和 50 mL 锥形瓶、漏斗、分装架、移液管及移液管架、培养皿及培养皿盒、玻璃棒、烧杯、铁丝筐、剪刀、酒精灯、棉花、线绳、牛皮纸、纱布、乳胶管、电磁炉、高压蒸汽灭菌器、水浴锅。

四、实验步骤

（一）采样

光合细菌广泛分布于接近静止的湖泊中或附近土壤中，可在近处的人工湖或潮湿的土壤等附近选择，用无菌铲子直接取生长有光合细菌的底泥 50～100 g，装入透明的玻璃圆筒标本缸内，再取水约 100 mL，加入标本缸内，带回实验室。记录采样地点、日期、水温、pH、是否有 H$_2$S 等气味。

（二）光合细菌的富集培养

（1）按照富集培养基的配方准确称量试剂。

（2）富集培养基的溶解：将称好的药品依次加入到搪瓷杯中，加入一定量水之后，放到电磁炉上加热。一边加速溶解（**注意：碳酸氢钠不能进行加热，以冷水直接溶解即可**），边溶解边搅拌。当药品大部分溶解后，关闭电磁炉用余热继续加热溶解。

（3）调节 pH：用 5% NaOH 或者 5%磷酸溶液调节 pH 至 7.0 左右。

（4）过滤分装灭菌：将过滤装置装好之后，在玻璃漏斗中放入一张滤纸，过滤后立即分装到大锥形瓶。液体分装的高度不应超过锥形瓶的容积的 1/2。分装之后封好锥形瓶口，做好标记，等待灭菌。

（5）将移液管、装有 100 mL 蒸馏水和玻璃珠的锥形瓶和上述装有富集培养基的锥形瓶一起灭菌，121℃，30 min。

（6）在无菌操作台上，向含有 100 mL 无菌水和玻璃珠的锥形瓶中加入土样 10 g（或水样 10 mL），摇床振荡 10 min 制成土壤悬液后，将土壤悬液做 10 倍递减梯度稀释至 10^{-7}，取最后的 3 个梯度 10^{-5}、10^{-6}、10^{-7} 实验，保留备用。

（7）将灭完菌的培养基冷却到室温后，分装到小锥形瓶中并装满（一定要装满，以维持厌氧环境）。分别加入 3 个梯度的土壤悬液摇匀，同时留下一个作为空白对照。为保持厌氧条件，锥形瓶不可用棉塞封口，需加盖合适的橡皮塞，并以胶布或封口膜封口。以上操作均为无菌操作。

（8）将锥形瓶放置于在 25～35℃下进行光照培养 1 周，最好用白炽灯，40～60 W，锥形瓶放在离灯 15～50 cm 处即可）。

（9）1 周后观察现象，若培养基溶液已呈现深红色，说明可能存在光合细菌并已大量增殖（在厌氧、光照条件下，以棕红色的红螺菌科细菌占优势），取少量菌液经离心、洗涤、挑取后做革兰氏染色。实验结果应为革兰氏阴性。

（三）光合细菌的分离纯化

（1）按照分离培养基的配方准确称量试剂，并依照相似的方法灭菌。

（2）将灭菌后的分离培养基冷却至 45～50℃，倒平板。

（3）将富集培养液从光照环境中取出，以灭菌后的生理盐水对富集液（即光合细菌菌悬液）进行适当稀释后，以划线分离法或涂布分离法将稀释的细菌菌悬液在平板上进行分离。放置暗处 2～3 h（在密闭容器中放置 2～3 h，可借由光合细菌在黑暗有氧状态下进行好氧呼吸的过程，消除培养皿中的氧气，从而自发转入厌氧状态，不需再做特殊的排气及补加惰性气体等复杂操作）。

（4）将各平板依次放入厌氧培养器或厌氧光合装置中，25～35℃厌氧光照培养 1 周，光照条件如前。

（5）待棕红色菌落出现后，经镜检若为纯培养物，可穿刺接种于上述琼脂平板或半固体深层培养基（注意：接种时不要将接种针穿透琼脂底部），上层添加灭过菌的液状石蜡，30℃光照条件下厌气培养 48 h。2 周传代一次。

（四）菌种的鉴定

1. 红螺菌科与着色菌科的鉴别

两科主要区别见表 15-1 和表 15-2。根据以上主要特征，可大体鉴定分离得到的光合细菌到属。

2. 菌种鉴定方法

若进行严格的菌种鉴定，则需按《伯杰氏细菌鉴定手册》进行：①形态观察；②碳源的利用，将在斜面培养的菌株用无菌生理盐水洗涤菌体制成菌悬液，接种在添加不同碳源的分离培养基中，培养 5 d，观察菌株的代谢特性。

五、实验结果

（1）记录富集培养和分离纯化红螺菌科细菌的培养基名称及培养条件，包括 pH、培养温度、培养时间及与氧气的关系等。

（2）记录分离纯化红螺菌科细菌的菌落特征和镜检特征。

六、思考题

1. 光合细菌如何利用光能？
2. 接种红螺菌科细菌平板，应立即移至暗处 2～3 h，请阐明原因。
3. 分离纯化红螺菌科细菌过程中，采取哪些措施可以使细菌培养保持厌氧状态？

七、参考文献

崔战利. 1999. 光合细菌的基本特性及应用价值. 黑龙江八一农垦大学学报, 11(1): 20～25.
韩梅, 陈锡时, 张良, 等. 2002. 光合细菌研究概况及其应用进展. 沈阳农业大学学报, 33(5): 387～389.
钱存柔, 黄仪秀. 2008. 微生物实验教程. 2 版. 北京: 北京大学出版社.
王慧玲, 董英, 张红印. 2008. 光合细菌 I 的分离及其培养条件的优化. 水产科学, 27(5): 234～238.
杨素萍, 林志华, 崔小华, 等. 2008. 不产氧光合细菌的分类学进展. 微生物学报, 48(11): 1562～1566.

实验十六　化能自养菌的分离与纯化

在生物同化作用过程中，根据是否能直接利用外界环境中的无机物转化为自身的组成物质，将生物分为自养和异养。所谓自养是指可以不依靠现成有机物，能直接将外界环境中的无机物转变为自身的组成物质，并从中取得能量的生物。自养生物又可再分为两类：一类是直接从光能取得能量以进行合成作用的生物，称为光能自养生物，如高等植物、蓝细菌等；另一类通过化学反应（无机化合物氧化）取得能量进行合成作用的生物，称为化能自养生物。这类生物比较少，只限于细菌，所以可简单地称为化能自养菌。化能自养菌有以下 3 个特点：①利用无机化合物的氧化取得生命必需的能量；②用 CO_2 作为碳源合成自己的细胞物质；③不能像异养菌那样利用现成的有机物。

真正属于专性化能自养菌的种类并不多，不少种类属于兼性自养，甚至还有混合营养型。专性化能自养菌并非绝对不吸收有机物，而是能不同程度地同化有机物，进而将其转化为细胞物质。但化能自养菌吸收的有机物不是作为能源，且数量有限，也不能代替 CO_2 作为主要碳源。有研究证明，专性化能自养菌之所以不能像异养菌那样利用有机物，是因为它们缺乏一些关键酶，不能通过糖酵解（embden-meyerhof-parnaspathway，EMP）和柠檬酸循环（tricarboxylicacidcycle，TCA）产能。某些专性自养菌，它们的 EMP 不完全，TCA 也存在缺陷：缺乏由 TCA 中间产物 C_6 或 C_5 产

生 C_4 化合物的机制。尽管如此，这些菌却有磷酸戊糖途径（hexose monophophate pathway，HMP），能通过糖类产生 TCA 循环的中间产物，并像厌氧微生物那样，能通过有缺陷的 TCA 获得生物合成所需中间产物。

化能自养菌通过氧化无机物获得能量，供其生长。其产生 ATP 的途径仍为电子传递磷酸化和底物水平磷酸化两种。即专性化能自养菌氧化无机物时，将形成的高能电子通过电子传递链传给氧产生 ATP，其产能过程需要氧，因此多数专性化能自养菌是好氧的。

根据不同的能量来源，化能自养菌可分为硝化细菌、硫细菌、铁细菌、氢细菌等。硝化细菌是依赖氧化无机氮化合物取得能量，并把 CO_2 合成有机物的细菌，包括两个氧化过程，首先是把氨氧化成亚硝酸（图 16-1），然后则是把亚硝酸继续氧化成硝酸（图 16-2）。因为 NH_3、NO_2^- 的氧化还原电势均比较高，以氧为电子受体进行氧化时产生的能量较少，而且进行合成代谢所需要的还原力（还原型烟酰胺腺嘌呤二核苷酸，reduced nicotinamide adenine dinucleotide，NADH）需消耗 ATP 进行电子的逆呼吸链传递来产生（图 16-3），所以这类细菌生长缓慢，平均代时在 10 h 以上。

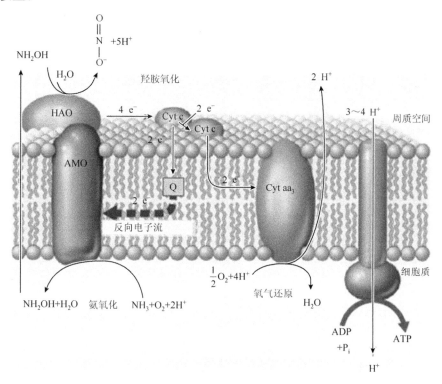

图 16-1 氨氧化细菌的产能途径（Madigan et al.，2010）（见图版）

AMO. 氨单加氧酶；HAO. 羟胺氧化还原酶

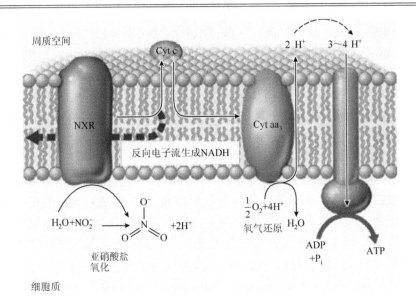

图 16-2　亚硝酸盐氧化细菌的产能途径（Madigan et al.，2010）（见图版）

NXR. 亚硝酸氧化还原酶

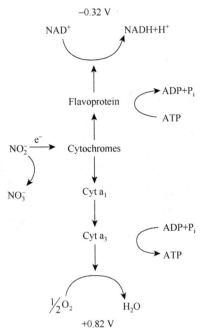

图 16-3　硝化细菌通过逆电子传递链获得还原能力（Tortora，2007）

在《伯杰氏细菌鉴定手册》（*Bergeys manual of determination bacteriology*）第 8 版中将硝化细菌统归于硝化杆菌科 7 个属：硝化杆菌属（*Nitrobacter*）、硝化刺菌属（*Nitrospina*）、硝化球菌属（*Nitrococcus*）、亚硝化单胞菌属（*Nitrosomonas*）、亚硝化

螺菌属（*Nitrosospira*）、亚硝化球菌属（*Nitrosococcus*）、亚硝化叶菌属（*Nitrosolobus*），共 14 种。在《伯杰氏细菌鉴定手册》第 9 版中收录了除上述 7 属外还有另外 2 属，硝化螺菌属（*Nitrospira*）和亚硝化弧菌属（*Nitrosovibrio*），共 20 种。这些微生物广泛分布于土壤、湖泊及底泥、海洋等环境中。相关硝化细菌菌属的形态结构特征表见表 16-1 和表 16-2。

表 16-1　氨氧化细菌的种属特征（徐敏，2007）

特征	亚硝化球菌属 （*Nitrosococcus*）	亚硝化叶菌属 （*Nitrosolobus*）	亚硝化单胞菌属 （*Nitrosomonas*）	亚硝化螺菌属 （*Nitrosospira*）	亚硝化弧菌属 （*Nitrovibrio*）
细胞形状	球形	小裂叶状	直杆状	螺旋形	细卷曲杆状
细胞大小	（1.5～1.8）μm× （1.7～2.5）μm	（1.0～1.5）μm× （1.0～2.5）μm	（0.7～1.5）μm× （1.0～2.4）μm	（0.3～0.8）μm× （1.0～8.0）μm	（0.3～0.4）μm× （1.1～3.0）μm
鞭毛	单根鞭毛或一小丛周生	周生鞭毛	极生或亚极生	周生鞭毛	极生、亚极生
膜结构	细胞中心形成扁平细胞质膜	分成小室	扁平层状周生膜	内陷	内陷
生境	土壤和海水	广泛分布于土壤	广泛分布于土壤	广泛分布于土壤	—

注："—"表示无详细研究

表 16-2　亚硝酸盐氧化细菌的种属特征（徐敏，2007）

特征	硝化杆菌属 （*Nitrobacter*）	硝化球菌属 （*Nitrococcus*）	硝化刺菌属 （*Nitrospina*）	硝化螺菌属 （*Nitrospira*）
细胞形状	梨形、契形	球状	细长杆状	松散卷曲螺旋状
细胞大小	（0.5～0.8）μm× （1.4～2.0）μm	1.5μm	（0.3～0.4）μm× （1.7～6.6）μm	（0.3～0.4）μm× （0.8～1.0）μm
鞭毛特征	极生到侧生	极生	没有观察到	没有观察到
膜结构	由细胞膜排列成扁平囊结构	杂乱排列成管状	—	内陷
有机物利用	有些菌株可异养生长	—	—	混合生长
生境	土壤、淡水、海水	南太平洋	南太平洋	—

注："—"表示无详细研究

所有自养型氨氧化细菌（也称亚硝酸细菌、亚硝化细菌）均属革兰氏阴性菌，自养生长时，以氨为唯一能源，以 CO_2 为唯一碳源；混合营养生长时，可同化有机物质。适合大多数氨氧化细菌的生长条件是：温度 25～30℃，pH 7.5～8.0，氨浓度 2～10 mmol/L。

亚硝酸盐氧化细菌（也称硝酸细菌、硝化细菌）是革兰氏阴性菌。自养生长时，以亚硝酸盐为唯一能源，以 CO_2 为唯一碳源；混合生长时，可同化有机物质。适合大多数亚硝酸盐氧化细菌生长的条件为：温度 25～30℃，pH 7.5～8.0，亚硝氮浓度 2～30 mmol/L。

硝化细菌对 pH 变化非常敏感，并且在生长过程中会消耗大量碱度。在一般的生物处理程序中，一般保持 pH 在 7.0～8.5 有利于硝化作用。如果 pH 高于 9.0 或低于 6.0 则会超出硝化细菌的正常生长范围，影响硝化作用的效率。当外界 pH 发生变化时，某些硝化细菌（如 *N. europaea*）可以借助调节细胞内的 pH 做出良好适应，但大部分种属对 pH 的改变非常敏感。硝化细菌的生长和活性随 pH 的降低而降低，如果 pH 低于 6，可能对硝化细菌造成直接的伤害。

硝化细菌是专性好氧菌，因此硝化反应必须在好氧条件下进行，溶解氧浓度影响好氧、厌氧微生物的比例，进而影响硝化反应速率。一般建议硝化反应中溶解氧浓度应大于 2 mg/L，在 DO 低于 0.5 mg/L 时硝化作用明显减弱。

大多数硝化细菌的适宜生长温度为 15～35℃，一般认为，最适合硝化细菌生长的温度是 25℃，原因是硝化作用产生的化学能与硝化细菌进行生理代谢所消耗的化学能抵消后，在此温度下有最大的净剩值。水温降至 15℃ 以下时，硝化速率急剧下降，并且常常会出现亚硝酸盐的积累，可能是由于生理代谢受到低温的干扰发生代谢失常。水温高于 20℃ 时，硝化细菌的活性较高，但超过 38℃ 时，硝化作用将完全停止，其原因可能是高温使细胞内膜发生瓦解。

光对硝化细菌活性具有抑制作用，许多研究均显示光会对硝化细菌的生长及繁殖产生抑制作用。氨氧化细菌对近紫外线的可见光非常敏感，紫外线对其伤害更大。硝化细菌是自养性细菌，通常不能利用有机物，而且如果有机物浓度过高，超过其耐受程度，硝化细菌的生长就会受到抑制，并间接影响硝化作用的进行。其中，亚硝酸盐氧化细菌与氨氧化细菌相比，对有机物的耐受程度高，有时亚硝酸盐氧化细菌还可以利用一些水溶性有机物，即亚硝酸盐氧化细菌不需要完全依赖亚硝酸盐生长，在亚硝酸盐缺乏的情况下，它可以改变营养类型而以异养型为主，因此亚硝酸盐氧化细菌具有兼性异养型细菌的特点。

硝化细菌等化能自养菌生命活动的结果，往往产生大量的酸，如硝酸、硫酸等可以提高多数磷肥在土壤中的速效性和持久性，可以医治马铃薯疮痂病一类的植物病害，也可以使碱性土壤得到程度不等的改良。目前，由于硝化-反硝化作用的生物脱氮处理可以对水资源的破坏及养殖业的氨氮污染物起到清洁、无害化处理的作用，其研究受到广泛关注。目前，国内外已有硝化细菌制剂的开发用于水产养殖、水处理等许多方面。

一、实验目的

1. 学习从土壤中采样、富集培养、分离、纯化硝化细菌。

2. 了解硝化细菌的培养方法，学习稀释法估计硝化细菌的数量。

二、实验原理

本实验中分离测定硝化细菌的依据主要是格里斯试剂和二苯胺试剂。检测亚硝酸盐的存在可采用格里斯试剂法进行测定，原理是亚硝酸盐可与对氨基苯磺酸在有机酸作用下发生重氮化反应，生成对重氮苯磺酸，后者可与 α-萘胺偶合，生成 N-α-萘胺偶氮苯磺酸（紫红色化合物），因而红色表示亚硝酸盐阳性结果；硝酸盐则可用二苯胺试剂检测，二苯胺可被硝酸盐氧化，生成蓝色的氧化物，加入二苯胺变成蓝色则表示硝酸盐阳性结果。

大多数硝化细菌都是专性化能无机营养型，固体培养基中常用的琼脂或明胶都含有痕量的有机物而抑制硝化细菌的生长。而硅胶是由无机硅酸钠或硅酸钾被盐酸中和时凝聚而成的胶体，不含有机物，因此适合用于分离与培养自养微生物。另外，硝化细菌有在固体表面生长的习性，液体培养时菌体黏附在瓶壁上，影响细菌的分散和分离，因此自富集培养液分离硝化细菌时，常需用 CO_2 通气处理富集培养液。

本实验中对硝化细菌的数量采用最大可能数法（most probable number，MPN）又称稀释培养计数法。它是将不同稀释度的待测样品接种至液体培养基中培养，然后根据受检菌的特性选择适宜的方法以判断其生长，并经统计学分析而进行计数。这种方法适用于测定在一个混杂的微生物群落中虽不占优势，但却具有特殊生理功能的类群，其特点是利用待测微生物的特殊生理功能的选择性来摆脱其他微生物类群的干扰，并通过该生理功能的表现来判断该类群微生物的存在和丰度。

三、实验材料

（1）材料：取自堆放合成氨场地周围的土样或其他含氨量丰富场所周围的土样及水样。

（2）试剂：牛肉浸膏、蛋白胨、K_2HPO_4、Na_2HPO_4、NaH_2PO_4、$NaCl$、$MnSO_4 \cdot 4H_2O$、琼脂、$(NH_4)_2SO_4$、$FeSO_4 \cdot 7H_2O$、$MgSO_4 \cdot 7H_2O$、$CaCl_2$、Na_2CO_3、$NaNO_2$、磺胺酸、α-萘胺、Na_2CO_3、硅胶。

（3）硝化细菌富集培养基：KNO_2 0.2 g、KH_2PO_4 0.07 g、$MgSO_4 \cdot 7H_2O$ 0.05 g、$CaCl_2 \cdot 2H_2O$ 0.05 g、水 100 mL。

（4）肉汤培养基：牛肉膏 0.5%、蛋白胨 1%、氯化钠 0.5%、琼脂 2%。

（5）格里斯（Griess）试剂：溶液 I，称取磺胺酸 0.5 g 溶于 150 mL 乙酸溶液（30%）中，保存于棕色瓶中；溶液 II，称取 α-萘胺 0.5 g，加入 50 mL 蒸馏水中，煮沸后，缓缓加入 30% 的乙酸溶液 150 mL 中，保存于棕色瓶中。

（6）二苯胺试剂：二苯胺 0.5 g 溶于 100 mL 浓硫酸中，用 20 mL 蒸馏水稀释（二苯胺易被空气氧化为褐色的醌，使溶液颜色变深，因此最好现用现配）。

（7）5%碳酸钠溶液：将 5 g 无水碳酸钠加入 100 mL 蒸馏水中，混匀溶解。

（8）其他：标本缸、电子天平、托盘天平、称量纸、牛角匙、精密 pH 试纸、量筒、搪瓷杯、无菌水、无菌培养皿、无菌移液管、无菌微口滴管、无菌玻璃涂棒、透析袋、比色板、培养箱、恒温振荡器等。

四、实验步骤

（一）采样

硝化细菌广泛分布于含氨量丰富的地区，也存在于其他高浓度有机废水或活性污泥中，可在合成氨的工厂或其他合适的工厂排放的废水中或附近污泥处采样。本实验用无菌铲子直接取土样 50～100 g，可再取污水 1000～2000 mL，共同装入透明的玻璃圆筒标本缸内，带回实验室。记录采样地点、日期、水温、pH。

（二）硝化细菌的富集培养

（1）按照硝化细菌富集培养基的配方准确称量试剂。

（2）富集培养基的溶解：将称好的药品依次加入搪瓷杯中，加入一定量的水之后，放到电磁炉上加热（注意：亚硝酸盐有毒，使用时要当心）。边溶解边搅拌至完全溶解。

（3）调节 pH：用 5% Na_2CO_3 调节 pH 至 8.0 左右。

（4）过滤分装灭菌：将过滤装置装好之后，在玻璃漏斗中放入一张滤纸，过滤后立即分装到 250 mL 锥形瓶中，每瓶装 20 mL 硝化细菌富集培养基，121℃，灭菌 20 min 后待用。

（5）称取土样或污泥 1 g，接入盛有 20 mL 硝化细菌富集培养液的锥形瓶中，28℃振荡培养 10～14 d。

（6）每隔几天在白瓷板上分别加 2～3 滴格里斯氏试剂及二苯胺-硫酸试剂，然后用无菌滴管取出 1 滴富集培养液的培养物加于上述试剂中，搅拌均匀。检查富集培养液中 NO_2^- 的减少（溶液由红色、粉红色变为无色）和 NO_3^- 的形成（利用二苯胺在酸性条件下，经 NO_3^- 氧化后呈氧化态的颜色为深蓝色或紫色的现象，溶液由无色变为深蓝色）。

（三）分离与纯化

（1）取富集培养液，通 CO_2 气体 30 min，静置 30 min 后，取 1 mL 硝化细菌富集溶液，在无菌操作台中加入装有 9 mL 富集培养液的 100 mL 锥形瓶中，用玻璃珠振荡 10 min，充分分散。

（2）样品处理后，用富集培养液依次逐级稀释一系列 10 倍的稀释液，并取稀释度为 10^{-3}、10^{-4}、10^{-5}、10^{-6}、10^{-7} 的样品 1 mL 分别接种于盛有 20 mL 硝化细菌富集培养液的锥形瓶中，每一稀释度各接种 3 管，28℃培养，恒温培养 4 周，同时设置空白对照组，空白对照组不接种微生物。

（3）培养 3~4 周后，用格里斯试剂和二苯胺试剂检测各培养液中 NO_2^- 和 NO_3^- 的消长情况。方法为取培养液 5 滴于白瓷比色板上，加入格里斯试剂 2 滴，若呈红色，表示亚硝酸盐还没有被完全利用，若呈无色，则表示不存在亚硝酸盐。此时另取培养液 5 滴于白瓷比色板上，加二苯胺试剂 2 滴，若呈蓝色，表示已产生硝酸盐，说明存在硝化细菌，呈阳性结果。

（4）将培养液遇格里斯试剂不显色，遇二苯胺显蓝色的管都记为硝化细菌阳性结果，根据硝化细菌的阳性管数，查《MPN 法 3 次重复测数统计表》中的数量指标后（表 16-3），换算出硝化细菌数量的近似值，并根据公式（每毫升样品中的菌数=菌近似值×数量指标第一位数的稀释倍数）计算样品中硝化细菌的 MPN 数。

表 16-3　MPN 法 3 次重复测数统计表

数量指标	细菌最可能数	数量指标	细菌最可能数	数量指标	细菌最可能数	数量指标	细菌最可能数
000	0.0	121	1.5	223	4.0	320	9.5
001	0.3	130	1.6	230	3.0	321	15.0
010	0.3	200	0.9	231	3.5	322	20.0
020	0.6	201	1.4	232	4.0	323	30.0
100	0.6	202	2.0	300	2.5	330	25.0
101	0.4	210	1.5	301	4.0	331	45.0
110	0.7	211	2.0	302	6.5	332	110.0
102	1.1	212	3.0	310	4.5	333	140.0
110	0.7	220	2.0	311	7.5		
111	1.1	221	3.0	312	11.5		
120	1.1	222	3.5	313	16.0		

（四）纯度检查

硝化细菌培养过程中常会有异养型细菌伴生，所以必须用多种有机营养培养基检查培养物是否有异养菌污染。常用的有机营养培养基是：牛肉膏蛋白胨培养基检查异养型细菌，马丁氏琼脂培养基检查霉菌，马铃薯葡萄糖培养基检查酵母菌。上述培养基接种培养物后，若有菌生长，表明分离瓶中培养物不纯；不生长，则基本为纯的化能自养细菌。若有异养微生物存在，则需继续进行分离、纯化步骤。

（五）镜检

对分离纯化的硝化细菌进行镜检及革兰氏染色，常见的硝化细菌特征见表 16-4。

表 16-4　常见的硝化细菌（钱存柔和黄仪秀，2008）

属名	细胞形态	鞭毛	革兰氏染色
硝化杆菌属	短杆状、梨形或球形	单鞭毛，偶尔运动	G⁻
硝化球菌属	球形	偏端鞭毛，运动	G⁻
硝化刺细菌属	细长直杆状、球形	不运动	G⁻

五、实验结果

记录硝化细菌的分离方法及培养条件，包括 pH、亚硝酸盐浓度、培养温度及培养时间；记录硝化细菌的菌落特征及镜检特征。

六、思考题

1. 硝化作用的定义是什么？硝化细菌一般需要什么培养条件？
2. 格里斯试剂和二苯胺试剂检测亚硝酸盐和硝酸盐的原理是什么？
3. 分离硝化细菌为什么要用多种异养培养基检查纯度？

七、参考文献

钱存柔，黄仪秀. 2008. 微生物实验教程. 2 版. 北京：北京大学出版社.

徐敏. 2007. 硝化细菌富集培养、保存及应用基础研究. 青岛：青岛理工大学硕士学位论文.

杨红艳. 2007. 硝化细菌富集培养及处理富营养化水体应用研究. 环境保护科学, 33(6): 50~52.

Madigan M T, Martinko J M, Stahl D A, et al. 2010. Brock biology of microorganisms. 13th ed. San Francisco: Pearson Education Inc.

Tortora G J. 2007. Microbiology: an introduction. San Francisco: Benjamin Cummings.

实验十七　微生物呼吸的测定

呼吸作用（respiration）是指生物氧化过程中，呼吸基质脱下的氢质子和电子经载体（传递链）传递最终交给受体的生物学过程，即生物氧化基质释放能量的过程。根据递氢特别是受氢过程中氢受体性质的不同，把微生物能量代谢分为呼吸和发酵两大类。发酵是指没有任何外源的最终电子受体的生物氧化模式；而呼吸是指有外源的最终电子受体的生物氧化模式。呼吸根据其外源最终电子受体不同，分为两类：有氧呼吸（aerobic respiration）是指底物分解产生的氢，经完整的呼吸链（respirarory chain），又称电子传递链（electron transport chain, ETC）递氢，最终由分子氧接受氢并产生水和释放能量（ATP）的过程；无氧呼吸（anaerobic respiration）是指底物按常规途径脱氢后，经部分呼吸链递氢，最终由氧化态的无机物或有机物接受氢并完成氧化磷酸化的产能反应过程（图 17-1）。

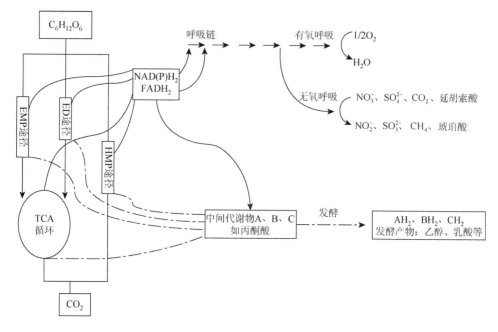

图 17-1　有氧呼吸、无氧呼吸与发酵（周德庆，2005）

呼吸链，指位于原核生物细胞膜上或真核生物线粒体膜上的、由一系列氧化还原势呈梯度差的、链状排列的氢与电子传递体，其功能是把氢或电子从低氧化还原势的化合物逐级传递到高氧化还原势的分子或其他无机物、有机氧化物，并使它们还原。在氢或电子的传递过程中，通过与氧化磷酸化反应相偶联，造成一个跨膜质子动势，进而推动 ATP 的合成。呼吸链的组分除醌类是非蛋白质类和铁硫蛋白不是酶外，其余都是一些含有辅酶或辅基的酶。

原核生物呼吸链位于细胞膜上（图 17-2），真核生物的呼吸链位于线粒体内膜上，但原核生物的呼吸链与真核生物的呼吸链的功能相同，电子传递过程在原核和真核之间较为保守，因而两者呼吸链的主要成分是类似的，基本是由 4 个相对分子质量很大的跨膜蛋白复合体Ⅰ、Ⅱ、Ⅲ和Ⅳ和介于Ⅰ、Ⅱ与Ⅲ之间的泛醌及介于Ⅲ与Ⅳ之间的细胞色素共同组成。目前对于原核生物与真核生物呼吸链的各复合体都已进行了深入的研究分析。

其中复合体Ⅰ又称为泛醌氧化还原酶，也称为脱氢酶，是呼吸链电子传递系统的主要入口，也是呼吸链 4 个膜蛋白复合体中最为复杂、相对分子质量最大、包含的亚基最多的一个复合体。哺乳动物线粒体复合体由45条不同亚基组成，含有 1 个黄素单核苷酸和 8 个铁硫中心，相对分子质量接近。原核生物的复合体Ⅰ称为细菌复合体Ⅰ，该复合体只有 13 或 14 个亚基，这些亚基均能在线粒体复合体中找到相

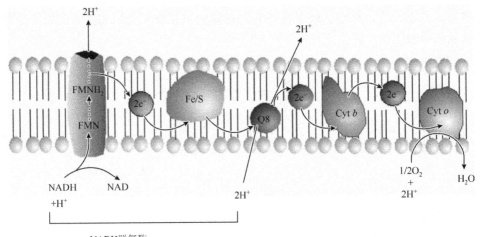

图 17-2　大肠杆菌的呼吸链（Moat et al.，2002）

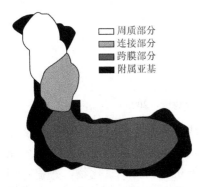

图 17-3　电子传递链复合体 I 的结构
（孙飞等，2008）

应的同源物，并且都含有相应的电子传递载体。这些结果揭示出电子传递和质子转运都在这些进化上保守的亚基中进行，因此细菌复合体 I 可看作是泛醌氧化还原酶的最小版本。经过电镜观察，线粒体复合体和细菌复合体都具有典型的"L"形结构图，疏水的下臂嵌在膜中，亲水的上臂突出在线粒体基质或细菌胞质中（图 17-3）。

呼吸链膜蛋白复合体Ⅳ，也叫细胞色素氧化酶，位于电子传递链的终点，来自前面复合体Ⅰ、Ⅱ和Ⅲ的电子经过细胞色素 c 在这里最终传递给氧分子，每传递 1 个电子的同时，1 个质子从基质转移到膜间隙（或膜外侧）。真核生物线粒体的复合体Ⅳ是一个多亚基的膜蛋白复合体，由 13 条多肽链组成；而细菌的复合体Ⅳ含有 4 个亚基。真核生物中的 13 个亚基中的 3 个亚基由线粒体 DNA 所编码，在序列、结构和功能上与细菌细胞色素 c 氧化酶的 3 个亚基相同，反映了细胞色素氧化酶在进化上的保守性。

对比真核生物，原核生物的呼吸链更具多样化的特点。在细菌系统，不同种类的细菌，其电子传递链的组成有很大差异，甚至生长在不同条件下的同一种类也不尽相同。例如，细菌的呼吸链具有更多类型的细胞色素，如细胞色素 a、细胞色素 a_1、细胞色素 a_2、细胞色素 a_4、细胞色素 b、细胞色素 b_1、细胞色素 c、细胞色素 c_1、细胞色素 c_4、细胞色素 c_5、细胞色素 d、细胞色素 o 等；其末端氧化酶，不仅有细胞色素 a_1、细胞色素 a_2、细胞色素 a_3、细胞色素 d、细胞色素 o 等，还有 H_2O_2 酶和过氧化物酶；随氧气的供应、生长阶段、基本营养供应、Fe^{2+}、SO_4^{2-} 的浓度等变化，呼吸链组分与含量也会发生相应的改变；此外，除典型传递链外，还存在分支呼吸链，在某些细胞电子传递链中，含有大量与膜结合的直接对传递链供给电子的脱氢酶；细菌的电子传递链更短并 P/O 更低等。

一、实验目的

1. 学习测定微生物呼吸实验的原理。
2. 掌握定性和定量测定微生物呼吸作用的方法。

二、实验原理

　　本实验对于微生物呼吸的检测是基于对于细菌呼吸链中的两个酶进行定性或定量检测。氧化酶即细胞色素氧化酶，为细胞色素呼吸酶系统的终端呼吸酶，通常以定性方法检测该酶的存在。检测的原理是利用氧化酶可将细胞色素 c 氧化，然后此氧化型细胞色素 c 可与盐酸二甲基对苯二胺和 α-萘酚发生反应，将盐酸二甲基对苯二胺氧化成吲哚酚蓝，可通过颜色定性判断细菌的氧化酶阳性或阴性。

　　呼吸链脱氢酶是细胞色素呼吸酶系统的第一个酶，该酶的活性可用来表征细胞代谢活力及细菌呼吸活性的大小，可作为微生物呼吸检测的定量方法。2,3,5-氯化三苯基四氮唑（2,3,5-triphenyl tetrazolium chloride，TTC）是最早被人们发现的人工受氢体，20 世纪 70 年代，有研究者利用 TTC 法测定细胞的活力，其原理是 TTC 在细胞呼吸过程中替代 O_2 接受 $H^+(H^+/e)$，TTC 被还原为三苯基甲䐶（triphenyl formazone，TF），TF 不溶于水，以红色结晶物存在，需经有机溶剂提取（如甲醇、乙醇、丁醇及丙酮等）后，在一定波长下测吸光值，其吸光值大小能反映细胞膜电子传递链的递氢能力大小。其反应式如图 17-4 所示（周春生等，1995）。

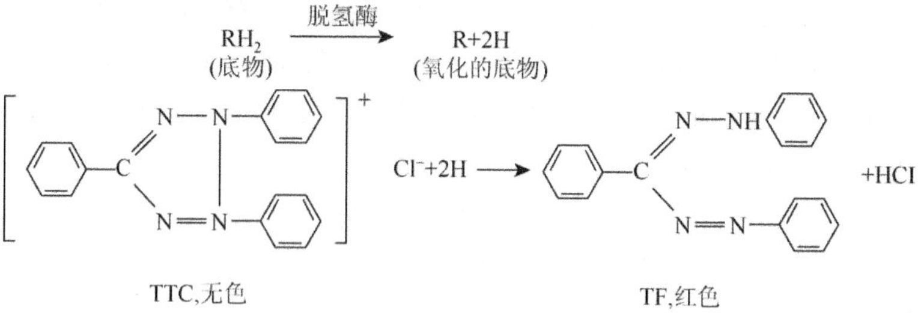

图 17-4　TTC 在脱氢酶作用下生成 TF（周春生等，1995）

　　由于 TTC 在氧化呼吸链中所处的位置与分子氧比较接近，因此分子氧在 TTC 充当氧化呼吸链最终受氢体时，必然会对 TTC 的还原产生竞争态势，进而干扰测定结果。因此，在 TTC-脱氢酶活性测定之前，必须对检测样品进行脱氧，进而强化 TTC 作为最终受氢体的唯一性，以利于提高分析实验的灵敏度和可靠性。许多研究者曾对脱氧问题做过大量的研究工作，目前一般采用亚硫酸钠作为脱氧剂。

三、实验材料

（1）材料：大肠杆菌（*Escherichia coli*）、铜绿假单胞菌（*Pseudomonas aeruginosa*）、产气肠杆菌（*Enterobacter aerogenes*）。

（2）试剂：TTC（氯化三苯基四氮唑）、Tris（三羟甲基氨基甲烷）、亚硫酸钠、盐酸二甲基对苯二胺、α-萘酚、乙醇、HCl、甲醛、丙酮、亚硫酸钠。

（3）1%盐酸二甲基对苯二胺溶液：取盐酸二甲基对苯二胺1.0 g，加水溶解定容至100 mL。盐酸二甲基对苯二胺溶液容易氧化，溶液应装在棕色瓶中，并在冰箱内保存，如溶液变为红褐色，即不宜使用。

（4）1% α-萘酚-乙醇溶液：取 α-萘酚 1.0 g，加无水乙醇溶解定容至 100 mL。

（5）TTC储存液：称取 1.000 g TTC 溶于少许蒸馏水中，并在 250 mL 容量瓶中定容，所得 4 mg/mL 的 TTC 溶液，放在棕色瓶中，室温下暗处储存。稀释4倍，即成 1 mg/mL 的 TTC 的标准溶液。

（6）0.05 mol/L Tris-HCl 缓冲溶液（pH 8.4）：将 6.037 g Tris 溶于 20 mL 浓度为 1 mol/L 的 HCl 溶液中并定容至 1 L。

（7）其他：滤纸、铂丝接种环、玻璃棒、试管、滤纸、容量瓶、15 mL 刻度具塞离心管、移液管、水浴恒温振荡器、离心机、分光光度计、烘箱。

四、实验步骤

（一）氧化酶定性实验

1. 菌落法

（1）取37℃（或低于37℃）培养20 h的斜面培养物（铜绿假单胞菌和大肠杆菌）各一支，将1%盐酸二甲基对苯二胺溶液及1% α-萘酚-乙醇溶液各2～3滴，从斜面上端滴下，并将斜面略加倾斜，使试剂混合液流经斜面上的培养物。如系平板培养物，则可用试剂混合液滴在菌落上。

（2）结果于 2 min 内呈现蓝色者为阳性。阳性培养物大多数于 0.5 min 内出现强阳性反应，2 min 以后出现微弱或可疑反应均作为阴性结果。

2. 滤纸法

（1）干净的培养皿内放一张滤纸，滴上1%盐酸二甲基对苯二胺溶液，再滴等量1% α-萘酚-乙醇溶液，仅使滤纸变湿（注意：在滤纸上滴加试剂，以刚刚打湿滤纸为宜，如滤纸过湿，会妨碍空气与菌苔接触，从而延长反应时间，造成假阴性）。

（2）用铂丝接种环（或玻璃棒、牙签）挑取培养20 h的微生物培养物斜面上的菌苔，涂抹在湿滤纸上（铁、镍铬丝等金属可催化二甲基对苯二胺呈红色反应，若用它来挑取菌苔，会出现假阳性，故必须用铂丝或玻璃棒或牙签来挑取菌苔）。

（3）细菌在与试剂接触 10 s 内呈蓝色，为阳性。1 min 以上出现蓝色不计，按阴性处理（为保证结果的准确性，分别以铜绿假单胞菌和大肠杆菌作为阳性对照和阴性对照）。

（二）细菌脱氢酶活性测定

1. 标准曲线的绘制

（1）吸取 1 mg/mL 的 TTC 标准溶液 0.5 mL、1.0 mL、1.5 mL、2.0 mL、2.5 mL、3.0 mL，分别加入 50 mL 棕色容量瓶中，再用蒸馏水分别稀释至 50 mL，摇匀，于是得到 10 μg/mL、20 μg/mL、30 μg/mL、40 μg/mL、50 μg/mL、60 μg/mL 的 TTC 系列溶液。

（2）取 7 支 15 mL 刻度具塞离心管，只加纯水 1 mL 的 1 支为空白对照，其他 6 支分别加入上述系列标准溶液 1 mL，依次加入 2 mL Tris-HCl，0.36% Na_2SO_3 溶液 1 mL，于 37℃ 水浴振荡 5 min（TTC 还原为 TF 反应需在暗处进行）。

（3）加 1 mL 甲醛终止反应后，5000 r/min 离心 10 min，弃上清。

（4）加 5 mL 丙酮充分混匀溶解后，于 485 nm 处测吸光值，并绘制标准曲线。

2. 酶活单位定义

每分钟每克细菌干重生成 1 mmol TF 为 1 个酶活单位。

3. 细菌脱氢酶的测定

（1）分别取前面培养的菌液于 10 mL 的离心管中，依次加入 1.5 mL Tris-HCl 缓冲液、0.36% Na_2SO_3 溶液 0.5 mL、0.4% TTC 溶液 2 mL，迅速将配制好的溶液置于 37℃ 水浴振荡器内振荡（暗处）保温 30 min。

（2）加 1 mL 甲醛终止反应后，5000 r/min 离心 10 min，弃上清。

（3）加 5 mL 丙酮充分混匀后，置于 37℃ 水浴振荡器内振荡（暗处）10 min，5000 r/min 离心 10 min，取上清于 485 nm 处测吸光值。

4. 菌体干重测定

取 40 mL 菌悬液 5000 r/min 离心 10 min，弃上清，转移菌体于已知质量烘干后的滤纸上，置于干燥箱中 105℃ 烘烤至恒重，滤纸先后质量数之差即为菌体干重。

五、实验结果

记录细菌氧化酶实验的结果；采用 TTC-脱氢酶法计算细菌的酶活性，并与氧化酶实验结果对比，说明两者结果之间有无关联。

六、思考题

1. 原核生物的呼吸链与真核生物有何区别？
2. 用于定性和定量测定的是哪两种酶？在呼吸链的什么环节起作用？

3. 亚硫酸钠在 TTC-脱氢酶的测定中起什么作用？

七、参考文献

沈萍, 陈向东. 2006. 微生物学. 2 版. 北京: 北京高等教育出版社.
孙飞, 周强军, 孙吉, 等. 2008. 线粒体呼吸链膜蛋白复合体的结构. 生命科学, 20(4): 566~579.
周春生, 尹军, 孟琳, 等. 1995. TTC-脱氢酶活性检测方法的研究. 吉林建筑工程学院学报, 1(1):1~13.
周德庆. 2005. 微生物学教程. 2 版. 北京: 高等教育出版社.
Moat A G, Foster J W, Spector M P. 2002. Microbial Physiology. New York: Wiley-Liss Inc.

实验十八　乳酸发酵与乳酸菌饮料

一、实验目的

1. 学习乳酸发酵和制作乳酸菌饮料的方法，了解乳酸菌的生长特性。
2. 了解常用食品发酵微生物种类。

二、实验原理

在厌氧条件下己糖分解产生乳酸的作用称为乳酸发酵。能利用可发酵糖产生乳酸的细菌通常称为乳酸细菌。乳酸细菌多是兼性厌氧菌，在厌氧条件下经过 EMP 途径，利用己糖进行乳酸发酵。常见的乳酸细菌有链球菌属（*Streptococcus*）、乳酸杆菌属（*Lactobacillus*）、双歧杆菌属（*Bifidobacterium*）和明串珠菌属（*Leuconostoc*）等。

根据产物的不同，乳酸发酵有三种类型：同型乳酸发酵、异型乳酸发酵和双歧发酵。同型乳酸发酵的过程是葡萄糖经 EMP 途径降解为丙酮酸，丙酮酸在乳酸脱氢酶的作用下被 NADH 还原为乳酸，由于终产物只有乳酸一种，因此称为同型乳酸发酵。在异型乳酸发酵中，葡萄糖首先经 PK 途径分解，发酵终产物除乳酸以外还有一部分乙醇或乙酸。在肠膜明串珠菌（*Leuconostoc mesenteroides*）中，利用 HK 途径分解葡萄糖，产生甘油醛-3-磷酸和乙酰磷酸，其中甘油醛-3-磷酸进一步转化为乳酸，乙酰磷酸经两次还原变为乙醇，当发酵戊糖时，则是利用 PK 途径，经磷酸戊糖酮解酶催化木酮糖-5-磷酸裂解生成乙酰磷酸和甘油醛-3-磷酸。双歧发酵是两歧双歧杆菌（*Bifidobacterium bifidum*）发酵葡萄糖产生乳酸的一条途径。此反应中有两种磷酸解酮酶参加反应，即果糖-6-磷酸磷酸解酮酶和木酮糖-5-磷酸磷酸解酮酶，分别催化果糖-6-磷酸和木酮糖-5-磷酸裂解产生乙酰磷酸和丁糖-4-磷酸及甘油醛-3-磷酸和乙酰磷酸。

乳酸菌饮料是一种以牛乳为主要原料，加入一定量糖类，接种一定种类和数量的乳酸菌进行发酵后而制成的发酵乳饮料。饮用时可进一步稀释，该饮料营养丰富，是一种值得开发的饮料。

酸奶是乳酸菌饮料中的一种。一般将酸奶定义为以鲜牛乳或乳制品为主要原料，接种保加利亚乳杆菌、乳酸链球菌和嗜热链球菌等菌种，经乳酸发酵而得到的凝固型乳制品。具有良好的风味、较高的营养价值及大量活性乳酸菌，尤其是所含的乳酸等有机酸能改善肠道菌群，抑制致病菌的生长繁殖，还具有增强免疫、刺激肠胃蠕动、阻碍对铅的吸收等功能。酸奶中的成分相对于鲜牛乳来说，更加有利于人体的吸收。

乳酸菌为兼性厌氧菌，革兰氏染色阳性，生长繁殖时需要多种氨基酸、维生素及微量元素，分离培养相对困难。本实验采用溴甲酚绿 BCG 牛乳培养琼脂平板从酸奶中分离乳酸菌，乳酸菌在培养基上生长时，由于分解乳糖产生酸，使菌落呈黄色，菌落周围的培养基也变成黄色，因此容易鉴别，发酵乳中常用的乳酸菌有乳酸杆菌、乳酸链球菌。

保加利亚乳酸杆菌属革兰氏阳性菌，呈两端钝圆的形状，微好氧，最低生长温度22℃，最高生长温度40～43℃，对抗生素的耐性比嗜热链球菌高，在每毫升含 0.3～0.6 国际单位青霉素的牛乳中受抑制。发酵葡萄糖、乳糖、果糖，分解产物除主要物质乳酸外，还生产乙醛、丙酮、乙酸、丙酸等。在不适合的生长环境中形状、特性都会发生变异，低于 40℃培养杆菌变细变长，高于 50℃培养杆菌出现不规则状，对蛋白质分解能力相对强一些，可积蓄多种游离氨基酸。

嗜热链球菌属革兰氏阳性菌，呈卵圆形，微好氧气，最适生长温度为 40～45℃，最低生长温度为 20℃，最高生长温度为 50℃，对抗生素非常敏感，能发酵葡萄糖、乳糖、果糖、蔗糖，分解产物除了主要物质乳酸外还产生甲酸、乙酸、乙醇、二氧化碳等，对蛋白质显示极弱的分解性。

本实验内容主要从以下几个方面进行：①从新鲜酸奶中分离纯化乳酸菌；②乳酸发酵及检测；③乳酸菌饮料的制作及自制乳酸饮料的品尝。

分析测定乳酸在食品工业中具有重要意义，目前已经建立的分析方法主要有：滴定法、旋光法、紫外-酶法（UV-酶法）、酶电极法和液相色谱法。本实验采用紫外-酶法测定发酵乳中的乳酸含量，基本原理是：在 L-乳酸脱氢酶（L-LDH）的催化作用下，乳酸被氧化型烟酰胺腺嘌呤二核苷酸（NAD^+）氧化生成丙酮酸，同时产生还原型烟酰胺腺嘌呤二核苷酸（NADH），反应后生成的 NADH 的量取决于乳酸的含量，通过测定 NADH 对 340 nm 处紫外线吸光值的变化，计算得出对应的不同乳酸浓度。由于酶促反应的专属性，可以避免试样中众多共存组分的干扰，减少繁杂的预处理过程，并获得较高灵敏度。

三、实验材料

（1）菌种：嗜热乳酸链球菌（*Streptococcus thermophilus*）、保加利亚乳酸杆菌

（*Lactobacillus bulgaricus*），乳酸菌种也可以从市场销售的各种新鲜酸奶或酸乳饮料中分离。

（2）培养基配制如下。

1）BCG 牛乳培养基：A 溶液（脱脂乳粉 100 mL、水 500 mL、1.6%溴甲酚绿（BCG）乙醇溶液 1 mL，80℃灭菌 20 min）；B 溶液（酵母膏 10 g、水 500 mL、琼脂 20 g，pH 6.8，121℃灭菌 20 min，以无菌操作均匀混合，倒平板，待冷凝后，置 37℃ 培养 24 h，若无杂菌生长即可使用）。

2）乳酸菌培养基：牛肉膏 5 g、酵母膏 5 g、蛋白胨 10 g、葡萄糖 10 g、乳糖 5 g、NaCl 5 g、水 1 L，pH 6.8。

3）脱脂乳试管：直接选用脱脂乳液或按脱脂乳粉与 5%蔗糖溶液为 1：10 的比例配置，装量以试管的 1/3 为宜，115℃灭菌 15 min。

4）其他：脱脂乳粉或全脂乳粉、鲜牛奶、蔗糖、$CaCO_3$。

（3）仪器：恒温水浴锅、酸度计、高压蒸汽灭菌锅、均质机、超净工作台、培养箱、酸奶瓶（20～80 mL）、培养皿、试管、500 mL 锥形瓶。

四、实验步骤

（一）乳酸菌的分离纯化

1. 分离

取市售新鲜酸奶或泡制酸菜的酸液稀释至 10^{-5}，取其中的 10^{-4}、10^{-5} 两个稀释度的稀释液各 0.1～0.2 mL，分别接至 BCG 牛乳培养基琼脂平板上，用无菌涂布器依次涂布；或者直接用接种环蘸取原液平板划线分离，置 40℃培养 48 h，如出现圆形稍扁平的黄色菌落及周围培养基变为黄色者初步定为乳酸菌。

2. 鉴别

选取乳酸菌典型菌落转至脱脂乳试管中，40℃培养 8～24 h，若牛乳出现凝固，无气泡，呈酸性，涂片镜检细胞杆状或链球状（两种形状的菌种均分别选入），革兰氏染色呈阳性，则可将其连续传代 4～6 次，最终选择在 3～6 h 能凝固的牛乳管，作菌种待用。

（二）乳酸发酵及检测

1. 发酵

在无菌操作下将分离得到的乳酸杆菌和乳酸链球菌分别接种于装有 300 mL 乳酸菌培养液的 500 mL 锥形瓶中，40～42℃静止培养。

2. 检测

为了便于测定乳酸发酵情况，实验分两组。一组在接种培养后，每 6～8 h 取样分析，测定 pH。另一组在接种培养 24 h 后每瓶加入 $CaCO_3$ 3 g（以防止发酵液过酸使菌种死亡），每 6～8 h 取样，测定乳酸含量，记录测定结果。

（三）乳酸检测方法

1. 定性测定

取酸奶上清液约 10 mL 于试管中，加入 10% H_2SO_4 1 mL，再加 2% $KMnO_4$ 1 mL，此时乳酸转化为乙醛，把事先在含氨的硝酸银溶液中浸泡的滤纸条搭在试管口上，微火加热试管至沸，若滤纸变黑（氧化银析出），则说明有乳酸存在，这是因为加热使乙醛挥发的结果。

2. 定量测定

（1）测定方法：取稀释 10 倍的酸奶上清液 0.2 mL，加至 3 mL pH 9.0 的缓冲液中，再加入 0.2 mL NAD 溶液，混匀后测定 NADH 对 340 nm 紫外线吸光值，即 OD_{340} 值为 A_1，然后加入 0.02 mL L(+)LDH（L-乳酸脱氢酶），0.02 mL D (−) LDH（D-乳酸脱氢酶），25℃保温 1 h 后测定 OD_{340} 值为 A_2。同时用蒸馏水代替酸奶上清液作对照，测定步骤及条件完全相同，测定的相应值为 B_1 和 B_2。乳酸含量计算公式如下：

$$乳酸/(g/100\,mL) = \frac{V \times M \times \Delta\varepsilon \times D}{1000 \times \varepsilon \times l \times V_s}$$

式中，V 表示比色液最终体积（3.44 mL）；M 表示乳酸的摩尔质量（1 mol/L=90 g）；$\Delta\varepsilon$ 表示$(A_2{-}A_1){-}(B_2{-}B_1)$；$D$ 表示稀释倍数（10）；ε 表示 NADH 在 340 nm 吸光系数（6.3×$10^3 \times 1 \times mol^{-1} \times cm^{-1}$）；$l$ 表示比色皿的厚度（0.1 cm）；V_s 表示取样体积（0.2 mL）。

（2）测定乳酸试剂的配制。

pH 9.0 缓冲液：在 300 mL 容量瓶中加入甘氨酸 11.4 g，24% NaOH 2 mL，加入 275 mL 蒸馏水。

NAD 溶液：NAD 600 mg 溶于 20 mL 蒸馏水中。

L(+)LDH：加 5 mg L(+)LDH 于 1 mL 蒸馏水中。

D(−)LDH：加 2 mg D(−)LDH 于 1 mL 蒸馏水中。

（四）乳酸菌饮料的制作

（1）将脱脂乳和水以 1 :（7～10）(m/V) 的比例，同时加入 5%～6% 蔗糖，充分混匀，于 80～85℃灭菌 10～15 min，然后冷却至 35～40℃，作为制作饮料的培养基质。

（2）将纯种嗜热乳酸链球菌、保加利亚乳酸杆菌及两种菌的等量混合菌液作为发酵剂，均以 2%～5% 的接种量分别接入以上培养基质中即为饮料发酵液，也可以市售鲜酸奶为发酵剂。接种后摇匀，分装到已灭菌的酸奶瓶中，每一种菌的饮料发酵液重复分装 3～5 瓶，随后将瓶盖拧紧密封。

（3）把接种后的酸奶瓶置于 40～42℃恒温箱中培养 3～4 h。培养时注意观察，在出现凝乳后停止培养。然后转入 4～5℃的低温下冷藏 24 h 以上。经此后熟阶段，达到酸奶酸度适中（pH 4～4.5），凝块均匀致密，无乳清析出，无气泡，获得较好的口感和特有风味。

（4）以品尝为标准判定乳酸质量：采用乳酸球菌和乳酸杆菌等量混合发酵的酸奶与单菌株发酵的酸奶相比较，前者的香味和口感更佳。品尝时若出现异味，表明酸奶污染了杂菌。

（五）演示

（1）在 BCG 牛乳培养基琼脂平板上乳酸菌的黄色菌落典型特征和镜检细胞学特征。

（2）已发酵的乳酸菌饮料凝乳情况观察。

注意事项

（1）采用 BCG 牛乳培养基琼脂平板筛选乳酸菌时，注意挑取典型特征的黄色菌落，结合镜检观察，有利于高效分离筛选乳酸菌。

（2）制作乳酸菌饮料，应选用优良的乳酸菌，采用乳酸球菌与乳酸杆菌等量混合发酵，使其具有独特风味和良好口感。

（3）牛乳的消毒应掌握适宜的温度和时间，防止长时间采用过高温度消毒而破坏酸乳风味。

（4）作为卫生合格标准还应按卫生部的规定进行检测，如大肠菌群检测等。经品尝和检验，合格的酸乳应在4℃条件下冷藏，可保持6～7 d。

（5）注意观察在 BCG 牛乳培养基琼脂平板上乳酸菌的黄色菌落典型特征和镜检细胞学特征。

（6）已发酵的乳酸菌饮料凝乳情况观察。

五、实验结果

（1）乳酸发酵过程、检测结果及结果分析。

（2）将发酵的酸奶品评结果记录于表 18-1 中。

表 18-1　乳酸菌单菌及混合菌发酵的酸奶品评结果

乳酸菌类	品评项目					结论
	凝乳情况	口感	香味	异味	pH	
球菌						
杆菌						
球杆菌混合 (1：1)						

六、思考题

1. 发酵酸奶为什么能引起凝乳？低温后熟阶段有何意义？
2. 为什么采用乳酸菌混合发酵的酸奶比单菌发酵的酸奶口感和风味更佳？
3. 试设计一个从市售鲜酸乳中分离纯化乳酸菌和制作乳酸菌饮料的程序。

七、参考文献

黄秀梨. 辛明秀. 2008. 微生物学实验指导. 北京: 高等教育出版社.
沈萍, 陈向东. 2006. 微生物学. 2 版. 北京: 高等教育出版社.
徐浩. 1991. 工业微生物学基础及其应用. 北京: 科学出版社.
祖若父, 胡宝龙, 周德庆. 1993. 微生物学实验教程, 上海: 复旦大学出版社.

实验十九 酒 精 发 酵

一、实验目的

1. 学习酒精发酵的基本原理和工艺过程。
2. 掌握酵母菌发酵产生酒精的方法。

二、实验原理

在厌氧条件下，酵母菌通过 EMP 途径，分解葡萄糖生成丙酮酸，丙酮酸脱羧形成乙醛，乙醛进一步还原为乙醇，这一过程称为酒精发酵（乙醇发酵）。目前发现多种微生物可以发酵葡萄糖产生乙醇，能进行酒精发酵的微生物包括酵母菌、根霉菌、曲霉菌和某些细菌。根据在不同条件下代谢产物的不同，可将酵母菌利用葡萄糖进行的发酵分为三种类型：在酵母菌的酒精发酵中，酵母菌可将葡萄糖经 EMP 途径降解为 2 分子丙酮酸，然后丙酮酸脱羧生成乙醛，乙醛作为氢受体使 NAD^+ 再生，发酵终产物为乙醇，这种发酵类型称为酵母菌的一型发酵；当环境中存在亚硫酸氢钠（3%）时，亚硫酸氢钠可与乙醛加成反应生成磺化羟乙醛，由磷酸二羟丙酮担任受氢体接受 3-磷酸甘油醛脱下的氢而生成 α-磷酸甘油，后者经 α-磷酸甘油酯酶催化，生成甘油，称为酵母菌的二型发酵；发酵液若处在弱碱性条件（pH＞7.5）下时，乙醛因得不到足够的氢而积累，2 分子乙醛间发生歧化反应，生成 1 分子乙醇和 1 分子乙酸，由磷酸二羟丙酮担任受氢体接受 3-磷酸甘油醛脱下的氢而生成 α-磷酸甘油，发酵终产物为甘油、乙醇、乙酸和二氧化碳，称为酵母菌的三型发酵。

工业生产中，酒精发酵的基本原理清晰，工艺成熟，可大规模生产。工艺过程有固态法和液态法两种，主要以淀粉为原料进行酒精生产。酒精发酵过程中，酵母菌不能直接利用淀粉，因此，当以淀粉为原料时，必须先将淀粉水解成葡萄糖，才能供发酵使用。一般将淀粉水解为葡萄糖的过程称为淀粉的糖化，所制得的糖液称为淀粉水解糖。发酵生产中，淀粉水解糖液的质量，与生产菌的生长速度及产物的积累直接相关。可以用来制备淀粉水解糖的原料主要有薯类（木薯、甘薯）淀粉、玉米淀粉、小麦淀粉、大米淀粉等，根据原料淀粉的性质及采用的水解催化剂的不同，水解淀粉为葡萄糖的方法可分为酸解法、酸酶结合法和酶解法。实验室常采用酶解法制备淀粉水解糖。酶解法是指利用淀粉酶将淀粉水解为葡萄糖的过程。酶解法制葡萄糖可分为两步：第一步是利用 α-淀粉酶将淀粉液化为糊精及低聚糖，使淀粉的可溶性增加，这个过程称为液化；第二步是利用糖化酶将糊精或低聚糖进一步水解，转变为葡萄糖的过程，在生产上称为糖化。淀粉的液化和糖化都是在酶的作用下进行的，故也称为双酶水解法。

本实验的酒精发酵培养基中以蔗糖为发酵底物，无需糖化过程，直接通过添加酿酒酵母菌种进行发酵。

三、实验材料

（1）菌种：酿酒酵母菌（*Saccharomyces cerevisiae*）。

（2）酒精发酵培养基：蔗糖 10 g、$MgSO_4 \cdot 7H_2O$ 0.5 g、NH_4NO_3 0.5 g、20%豆芽汁 2 mL、KH_2PO_4 0.5 g、水 100 mL，自然 pH。

（3）其他：蒸馏水、无菌水、铝锅、电炉、锥形瓶、牛皮纸、棉绳、蒸馏装置、水浴锅、振荡器、酒精比重计。

四、实验步骤

（1）培养基：配制好的发酵培养基分装至 300 mL 锥形瓶中，每瓶 100 mL，121℃湿热灭菌 20～30 min。

（2）接种和培养：向培养 24 h 的酿酒酵母菌斜面中加入无菌水 5 mL，制成菌悬液，并吸取 1 mL 接种于装有 100 mL 培养基的锥形瓶中，一共接 2 瓶，其中一瓶于 30℃恒温静止培养，另一瓶置 30℃恒温振荡培养。

（3）酵母菌数目的计数：每隔 24 h 取样，经 10 倍稀释后进行细胞计数。

（4）酒精蒸馏及酒精度的测定：取 60 mL 已发酵培养 3 d 的发酵液加至蒸馏装置的圆底烧瓶中，在水浴锅中 85～95℃下蒸馏，当开始流出液体时，准确收集 40 mL 于量筒中，用酒精比重计测量酒精度。

（5）品尝：取少量一定浓度（30～40 度）的酒品尝，体会口感。

五、实验结果

记录酵母菌酒精发酵过程，比较两种培养方法结果的不同，并解释其原因。

六、思考题

1. 酒精发酵培养基配方中如去掉 KH_2PO_4，同样接入酿酒酵母菌进行发酵，将出现何种结果？为什么？
2. 静置培养和振荡培养结果有无不同？为什么？

七、参考文献

黄秀梨，辛明秀. 2008. 微生物学实验指导. 北京: 高等教育出版社.
牛田贵. 2002. 食品微生物学实验技术. 北京: 中国农业大学出版社.
钱存柔，董碧虹. 1979. 微生物学基础知识与实验指导. 北京: 科学出版社.

实验二十　大肠杆菌细胞各组分中铁还原酶活性的检测

一、实验目的

1. 了解铁还原酶的性质、反应机制和活性测定的原理。
2. 掌握大肠杆菌铁还原酶活性的测定方法。
3. 了解大肠杆菌细胞质、细胞周质和细胞膜的分离方法。

二、实验原理

（一）铁还原酶的概念、细胞内定位、生理功能和反应机制

铁几乎是所有生物生长必需的矿质元素，自然界铁含量虽然丰富，但在中性或偏碱性环境中，大部分铁以不溶的高铁氧化物形式存在，可利用的铁较为匮乏，微生物若要吸收足够的铁必须有高效的吸收机制，一般来说，微生物吸收铁的途径有两种：一种是分泌铁载体螯合 Fe^{3+} 并将其运输到细胞内；另一种是通过铁还原酶将 Fe^{3+} 还原成 Fe^{2+} 后进入代谢途径（Mazoy，1996）。铁还原酶是一类将三价铁还原成二价铁的酶，属于氧化还原酶类，在生物体中发挥重要的还原作用，是细菌吸收铁的重要方式之一。大部分细菌中都存在铁还原酶。

微生物还原铁主要有两种方式：一种是同化型铁还原，另一种是异化型铁还原。Fe^{3+} 还原后用于细胞内蛋白质的组成及与此相关的生理功能，这种铁还原称为同化型铁还原；与此相反，异化型的铁还原为细胞的生长繁殖提供能量（Schroder et al.，2003）。两种铁还原途径在铁循环中起非常重要的作用。本实验主要介绍同化型铁还原酶在细菌中的定位、生理功能和反应机制。

　　同化型铁还原酶（assimilatory ferric reductase）是铁同化途径的关键酶，除了小部分同型发酵乳酸菌外（Archibald，1983），几乎所有的生物体中都存在这种途径。不同细菌的铁吸收机制不同，铁还原酶在细胞中的定位也不同，而细胞内的定位在一定程度上决定生理功能。

　　铁还原酶一般存在于细胞质、细胞周质和细胞膜上，细胞质中的铁还原后参与蛋白质的合成，或作为多种酶的辅因子发挥作用。细胞膜铁还原酶的研究较少，主要是因为这些酶难于纯化，只在嗜热铁还原菌（*Thermoterrabacterium ferrireducens*）细胞膜上分离纯化出能还原 Fe(III)-EDTA 的铁还原酶，并推测它参与以三价铁为电子呼吸受体的电子传递过程，是一种异化型铁还原酶（Gavrilov et al.，2007）。伊氏螺菌（*Spirillumitersonii*）（Dailey and Lascelles，1977），大肠杆菌（*E. coli*）（Fischer et al.，1990）和金黄色葡萄球菌（*Staphylococcus aureus*）（Lascelles，1978）等细菌中均存在细胞膜铁还原酶。还有些致病菌可分泌铁还原酶到细胞表面或培养基中，这类酶将铁还原后，使细菌直接从细胞外吸收二价铁。某些致病菌铁还原酶与致病性相关。另外，许多细菌中存在多种类型的铁还原酶，分布在细胞的多个组分中。

　　大多数铁还原酶催化的还原反应可利用多种铁复合物为底物，表现出广泛的底物专一性，能够利用如铁载体铁、奎宁酸铁、柠檬酸铁和焦磷酸铁等铁复合物及铁蛋白，甚至有些能还原游离的三价铁离子。在 Fe^{3+} 还原过程中，绝大部分利用 NADH或 NADPH 作为电子供体。另外，绝大多数铁还原反应需要辅因子的参与，如 FMN、FAD 或核黄素（维生素 B_2）等。铁还原酶参与的还原反应见图 20-1（Schroder et al.，2003）。

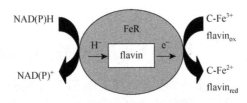

图 20-1　铁还原酶催化的还原反应（Schroder et al.，2003）

FeR 为铁还原酶；$C-Fe^{3+}$ 为三价铁复合物；$C-Fe^{2+}$ 为二价铁复合物；flavin 为黄素；

$flavin_{ox}$ 为氧化型黄素；$flavin_{red}$ 为还原型黄素

（二）铁还原酶活性测定的原理

　　铁还原酶活性测定依据以下反应原理：菲洛嗪［ferrozine，3-(2-吡啶基)-5,6-二苯基-1,2,4-三嗪-4′,4″二磺酸钠盐］是一种只能与 Fe^{2+} 反应而不能与 Fe^{3+} 反应的化合物，它可螯合 Fe^{2+} 生成紫红色化合物，在 562 nm 处有最大吸收峰，通过测定 Fe^{2+}-ferrozine复合物的生成量，即反应液颜色的深浅（562 nm 处吸光值大小）可测定酶的活性（Dailey and Lascelles，1977；Noguchi et al.，1999）。Fe^{2+}-ferrozine 复合物的消光系数（也称摩尔吸光系数）为 27 900。本实验把在 pH 7.4 的 Tris-HCl 缓冲液中，室温酶解，催化每分钟生成 1 nmol Fe^{2+}-ferrozine 复合物的酶量，定义为 1 个酶活力单位。

三、实验材料

（1）菌种：大肠杆菌 K12（E. coli K12）。

（2）培养基：LB 培养基（1 L），950 mL 去离子水中加入 10 g 胰蛋白胨、5 g 酵母提取物和 10 g NaCl，溶解后调节 pH 至 7.0，加水定容至 1 L，121℃蒸汽灭菌 20 min。

（3）试剂与缓冲液。

1）铁还原酶活性检测试剂储存液配制如下。

0.01 mol/L 柠檬酸铁：称取 0.335 g 柠檬酸铁，用去离子水定容至 100 mL。

20 mmol/L NADH：称取 0.0132 g NADH 溶于 1 mL 水。

0.5 mmol/L FMN：1 mg FMN 溶于 3.888 mL 水。

0.05 mol/L ferrozine（显色剂）：称取 0.25 g ferrozine 溶于 10 mL 水。

2）溶菌酶破壁法菌体悬浮缓冲液的配制：20 mmol/L Tris-HCl、0.75 mol/L 蔗糖溶液、1.5 mmol/L EDTA、0.2 mg/mL 溶菌酶，调节 pH 至 8.0。

3）0.01%考马斯亮蓝溶液（用于 Bradford 法测定蛋白质浓度）：称取 100 mg 考马斯亮蓝 G-250，加入 50 mL 95%乙醇搅拌溶解，然后加入 100 mL 85%（m/V）磷酸，去离子水定容至 1 L，室温储存备用。

（4）其他：锥形瓶、恒温振荡器、高速离心机、超速离心机、分光光度计、计时器。

四、实验步骤

（一）溶菌酶破壁法分离大肠杆菌细胞周质、细胞质和细胞膜

（1）将活化的大肠杆菌种子液接种到含 50 mL LB 液体培养基的锥形瓶（500 mL）中，37℃振荡培养至稳定期。培养后的细胞离心收集菌体（6000 r/min，10 min，4℃）。10 mmol/L Tris-HCl（pH 7.4），0.5 mmol/L EDTA 缓冲液洗涤菌体 2 次。

（2）10 倍体积的含溶菌酶的缓冲液悬浮菌体，室温作用 2 h，轻轻振荡，直到镜检细胞全部呈球状的原生质体（注意：溶菌酶缓冲液中一定要加蔗糖，以保证细胞内外的渗透压平衡，防止原生质体破裂）。

（3）12 000 r/min 离心 10 min，收集上清为细胞周质、溶菌酶、外膜碎片的混合物，沉淀为原生质体。将上清超速离心（32 000 r/min，4℃，离心 1.5 h），去除外膜碎片，上清为细胞周质（后期检测细胞周质铁还原酶活性时，为避免溶菌酶对测定的影响，可设立只含溶菌酶的样品为阴性对照）。

（4）10 mmol/L Tris-HCl（pH 7.4），0.5 mmol/L EDTA，0.75 mol/L 蔗糖缓冲液洗涤沉淀 1 次，然后用 10 mmol/L Tris-HCl（pH 7.4），0.5 mmol/L EDTA 缓冲液悬浮，

振荡，使原生质体破裂。

（5）将上述溶液超速离心（32 000 r/min，4℃，离心 1.5 h）。上清为细胞质。沉淀为细胞膜。

（6）将细胞膜用 10 mmol/L Tris-HCl（pH 7.4），0.5 mmol/L EDTA 缓冲液洗涤 2 次，洗去黏附的细胞质溶液，即可得到纯净的细胞膜。

（二）可溶组分中蛋白质浓度测定（Bradford 法）

（1）取 0.01% 的考马斯亮蓝 G-250 溶液 900 μL，加入 1.5 mL Eppendorf 离心管中。

（2）配制标准溶液：将浓度分别为 0.1 mg/mL、0.3 mg/mL、0.5 mg/mL、0.7 mg/mL、0.9 mg/mL 标准 BSA 样品 30 μL，分别加入 900 μL 考马斯亮蓝溶液中，混匀。对照加入 30 μL 双蒸水。

（3）将待测定的样品加入考马斯亮蓝试剂中观察颜色，在标准样品显色范围内即可，如果浓度过高，将样品稀释后重新测定（每个样品重复测定 3 次，取平均值）。

（4）待样品和考马斯亮蓝试剂反应 5 min 以后开始测定（1 h 之内颜色稳定，因此 1 h 内测定的吸光值均有效）。

（5）用分光光度计在可见光区波长 595 nm 处测量吸光值。

（6）记录数据，根据标准 BSA 样品绘制标准曲线，然后计算出待测样品的蛋白质浓度（标准曲线的 R 值应>99%，以保证数据的准确，否则需重新配制标准溶液，绘制标准曲线）。

（三）铁还原酶活性测定

（1）1mL 酶活测定反应体系包括以下几种溶液。

dd H_2O	883 μL
1 mol/L Tris-HCl（pH 7.4）	20 μL
0.01 mol/L 柠檬酸铁	20 μL
20 mmol/L NADH	5 μL
0.5 mmol/L FMN	2 μL
50 mmol/L ferrozine（显色剂）	20 μL
蛋白质样品	50 μL

将上述溶液按顺序依次加入，加入 FMN 后将混合液充分混匀，放置 1 min，然后加入 ferrozine，立即混匀。

（2）加入蛋白质样品后混匀，室温下反应，空白对照加入 50 μL 双蒸水。

（3）测定产物的生成量。用分光光度计在可见光区波长 562 nm 处测定吸光值，每间隔 1 min 记录 OD 值，测定 10 min，根据每分钟 OD 值变化平均值计算酶活（注意：观察每分钟 OD 值的变化，保证 10 min 内酶促反应均是在底物过量的条件下进行，可先进行预实验，控制蛋白质样品的量）。

五、实验结果

1. 计算大肠杆菌可溶组分的蛋白质浓度

根据不同浓度的 BSA 蛋白质标准品，绘制标准曲线，根据标准曲线计算样品的蛋白质浓度。

2. 酶活力的计算

每分钟生成 1 nmol Fe^{2+}-ferrozine 复合物的酶量，为 1 个酶活力单位。

$$酶活力=(\Delta OD_{562}×反应体系体积×10^9)/(27\,900×反应时间)$$

3. 酶比活力的计算

每毫克蛋白质的酶活力为酶比活力。

$$酶比活力=\frac{\Delta OD_{562}×反应体系体积×10^9}{27\,900×蛋白质浓度×样品体积×反应时间}$$

式中，各变量的单位：酶比活力为 nmol/（mg·min）；反应体系体积为 L；样品体积为 L；蛋白质浓度为 mg/mL；反应时间为 min。

六、思考题

1. 铁还原酶在细菌中的生理功能体现在哪些方面？其活性测定的原理是什么？
2. 如何辨别酶活测定时底物是否过量？
3. 什么是消光系数？它与酶的活力单位之间是何关系？

七、参考文献

Archibald F S. 1983. *Lactobacillus plantarum*, an organism not requiring iron. FEMS Microbiol Lett, 19: 29~32.

Dailey H A Jr, Lascelles J. 1977. Reduction of iron and synthesis of protoheme by *Spirillum itersonii* and other organisms. J Bacteriol, 129: 815~820.

Fischer E, Strehlow B, Hartz D, et al. 1990. Soluble and membrane-bound ferrisiderophorereductases of *Escherichia coli* K-12. Arch Microbiol, 153: 329~336.

Gavrilov S N, Slobodkin A I, Robb F T, et al. 2007. Characterization of membrane-bound Fe（Ⅲ）-EDTA reductase activities of the thermophilic gram-positive dissimilatory iron-reducing bacterium *Thermoterrabacterium ferrireducens*. Mikrobiologii, 76: 164~171.

Lascelles J, Burke K A. 1978. Reduction of ferric iron by L-lactate and DL-glycerol-3-phosphate in membrane preparations from *Staphylococcus aureus* and interaction with the nitrate reductase system. J Bacteriol, 134: 585~589.

Mazoy R, Lemos M L. 1996. Ferric-reductase activities in whole cells and cell fractions of *Vibrio*（*Listonella*）*anguillarum*. Microbiology, 142: 3187~3193.

Noguchi Y, Fujiwara T, Yoshimatsu K, et al. 1999. Iron reductase for magnetite synthesis in the magnetotactic bacterium *Magnetospirillum magnetotacticum*. J Bacteriol, 181: 2142~2147.

Schroder I, Johnson E, de Vries S. 2003. Microbial ferric iron reductases. FEMS Microbiol Rev，27: 427~447.

实验二十一　　丝状真菌原生质体制备、融合及再生

一、实验目的

1. 学习并掌握丝状真菌原生质体的制备技术。
2. 学习并掌握原生质体的融合及再生技术。
3. 掌握微生物细胞数量的稀释平板计数法。
4. 掌握显微镜下直接计数微生物的细胞数量。

二、实验原理

原生质体（protoplast）是除去细胞壁后由细胞膜包围着的球形细胞。不同遗传型细胞的原生质体，在融合剂的诱导下进行融合，产生遗传重组的融合子的过程，称为原生质体融合（protoplast fusion）。

能进行原生质体融合的生物种类十分广泛。细菌、放线菌等原核生物，酵母菌、丝状真菌、蕈菌等真核微生物及高等植物的细胞都能进行原生质体融合。动物细胞由于不存在原生质体融合的障碍——细胞壁，更易进行原生质体融合。原生质体融合既保持了遗传物质传递的完整性，又能把亲缘关系较远的生物的细胞融合在一起，扩大了基因重组的范围，作为高频重组的有效方法和遗传学研究的有力工具，受到广大生物学者的重视。

原生质体融合的主要操作步骤：先选取带有选择性标记的细胞作为亲本菌株（parent strain），将双亲菌株的细胞分别用酶处理，使细胞壁破裂，形成原生质体；再将原生质体在融合剂的作用下聚集、凝聚，进而融合成新的细胞；最后采用合适的筛选方法检出融合子。

1. 原生质体的制备

除了没有细胞壁的动物细胞外，其他生物的细胞进行原生质体融合，首先要制备原生质体。原生质体制备技术不仅是原生质体融合的关键技术，还广泛应用于真菌细胞 DNA 的转化、诱变育种、核型分析及细胞结构与功能的研究中。原生质体制备技术包括以下几个重要环节。

（1）根据菌株细胞壁的化学成分，选用合适的酶和酶解条件，去除细胞壁。例如，放线菌和细菌可用溶菌酶，真菌可用蜗牛酶、溶壁酶、纤维素酶和几丁质酶等。酶的组成、浓度、作用时间、作用温度等，都会影响原生质体的形成。此外，选择合适的高渗稳定剂，有利于稳定原生质体，提高原生质体的产量。常用的高渗稳定

剂有蔗糖、山梨醇、氯化钠或氯化钾溶液等。

（2）制备原生质体，还要选择合适菌龄的细胞。这是由于在不同的生长时期，细胞壁的化学组成和含量不同，酶对细胞壁的作用效果也不一样。对细菌而言，由于对数期细胞壁的肽聚糖含量低，细胞壁对酶的作用敏感，因此多采用对数期的细菌制备原生质体。对于丝状真菌而言，幼嫩的菌丝体酶解效果要好于老菌丝，因此，要控制菌株的培养时间，选择合适菌龄的菌丝体。

（3）对菌丝进行预处理是提高原生质体产量的有效手段。在酶解去除细胞壁前，通过人为控制条件，改变细胞壁的结构，使之发生松动或增加其对溶壁的酶类的敏感性，可提高原生质体的产量。常采用的方法包括：在菌体培养的过程中，改变其生长或生理状态，以抑制细胞壁的正常合成；或对收集后的菌体进行适当的药物处理，如用巯基乙醇破坏细胞壁中蛋白质的二硫键，使之发生松动，以增加溶壁的酶类的作用效果。

2. 原生质体的融合

在自然条件下，原生质体发生融合的频率非常低，因此需要采用适当的方式进行促融。常用的方法有化学法、物理法和生物法。化学法一般采用聚乙二醇（PEG）作为融合剂。物理法可采用电融合、激光融合等手段。而生物法是采用灭活的病毒，促使细胞间产生凝聚和融合，此法适用于动物细胞的融合。

3. 融合子的再生

两个原生质体融合后，必须涂布在再生培养基上使其再生。影响原生质体再生率的因素很多，除与菌株自身的遗传性质有关外，还与原生质体的制备过程及再生的培养条件有关。例如，对数生长早期的细菌细胞壁，虽对酶最敏感，但由于相对较脆弱，受酶的过度作用会影响再生率。再生所采用的培养基、高渗稳定剂、培养的温度及涂布的方式，都对再生率有影响。

4. 融合子的筛选

融合子的选择，经典方法是依靠在选择培养基上的遗传标记，有两个遗传标记互补，即可判断为融合子，如利用营养缺陷型互补。还可以采用灭活原生质体的方法作为检出标记。灭活亲株（单亲株或双亲株）原生质体融合后，融合子可以恢复再生能力。此外，荧光染色也是一种重要的方法。将亲本原生质体分别用不同的荧光素染色，随后融合，能够同时观察到双亲所染的两种荧光色素的个体，即为融合子。

多数真菌可利用硝酸盐作为生长的唯一氮源。菌体在硝酸盐还原酶的催化下，把硝酸盐还原成亚硝酸盐，亚硝酸盐再经亚硝酸盐还原酶还原成铵，铵可转化成菌体内的有机氮。

氯酸根（ClO_3^-）是硝酸根（NO_3^-）的结构类似物，可被硝酸盐还原酶途径还原成对细胞极具毒性的次氯酸根（ClO^-）而杀死细胞。一般来说，对 ClO_3^- 敏感的菌株具有硝酸盐还原酶途径，而抗 ClO_3^- 的菌株则不能利用硝酸盐还原酶途径还原硝酸盐，是硝酸盐利用缺陷型（nitrate non-utilizing mutant），简称 nit 突变体。挑取在含有 1.5% KClO$_3$ 的培养基上旺盛生长的菌落到以硝酸盐为唯一氮源的基本培养基上，不生长的是 nit 突变体。再在基本培养基中添加 NaNO$_2$，能生长的是硝酸盐还原酶缺失突变株，不能生长的是亚硝酸盐还原酶缺失突变株。这两种菌株的融合子可在以硝酸盐为唯一氮源的基本培养基上生长。

本实验选用两种不同基因型的尖孢镰刀菌（硝酸盐还原酶缺失突变株和亚硝酸盐还原酶缺失突变株）为亲本菌株，用蜗牛酶、纤维素酶和溶壁酶共同作用分解菌株细胞壁，以 0.6 mol/L 蔗糖和 0.7 mol/L 氯化钠为高渗稳定剂，PEG6000 为促融剂，进行原生质体融合，并用营养缺陷型互补的方法检出融合子。

三、实验材料

（1）菌种：尖孢镰刀菌硝酸还原酶缺陷型（*Fusarium oxysporum* 27-1）；尖孢镰刀菌亚硝酸还原酶缺陷型（*Fusarium oxysporum* 28-1）。

（2）培养基及试剂。

1）CM 液体培养基：3 g KNO$_3$、1 g KH$_2$PO$_4$、0.5 g MgSO$_4$·7H$_2$O、10 g 蛋白胨、5 g 酵母粉、20 g 葡萄糖，调 pH 至 6.5～6.8，加 H$_2$O 定容至 1 L，115℃，高压蒸汽灭菌 20 min。

2）1/2 CM 液体培养基：同 1），除 H$_2$O 之外，各种成分减半。

3）CM 固体培养基：同 1），另加 1.6%～1.8% 琼脂粉。

4）HCM 固体培养基（高渗 CM 固体培养基）：同 1），另加 0.6 mol/L 蔗糖和 1.6%～1.8% 琼脂粉。

5）HMM 固体培养基（高渗 MM 固体培养基）：3 g KNO$_3$、1 g KH$_2$PO$_4$、0.5 g MgSO$_4$·7H$_2$O、2 mL 微量元素液、20 g 葡萄糖、0.6 mol/L 蔗糖、18 g 琼脂粉，调 pH 至 6.5～6.8，加 H$_2$O 定容至 1 L，115℃，高压蒸汽灭菌 20 min。

6）PBS 高渗缓冲液：0.7 mol/L NaCl 溶解于 0.2 mol/L，pH 6.5 磷酸缓冲液中。

7）预处理液：10 mmol/L Tris、10 mmol/L EDTA-Na$_2$、0.02% 巯基乙醇（使用前加入）。

8）酶液：1% 蜗牛酶、0.5% 纤维素酶、0.5% 溶壁酶，用 PBS 高渗缓冲液配制，过滤除菌。

9）30% PEG6000：用 0.01 mol/L CaCl$_2$ 配制，加 0.05 mol/L 甘氨酸，pH 7.0，121℃高压蒸汽灭菌 20 min。

10）微量元素液：5.0 g 柠檬酸、5.0 g ZnSO$_4$·7H$_2$O、1.0 g Fe(NH$_4$)$_2$(SO$_4$)$_2$·6H$_2$O、0.25 g CuSO$_4$·5H$_2$O、0.05 g MnSO$_4$·H$_2$O、0.05 g NaMoO$_4$·2H$_2$O、0.05 g H$_3$BO$_4$，用蒸馏水定容至 100 mL。

（3）主要器皿及仪器：无菌孢子及菌丝过滤装置、无菌原生质体过滤装置、

50 mL 及 10 mL 无菌离心管、1 mL 及 5 mL 无菌吸管、无菌滴管、无菌培养皿、血球计数板、显微镜、空气浴摇床、恒温培养箱、恒温水浴摇床、离心机。

四、实验步骤

完成本实验需要 1 周左右的时间。

（1）第 1 天 8:30 配制培养基及试剂。10:00 接种：将 27-1、28-1 菌株分别接种于 CM 液体培养基中（注意：每支斜面菌种接 1 瓶 CM 液体培养基，接种时尽量将菌丝体分散），各接 5 瓶，26℃振荡培养 60 h。

（2）第 3 天 20:30 收集孢子：用 150 目网筛过滤除去菌丝，2500 r/min 离心 5 min 浓缩孢子。22:00 取 0.1～0.2 mL 孢子液（10^7～10^8 个/mL），接种于 1/2 CM 液体培养基中，各接 5 瓶。26℃振荡培养 11～12 h。

（3）第 4 天制备原生质体，进行原生质体融合及再生。

1）上午 8:00～9:00，用 250 目网筛过滤培养液（注意：过滤装置用后盖好，放置于超净工作台上，以备后面继续使用），PBS 冲洗菌丝。将全部菌丝转入 50 mL 预处理液中（注意：预处理液应先加入 2 滴巯基乙醇），26℃保温 30 min，再次用 250 目网筛过滤，用 PBS 冲洗菌丝。

2）取 27-1 和 28-1 菌丝各 1 g 左右，分别放在 20 mL 酶液中，30℃水浴摇床轻微振荡 1.5～2.0 h。酶解 45 min 后，即可取样，用血球计数板（注意：血球计数板上不能有水，否则会导致原生质体破裂）。在显微镜下检查原生质体游离情况（注意：原生质体为球形，边缘光滑，在显微镜下呈暗绿色）。

3）先用少量 PBS 溶液将过滤装置中的擦镜纸浸湿，再将酶解液经过滤装置过滤，以除去残余菌丝。

4）将原生质体滤液置 10 mL 小离心管中，2000 r/min 离心 3～5 min，弃上清液，轻轻摇散原生质体，加入 5 mL PBS 溶液，离心洗涤 2 次，用 PBS 溶液将两种原生质体调成等浓度（目测即可），再将等浓度的原生质体等体积混合。

5）等体积混合的原生质体在显微镜下计数。

6）取 0.5 mL 原生质体混合液，用 PBS 溶液稀释成 10^{-6}～10^{-1}，取 10^{-6}～10^{-4} 稀释度各 0.1 mL，涂布于 HCM 平板上（注意：涂布的动作要轻柔，以免破碎原生质体），每个稀释度 3 个重复，26℃培养 3～4 d，计算菌落数。

7）取 0.5 mL 原生质体混合液，用无菌水稀释成 10^{-4}～10^{-1}，剧烈振荡（注意：振荡一定要剧烈，以破碎全部原生质体），取 10^{-4}～10^{-2} 稀释度各 0.1 mL，涂布于 CM 平板上，每个稀释度 3 个重复，26℃培养 3～4 d，计算菌落数。

8）将剩余原生质体混合液于 2000 r/min 离心 3～5 min，沉淀原生质体，弃上清液后，轻轻摇散原生质体，加 0.5 mL 30% PEG6000 促融剂，30℃保温 5 min，加入 PBS 溶液至原体积（即离心沉淀前剩余原生质体混合液体积），用 PBS 稀释成 10^{-3}～

10^{-1}，各取 0.1 mL 分别涂布于 HMM 平板（注意：涂布的动作要轻柔，以免破碎原生质体），每个稀释度设 3 个重复，26℃培养 5～7 d，计算菌落数（注意：菌落厚密且菌丝扭结的是融合子所形成的菌落，只计数这种菌落）。

五、实验结果

对真菌来说，以平板上长出 20～60 个菌落的稀释度为合适的稀释度。分别观察 CM、HCM 和 HMM 平板，找出合适的稀释度，并记录合适稀释度的 3 块平板上的菌落数，求出平均数，并填写表 21-1。

表 21-1　CM、HCM、HMM 培养基平板上的菌落数

结果 ＼ 培养基	CM	HCM	HMM
合适的稀释度			
菌落数 1			
菌落数 2			
菌落数 3			
菌落平均数			
每毫升原生质体混合液的菌落平均数	A	B	C

按下列公式计算再生率和融合率。

$$再生率 = \frac{B - A}{每毫升原生质体混合液的原生质体数} \times 100\%$$

$$融合率 = \frac{C}{B - A} \times 100\%$$

六、思考题

1. 对于不产生孢子的丝状真菌，应该采取哪些措施来提高其原生质体的产量？
2. 在制备原生质体的过程中，酶解时间是否越长越好？请说明原因。
3. 请结合实验结果分析如何才能做好本实验？

七、参考文献

范秀荣. 沈萍. 1980. 微生物学实验. 北京: 高等教育出版社.

沈萍，陈向东. 2006. 微生物学. 2 版. 北京: 高等教育出版社.

Ferenczy L, Kevei F, Zsolt J, et al. 1974. Fusion of fungal protoplast. Nature, 248: 793～794.

实验二十二 细菌细胞内金属离子动态平衡的检测

一、实验目的

1. 学习采用抑菌圈法比较细菌对金属离子的敏感性。
2. 学习采用最低抑菌浓度法比较细菌对金属离子的敏感性。

二、实验原理

金属离子在生命活动中起着重要作用。金属离子的缺乏或过剩都会影响生物体的正常功能。为了生存，细菌进化出了维持不同金属离子在细胞内的合适的浓度，即维持金属离子动态平衡（metal ion homestasis）的功能。通过对能感知细胞内金属离子浓度及存在状态的金属调控蛋白在转录水平的调控，细菌对外界环境中金属离子的缺乏、充足和过剩做出反应。金属离子缺乏时，表达金属离子吸收系统来吸收更多金属离子，释放储藏在细胞内的金属离子，激活节约反应来降低细胞对金属离子的需求。金属离子过量时，引发金属的隔离系统和流出系统的表达，减少金属离子吸收系统的表达，以降低细胞内金属离子的浓度。为研究上述金属调控蛋白及其调控系统在维持金属离子动态平衡中所起的作用，常常采用反向遗传学的方法，构建这些基因的缺失突变株。与维持金属离子平衡相关基因的缺失，通常会改变菌体对相应金属离子的敏感性，通过比较缺失突变株与野生型对金属离子敏感性的不同，来推测其所起到的作用。抑菌圈法和最低抑菌浓度法是检测抗菌性物质（如抗生素）或杀菌剂的抑菌效果的常用方法。高浓度的金属离子，特别是重金属离子，打破了细菌对金属离子动态平衡的调控能力，对细菌产生毒害作用，属杀菌剂的范畴。

（一）抑菌圈法

抑菌圈法又称为水平扩散法。在已用混菌法接种了供试细菌的琼脂培养基上，加上少量杀菌剂溶液，经保温培养一定时间后，杀菌剂随溶剂向培养基内扩散，同时琼脂培养基上的供试菌开始生长。杀菌剂在琼脂培养基中的浓度随离开加样位置的距离的增大而降低，离加样位置越远，琼脂培养基中的杀菌剂的浓度越低；杀菌剂分子经过一段时间的扩散，加样处附近培养基中杀菌剂的浓度就会形成一个从加样点向周边扩散的由高到低的浓度梯度。高于该杀菌剂对供试菌的最低抑菌浓度，供试菌的生长被抑制，就形成透明的抑菌圈。在抑菌圈的边缘处，琼脂培养基中所含杀菌剂的浓度应为杀菌剂对供试菌的最低抑菌浓度。抑菌圈的半径与上样量、试剂的扩散系数、扩散时间、培养基的厚度及最低抑菌浓度有关。在测试条件相同的情况下，抑菌圈越大，说明供试菌对该试剂的敏感性越大。

抑菌圈法的优点是操作简单。但测定结果受试剂溶解性和扩散能力的影响很大，具一定局限性。根据试剂施加在琼脂培养基表面方法的不同，又分为管碟法（牛津杯法）、滤纸片法等，本实验采用滤纸片法。

（二）最低抑菌浓度法

最低抑菌浓度（minimum inhibitory concentration，或 minimal inhibition concentration，MIC），是指在一定条件下，某化学试剂抑制特定微生物生长的最低浓度。常采用二倍稀释法（图 22-1），对抑菌剂进行一系列稀释，使抑菌剂浓度依次减半。把稀释的抑菌剂依次加到蜂巢多孔板（honeycomb multiwall plate）的孔中（图 22-2），并在每个孔中加入相同量的一定浓度的供试菌的菌悬液，再把加好样的蜂巢多孔板放入仪器 Bioscreen C 中（图 22-3），设定培养温度及多孔板的振动速度，启动程序，Bioscreen C 便记录下每隔 15 min 每个孔的 OD_{600} 值，从而可以绘制出每个孔中细菌的生长曲线。供试菌不生长的最低抑菌剂的浓度，即为抑菌剂对该供试菌的最低抑菌浓度。最低抑菌浓度越低，表明供试菌越敏感。

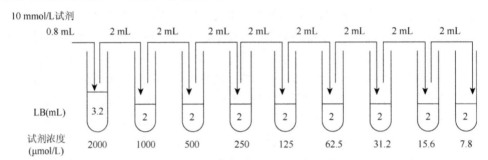

图 22-1　二倍稀释法示意图

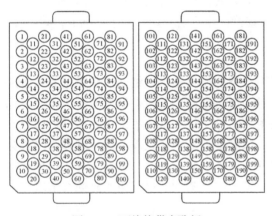

图 22-2　两块蜂巢多孔板

图 22-3　Bioscreen C

由于 Bioscreen C 一次可以放两块蜂巢多孔板，即一次可以同时测定 200 条生长曲线，因此该方法具有高效性和准确性的特点。

本实验以大肠杆菌 *mntH* 缺失突变株为供试菌株，大肠杆菌野生型 MG1655 为对照菌株，通过抑菌圈法和最低抑菌浓度法比较这两株对 Mn^{2+} 的敏感性。*mntH* 编码一个质子依赖的 Mn^{2+} 运输蛋白。*mntH* 的缺失会导致菌体对 Mn^{2+} 敏感性的改变。

三、实验材料

（1）菌种：大肠杆菌 MG1655（*E. coli* MG1655）；大肠杆菌 *mntH* 缺失突变株（*E. coli* MG1655 *mntH*:: *kan*）。

（2）培养基（注意：为能够产生清晰的抑菌圈，用在抑菌圈实验中的 LB 固体培养基及 LB 半固体培养基中的琼脂需要用优质琼脂）。

1）LB 培养基（1 L）：10 g 胰蛋白胨、5 g 酵母粉、10 g NaCl，调 pH 至 $6.8 \sim 7.0$，定容至 1 L，121℃高压蒸汽灭菌 20 min。

2）LB 固体培养基（1 L）：每升 LB 培养基中加 15 g 琼脂，121℃高压蒸汽灭菌 20 min。

3）LB 半固体培养基（1 L）：每升 LB 培养基中加 7.5 g 琼脂，121℃高压蒸汽灭菌 20 min。

（3）试剂：100 mmol/L $MnCl_2$ 储存液、10 mmol/L $MnCl_2$ 储存液，卡那霉素（kanamycin），储存液浓度为 15 mg/mL（溶于水），工作液浓度为 15 μg/mL。

（4）仪器及其他：摇床、培养箱、分光光度计、Bioscreen C、滤纸片、培养皿、试管、移液器等。

四、实验步骤

（一）抑菌圈法比较 *mntH* 缺失突变株及野生型对 Mn^{2+} 的敏感性

1. 菌悬液的制备

（1）接种 *mntH* 缺失突变株的单菌落到 2 mL 含有卡那霉素抗性的 LB 培养基中；接种野生型的单菌落到 2 mL LB 培养基中。37℃，225 r/min，摇床培养过夜。

（2）各取 50 μL 菌液，分别接种到装有 5 mL LB 培养基的玻璃试管中，37℃，225 r/min，摇床培养至 $OD_{600}=0.4$。

2. 倒底层平板

准确吸取 15 mL 已融化的 LB 固体培养基到无菌培养皿中，盖好皿盖，等其自然凝固。共制作 6 块这样的底层平板。

3. 制备混菌上层平板

将装有 4 mL 已融化好的 LB 半固体培养基的试管放在 50℃的水浴中保温。取 50 μL 培养到 $OD_{600}=0.4$ 的菌液（3 块平板加野生型菌液，3 块平板加缺失突变株的菌液。菌液的 OD_{600} 值要控制在 0.4），加到上述试管中，混匀后，全部倒入已制备好的底层平板上，盖上培养皿盖。待凝固后，放到超净工作台中，打开培养皿盖，风干 20 min。（注意：用来制备上层平板和下层平板的培养基的体积需要定量）。

4. 加滤纸片

（1）用打孔器把滤纸打成直径 6.5 mm 的圆形滤纸片（由于滤纸片上要加高浓度的抑菌剂，因此滤纸片无须灭菌）。

（2）在每个已制备好的双层平板的中央放一个滤纸片。

5. 加试剂

在滤纸片的中央加 10 μL 100 mmol/L $MnCl_2$。放置 10～20 min。

6. 培养

把培养皿倒置放在 37℃ 培养箱中，培养过夜。

7. 测量抑菌圈的直径

倒置培养皿，用游标卡尺测量抑菌圈的直径（注意：每个抑菌圈至少要测 2 个相互垂直的直径，取平均值）。

（二）最低抑菌浓度法比较 *mntH* 缺失突变株及野生型对 Mn^{2+}的敏感性

1. 菌悬液的制备

（1）接种 *mntH* 缺失突变株的单菌落到 2 mL 含有卡那霉素抗性的 LB 液体培养基中；接种野生型的单菌落到 2 mL LB 培养基中。37℃，225 r/min，摇床培养过夜。

（2）各取 50 μL 菌液，分别接种到装有 5 mL LB 液体培养基的玻璃试管中，37℃，225 r/min，摇床培养至 $OD_{600}=0.4$。

2. 二倍稀释法稀释 $MnCl_2$溶液

（1）取 9 个已灭菌的试管。第 1 个试管加入 3.2 mL LB 培养基，其余 8 个试管各加入 2.0 mL LB 培养基（图 22-1）。

（2）向第 1 个试管中加入 0.8 mL 10 mmol/L $MnCl_2$，混匀，配制成 4 mL 2000 μmol/L $MnCl_2$。

（3）从第 1 个试管中取出 2 mL 稀释液，加到第 2 个试管中，混匀，配制成 4 mL 1000 μmol/L $MnCl_2$。

（4）从第 2 个试管中取出 2 mL 稀释液，加到第 3 个试管中，混匀，配制成 4 mL 500 μmol/L $MnCl_2$。

（5）从第 3 个试管中取出 2 mL 稀释液，加到第 4 个试管中，混匀，配制成 4 mL 250 μmol/L $MnCl_2$。

……

（6）从第 8 个试管中取出 2 mL 稀释液，加到第 9 个试管中，混匀，配制成 4 mL 7.8 μmol/L $MnCl_2$。

3. $MnCl_2$稀释液加到蜂巢多孔板中

（1）分别向蜂巢多孔板的 1、11、21、31、41、51 号孔中加入第 1 个试管中的 $MnCl_2$

稀释液 200 μL。

（2）分别加入蜂巢多孔板的 2、12、22、32、42、52 号孔中加入第 2 个试管中的 $MnCl_2$ 稀释液 200 μL。

······

（3）分别向蜂巢多孔板的 9、19、29、39、49、59 号孔中加入第 9 个试管中的 $MnCl_2$ 稀释液 200 μL。

（4）分别向蜂巢多孔板的 10、20、30、40、50、60 号孔中加入 200 μL LB 液体培养液。

4. 接种

（1）分别向 1～30 号孔接入 2 μL OD_{600}=0.4 的野生型菌悬液。

（2）分别向 31～60 号孔接入 2 μL OD_{600}=0.4 的 *mntH* 缺失突变株菌菌悬液。

注意：上述步骤均为无菌操作，每次接种，菌液都应混匀，并从试管的中部取菌。

5. 培养及测定生长曲线

把蜂巢多孔板放入 Bioscreen C 中，设定培养时间为 24 h，温度为 37℃，多孔板振动，每隔 15 min 测定一次 OD_{600} 值。启动程序，开始培养和测定生长曲线。

6. 分析数据，并确定最小抑菌浓度

测定结束后，从计算机中拷出本次实验的数据。根据 OD_{600} 值，制作每种菌在每个稀释度的生长曲线（图 22-4）。找到菌体不生长的最低 $MnCl_2$ 的浓度，即为最低抑菌浓度。由于本次实验，每种菌、每个稀释度都做了 2 个重复，因此，通过本次实验，每种菌都可以得到 3 个最低抑菌浓度。取平均值，即为每种菌的最低抑菌浓度。

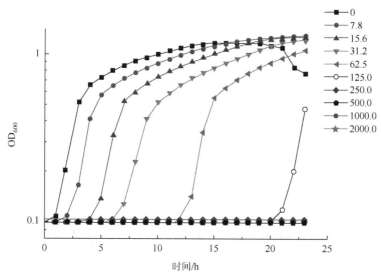

图 22-4　缺失突变株 *mntH* 在不同 $MnCl_2$ 浓度（μmol/L）下的生长曲线（见图版）

125 μmol/L 是 $MnCl_2$ 对 *mntH* 的最低抑菌浓度

五、实验结果

（1）填表 22-1，并说明哪个菌对 MnCl$_2$ 更敏感。

表 22-1　抑菌圈法比较 *mntH* 缺失突变株及野生型对 Mn^{2+}的敏感性

	野生型			*mntH* 缺失突变株		
	直径 1/mm	直径 2/mm	平均直径/mm	直径 1/mm	直径 2/mm	平均直径/mm
抑菌圈 1						
抑菌圈 2						
抑菌圈 3						
平均直径/mm						

（2）分别绘制 *mntH* 缺失突变株及野生型在不同 MnCl$_2$ 浓度下的生长曲线，找出 MnCl$_2$ 对 *mntH* 缺失突变株及野生型的最低抑菌浓度，并说明哪个菌对 MnCl$_2$ 更敏感。

六、思考题

1. 从实验原理、实验方法等方面比较抑菌圈法和最低抑菌浓度法在检测细菌对金属离子敏感性上的异同。
2. 简述在实验操作上应注意哪些细节才能减小抑菌圈法和最低抑菌浓度法的误差。

七、参考文献

周崇松，兰昌云，范必威，等. 2005. 金属离子在生命过程中的作用机制. 广州化学, 30(1): 58~64.

Melinda J F, John D H. 2011. Peroxide stress elicits adaptive changes in bacterial metal ion homeostasis. Antioxidants & redox signaling, 15(1): 175~189.

实验二十三　葡萄糖苷酶 BglB 在大肠杆菌中的异源表达、纯化

一、实验目的

1. 学习带 His 标签的蛋白质表达载体的构建。

2. 学习用大肠杆菌表达外源蛋白质的方法。

3. 学习带 His 标签蛋白质的纯化方法。

二、实验原理

（一）含 T7 启动子的表达载体的构建

大肠杆菌在遗传学、生物化学和分子生物学领域已经被人们深入了解而成为表达异源蛋白质的首先表达系统。大肠杆菌遗传图谱明确，容易培养且费用低，对许多蛋白质有很强的耐受能力，且表达水平较高。

在 pET 系列载体中，外源基因的表达是受 T7 RNA 聚合酶调控（图 23-1），这类载体是 Studier 等于 1990 年首次构建。它们的典型特点是带有 pBR322 的大肠杆菌素 E1（colE1）复制区，从而赋予宿主菌氨苄或卡那霉素抗性（图 23-2）。在这些载体中，编码序列在多克隆位点插入，置于天然 T7 RNA 聚合酶启动子或所谓的 T7 lac 启动子的控制之下，后者是带有操纵子（lacO）序列的天然 T7 RNA 聚合酶启动子的衍生体，lac 阻遏蛋白的结合能阻断转录起始。

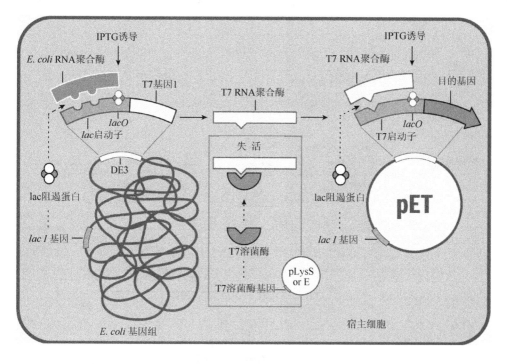

图 23-1　pET 载体系统的控制元素（Robert Mierendorf，1994）

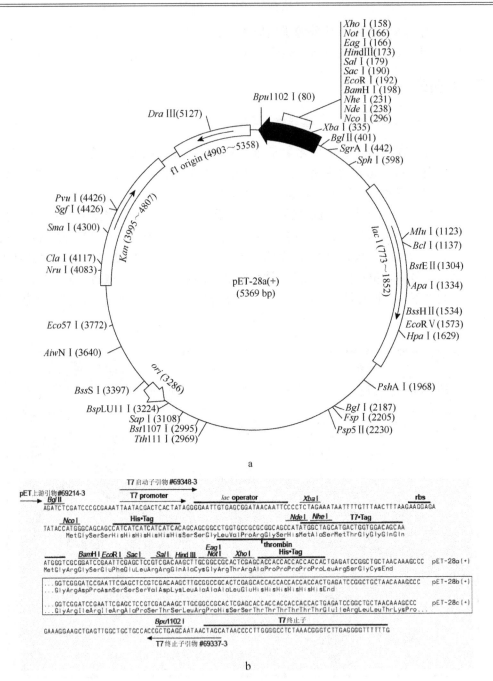

图 23-2　pET-28a（+）质粒图谱（a）及克隆、表达区（b）

不同于大肠杆菌 RNA 聚合酶，T7 RNA 聚合酶不受利福平抑制，可用该抗生素抑制宿主的基因转录；T7 RNA 聚合酶只识别不存在于大肠杆菌染色体 DNA 中的 T7 启动子；T7 RNA 聚合酶是持续合成酶，可沿环状质粒连续转录数次，因此能转录大肠杆菌 RNA 聚合酶不能有效转录的基因（图 23-1）。

对于该表达系统来说，T7 基因 1 的产物——T7 RNA 聚合酶是必需组分。在 λDE3 溶原菌中，T7 RNA 聚合酶基因是受 *lacUV5* 启动子控制的。而该启动子在未受诱导时，也能进行一定程度的转录（图 23-1）。因此，用于表达对宿主生长无毒的基因是合适的。但如果克隆基因的表达产物有毒性，则要采用更严谨的控制系统，即采用携带 pLysS 或 pLysE 的宿主。pLys 质粒编码 T7 溶菌酶，它是 T7 RNA 聚合酶的天然抑制剂，因此能减少在未诱导的细胞中转录目的基因的能力。pLysS 宿主产生少量的 T7 溶菌酶，而 pLysE 产生较多的溶菌酶。因此后者是更严谨的控制方式（图 23-1）。

（二）Ni^{2+}柱纯化 His 标签蛋白

多聚组氨酸能与多种过渡金属或过渡金属螯合物结合，因此带有暴露的 6 个连续的组氨酸残基标签（6×His tag）的蛋白质能结合到 Ni^{2+}固定化树脂上，用适当缓冲液冲洗去除其他蛋白质后，再用竞争型螯合剂洗脱可以回收目的蛋白。因此通过基因重组技术产生的 6×His 标签的蛋白质就可以用金属螯合亲和层析一步纯化。金属螯合层析不仅非常有效，而且对离子强度、去污剂相对不敏感，适合蛋白质的折叠，因此得到普遍应用。利用 Ni^{2+}柱进行亲和层析纯化，首先必须在目的蛋白暴露的相对柔性的位点引入 6×His 序列，一般是在氨基端或羧基端，可以在 6×His 序列与靶序列间插入 1 或 2 个甘氨酸增加柔性，也可以在此引入蛋白酶切割位点，以便纯化后去除 6×His。

本实验采用镍-次氮基三乙酸（nickel-nitrilotriacetic acid，Ni-NTA）琼脂糖（agarose）亲和层析介质。NTA（次氮基三乙酸）是金属离子的螯合剂，能占据镍离子的 6 个配体结合位点中的 4 个（图 23-3），从而牢固固定镍离子。镍离子剩下的 2 个配体结合位点可结合 6×His 标签（图 23-4）。

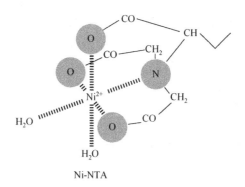

图 23-3　镍离子（Ni^{2+}）与螯合剂次氮基三乙酸（NTA）的相互作用

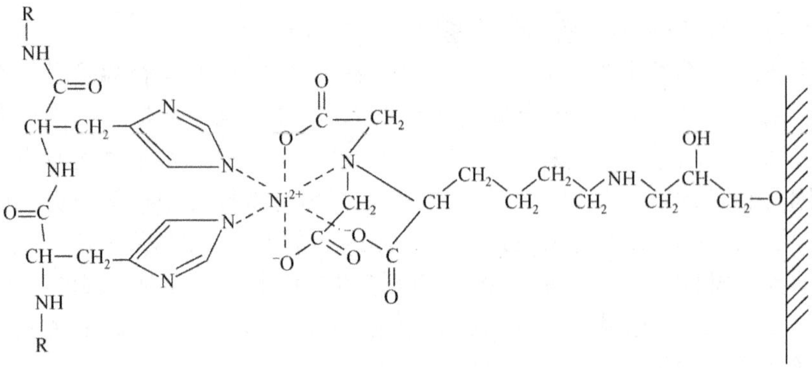

图 23-4　6×His 标签中的相邻 His 残基和 Ni-NTA 介质的相互作用

本实验所用的洗脱剂是高浓度的咪唑溶液。咪唑环是组氨酸结构的一部分（图 23-5），6×His 标签中的组氨酸与 Ni-NAT 介质的结合就是通过咪唑环进行的（图 23-4），因此，高浓度的咪唑本身可以竞争性地取代结合上去的 6×His 标签蛋白。

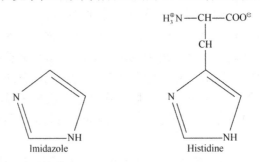

图 23-5　咪唑（imidazole）和组氨酸（histidine）的结构

（三）β-葡萄糖苷酶

β-葡萄糖苷酶（β-glucosidase，EC 3.2.1.21），又称 β-D-葡萄糖苷：葡萄糖水解酶，属于纤维素酶类，是纤维素分解酶系中的重要组成部分。该酶能够水解纤维寡糖或葡萄糖与纤维寡糖的对硝基苯复合物中结合于末端非还原性的 β-D-葡萄糖键，同时释放出 β-D-葡萄糖和相应配基。根据氨基酸序列分类，可将 β-葡萄糖苷酶划分在糖苷水解酶酶家族 GH1 和 GH3 中。家族 GH1 中的 β-葡萄糖苷酶主要来源于细菌和植物；家族 GH3 中的酶主要来自真菌、细菌和植物。家族 GH1 中的酶除有葡萄糖苷酶的活性外，往往还有很强的半乳糖苷酶活性。

本实验采用的 β-葡萄糖苷酶 BglB（PBD 号：2Z1S）来源于家族 GH1。

三、实验材料

（1）菌种：大肠杆菌感受态细胞 DH5α（*E. coli* DH5α），大肠杆菌感受态细胞 BL21（DE3）[*E. coli* BL21（DE3）]。

（2）*BglB* 基因与载体：*Paenibacillus polymyxa*（多粘类芽孢杆菌）的 *BglB* 基因由中科院微生物所进行大肠杆菌密码子的优化，经过从头合成，克隆在载体 pUC57 上，命名为 pUC57-*BglB*；表达载体为 pET28a（+）。

（3）培养基 [LB 培养基（1 L）]：10 g 胰蛋白胨、5 g 酵母粉、10 g NaCl，调 pH 至 6.8～7.0，若为 LB 固体培养基，则需加入琼脂 20 g，加水定容至 1 L，121℃高压蒸汽灭菌 20 min。

（4）试剂。

1）50 mg/mL 卡那霉素储存液，过滤除菌，工作浓度为 50 μg/mL。

2）1 mol/L IPTG 储存液，过滤除菌。

3）SDS-PAGE 由 2 部分组成，上层为浓缩胶，下层为分离胶，配方如下。

分离胶（12%）：ddH$_2$O 2.31 mL、30%丙烯酰胺 2.8 mL；1.5 mol/L Tris-HCl（pH 8.8）1.75 mL、10% SDS 70 μL、10% APS（过硫酸铵）70 μL、TEMED（四甲基乙二胺）3～5 μL。

浓缩胶（5%）：ddH$_2$O 2.1 mL、30%丙烯酰胺 0.5 mL、1.0 mol/L Tris-HCl（pH 6.8）0.38 mL、10% SDS 30 μL、10%APS 30 μL、TEMED 3 μL。

脱色液配方：730 mL ddH$_2$O、200 mL 无水乙醇、70 mL 冰醋酸。

4）蛋白质纯化所用缓冲液配方如下。

结合缓冲液（pH 7.8）：20 mmol/L 磷酸钠、500 mmol/L NaCl。

咪唑洗脱缓冲液（pH 6.0）：20 mmol/L 磷酸钠、500 mmol/L NaCl，在洗脱缓冲液中加入适当的 3 mol/L 咪唑配成的 10 mmol/L、50 mmol/L、100 mmol/L 和 150 mmol/L 的咪唑洗脱缓冲液。

洗脱缓冲液（pH 6.0）：20 mmol/L 磷酸钠、500 mmol/L NaCl。

5）Ni-NTA Agarose 预装柱（Qiagen）。

6）实验仪器：分光光度计、恒温水浴锅、台式离心机、层析柱、NanoDrop 2000。

四、实验步骤

（一）构建 pET28a（+）表达载体

1. 分析序列，设计引物

（1）将 *BglB* 的序列连接到表达载体 pET28a（+）上，将 His 标签加到蛋白质的 N 端。

（2）根据 pUC57-*BglB* 中 *BglB* 的核酸序列，用 Primerpremier 或 DNAman 等软件进行序列中限制性酶切位点分析，序列中没有 *BamH* I 和 *Hind* III 的酶切位点，可以利用这两个酶切位点设计引物，*BglB*Fr: *cgc*GGATCCATGAGCGAAAATACCT。*BglB*Rr: *ccc*AAGCTTTTAAAAAGGCAAAAGC（小写斜体为保护碱基，大写斜体为酶切位点）。

2. PCR 扩增 *BglB* 基因

（1）PCR 反应体系（100 μL）如下。

EasyPfu	0.8 μL
10×pfu buffer	10.0 μL
10 mmol/L dNTP	2.0 μL
*BglB*Fr	2.0 μL
*BglB*Rr	2.0 μL
pUC57-*BglB*	1.0 μL
ddH₂O	81.2 μL

混匀后，分装成 25 μL/管，进行 PCR 扩增。

（2）PCR 扩增程序：95℃ 5 min（1 个循环）；94℃ 1 min，55℃ 1 min，72℃ 20 s（30 个循环）；72℃ 10 min（1 个循环）；4℃保持。

3. PCR 产物纯化

凝胶回收试剂盒纯化并洗脱 PCR 产物。

4. 双酶切

（1）将 pET28a（+）、*BglB* 序列进行双酶切（*Bam*H I 和 *Hind* III），各 100 μL 体系：质粒 10 μL，*Bam*H I 2 μL，*Hind* III 2 μL，10× H buffer 10 μL，无菌水 76 μL。

（2）37℃酶切 3 h。

（3）酶切产物用凝胶回收试剂盒进行切胶回收。

（4）NanoDrop 2000 确定质粒和目的片段的浓度。

5. 连接

（1）酶切后的目的片段及酶切后的 pET28a（+）按照 4∶1 的浓度连接：10×T4 DNA Ligase buffer 1 μL，T4 DNA Ligase 1 μL，无菌水补齐至 10 μL。

（2）混匀后 16℃连接过夜。

6. 连接产物转化感受态细胞

将 5 μL 连接产物加入 50 μL 大肠杆菌感受态细胞 DH5α 中，冰浴 30 min；42℃热击 90 s；冰浴 2 min；加入 450 μL LB，37℃，150 r/min 孵育 0.5~1 h，取 200 μL 涂于含有 50 μg/mL 卡那霉素的 LB 平板，37℃倒置培养过夜。

7. 含目的基因阳性克隆子的检验

（1）菌落长出后，挑至含有 50 μL 含 50 μg/mL 卡那霉素 LB 小管，37℃，150 r/min，培养 0.5~1 h，菌落 PCR 验证有插入片段后，送测序公司测序。

（2）菌落 PCR 扩增 *BglB* 基因的 PCR 反应体系（100 μL）如下。

Taq 酶	2 μL
10×buffer	10 μL
10 mmol/L dNTP	2 μL
*BglB*Fr	2 μL

| *BglB*Rr | 2 μL |
| ddH$_2$O | 80 μL |

（3）混匀后，分装成 24 μL/管，加入上述液体培养物 1 μL 作为模板，进行 PCR 扩增。

（4）PCR 扩增程序：95℃ 5 min（1 个循环）；94℃ 1 min，55℃ 1 min，72℃ 20 s（30 个循环）；72℃ 10 min（1 个循环）；4℃ 保持。

（5）测序结果进行 Blast，将与目的片段完全一致的质粒保存并标记为 pET28a（+）-*BglB*。

（二）BglB 蛋白的异源表达

（1）对菌落 PCR 阳性菌落扩大培养（用 2～5 mL LB 液体培养基），并用质粒小提试剂盒提取质粒。质粒 pET28a（+）-*BglB* 转化大肠杆菌感受态细胞 BL21（DE3）。转化方法同上。

（2）表达条件的探索。

1）挑卡那霉素平板上的 BL21（DE3）/pET28a（+）-*BglB* 单菌落至 3 mL 含卡那霉素 50 μg/mL 的 LB 液体试管中，37℃ 培养至 OD$_{600}$ 值为 0.6～0.8，加入 3 μL 1 mol/L IPTG，16℃ 诱导表达 5 h。BL21（DE3）/pET28a（+）单菌落用同样的方法操作，作为对照 CK。

2）取 500 μL 菌液至 1.5 mL Eppendorf 管中，10 000 r/min 离心 1 min，弃上清。

3）加入 40 μL 50 mmol/L pH 7.5 Tris-HCl 缓冲液悬浮菌体，并加入 10 μL 5× loading buffer，100℃ 煮沸 5 min。

4）12 000 r/min 离心 5 min。

5）取上清 10 μL 上样，进行 SDS-PAGE，80 V 电压下电泳约 130 min，至溴酚蓝迁移至凝胶底部。

6）考马斯亮蓝 R-250 染液染色约 1 h。

7）脱色液脱色至背景无色。

8）检查分析电泳条带。如若在预测的位置附近出现了异源蛋白的过量表达，说明质粒构建成功，目的蛋白可以得到表达。

9）重新挑取 BL21(DE3)/pET28a（+）-*BglB* 单菌落至 3 mL 含 50 μg/mL 卡那霉素 LB 液体培养基小管中，37℃ 培养过夜。转接至 100 mL LB 液体培养基中，37℃ 培养至 OD$_{600}$ 值为 0.6～0.8，16℃ 诱导表达。设置浓度梯度：IPTG 终浓度分别为 0.2 mmol/L、0.4 mmol/L、0.6 mmol/L 和 0.8 mmol/L；诱导时间为分别 3 h 和 5 h。对照与上述一致。

10）诱导结束后，收集菌体，使用 JY92-Ⅱ超声波细胞粉碎机破碎细胞。探头 Φ3，工作 3 s，停 5 s，超声 50 次，功率＜200 W。13 000 r/min 离心 10 min，取上清，进行 SDS-PAGE。

11）染色脱色后，对比目的蛋白条带的表达量，确定表达目的蛋白量最优的 IPTG 浓度，和诱导时间。

（3）BglB 的大量异源表达：用 1L 含 50 μg/mL 卡那霉素的 LB 液体培养基按上述诱导最优条件诱导表达蛋白。培养结束后，5000 r/min，30 min 离心收集菌体。

（三）BglB 的纯化

用结合缓冲液 pH 7.8 悬浮菌体，并使用 JY92-Ⅱ 超声波细胞粉碎机破碎细胞。探头 Φ6，工作 3 s，停 5 s，超声 50 次，功率＜400 W。13 000 r/min 离心 10 min，取上清转移至另一干净离心管。用直径 0.20 μm 的滤膜过滤后，经 His-Bind protein purification kit 纯化目的蛋白。

Ni-NTA Agarose 制备过程如下。

（1）轻轻颠倒混匀固化 Ni^{2+} 树脂，取 2 mL 装柱，并自然沉降。

（2）3 倍柱体积的结合无菌水冲洗树脂。

（3）3 倍柱体积的结合缓冲液平衡树脂，静置。

（4）将上述制备好的细胞裂解上清液上柱，流速调整为每小时 10 个柱体积。可循环上柱 3 次增加目的蛋白和与 Ni^{2+} 树脂的结合。

（5）6 个柱体积的结合缓冲液洗柱。

（6）4 个柱体积的洗涤缓冲液洗柱至 A_{280}＜0.01。

（7）6 个柱体积的 10 mmol/L 咪唑洗脱缓冲液洗脱结合蛋白，每 1 mL 分步收集，检测 A_{280}。

（8）依次用高浓度咪唑（50 mmol/L、100 mmol/L 和 150 mmol/L）的洗脱缓冲液重复步骤（7）。

（9）SDS 聚丙烯酰胺凝胶电泳，分析目的蛋白 BglB 的含量分布。

将分离纯化的目的蛋白，用超滤离心管（millipore）进行超滤浓缩，转速约 $3000 \times g$。浓缩至 $200 \sim 500$ μL 时，更换成目的蛋白的保存缓冲液。超滤至所需体积，将管内液体转移至 1.5 mL Eppendorf 管，-20℃或-70℃保存。

五、实验结果及讨论

（1）在"表达条件的探索"步骤中，通过 SDS 聚丙烯酰胺凝胶电泳图谱，分析诱导表达 BglB 的最适 IPTG 浓度和诱导时间。

（2）如何证明 BglB 表达成功？

六、思考题

1. 简述如何把要表达的基因构建到 pET28a（＋）载体上。

2. 简述 Ni-NTA Agarose 亲和层析纯化 6×His 标签蛋白的原理。

七、参考文献

Pablo I, Julio P, Lorena L G, et al. 2007. Crystal structures of *Paenibacillus polymyxa* β-glucosidase B complexes reveal the molecular basis of substrate specificity and give new insights into the catalytic machinery of family 1 glycosidases. J Mol Biol, 371: 1204~1218.

Robert M, Keith Y, Robert N. 1994. The pET system：your choice for expression. Innovations, 1(1)：1~3.

实验二十四　长侧翼同源区–PCR 法敲除枯草芽孢杆菌的目的基因

一、实验目的

1. 学习长侧翼同源区-PCR（LFH-PCR）法敲除目的基因的原理。
2. 学习长侧翼同源区-PCR 敲除目的基因的方法。

二、实验原理

采用基因敲除的方法构建某个基因缺失的突变体，检测其表型的变化及生理、生化反应，以推测该基因在生长过程中所起到的作用，是研究基因生理功能的重要方法之一。

1995 年，Wach 采用长侧翼同源区-PCR（long flanking homology region-PCR，LFH-PCR）法，把两个几百 bp 的长侧翼同源区分别加到了作为筛选标记的基因片段的两侧，构成破坏盒（disruption cassettes），转化到酿酒酵母菌（*Saccharomyces cerevisiae*）细胞内，成功敲除了酿酒酵母菌的目的基因，并使转化效率比短侧翼同源区-PCR 法至少提高了 30 倍，还降低了 PCR 介导对于菌株基因操作的可变换性和不可预测的序列偏差。长侧翼同源区-PCR 法不仅被应用到其他酵母菌中，还被应用到枯草芽孢杆菌等细菌的基因敲除中。以下以长侧翼同源区-PCR 法介导的枯草芽孢杆菌的基因敲除为例，详述该方法的具体步骤。

长侧翼同源区-PCR 通过两轮 PCR 构建出破坏盒（图 24-1）。第 1 轮 PCR，分别扩增出 3 条 DNA 片段，包括来自拟敲除的目的基因的上下游 700 bp 左右的 2 条 DNA 片段和 1 条筛选标记基因。以基因组 DNA 为模板，设计引物，分别扩增出拟敲除的目的基因的上下游 700 bp 左右的 2 条 DNA 片段，这 2 条 DNA 片段的一端要各有 26 bp 左右的延伸区，延伸区分别同筛选标记基因的一端同源。在枯草芽孢杆菌中，筛选标记基因常用抗生素的抗性基因。这些抗性基因已被克隆到质粒上，因此以质粒为模板，可以扩增出抗性基因。对于枯草芽孢杆菌常用的抗性质粒，用来扩增抗性基因的正向引物、反向引物（即引物 5、引物 6），分别加在引物 2 和引物 3 的 5′端的抗性基因两端的 26 bp 左右的 DNA 序列，检测缺失突变体的反向引物 7（即抗性基因检测的反向引物 7）（图 24-2），可以通过文献查到。第 2 轮 PCR，是连接 PCR（joining PCR），把上述 3 条 DNA 片段连接起来。以引物 1 为正向引物，引物 4 为反向引物，以第 1 轮扩增出的 3 条片段为模板，由于上下游 700 bp 左右的 2 条 DNA 片段各带有与抗性基因的一端同源的 26 bp 左右的延伸区，因此，通过 PCR，可把上下游 700 bp 的长侧翼同源区分别加到了抗性基因的两侧，构建出破坏盒。

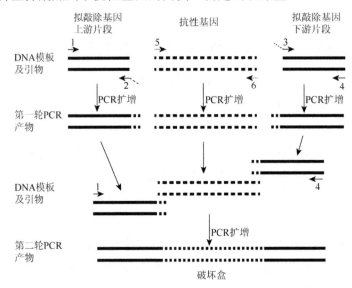

图 24-1　长侧翼同源区-PCR 法合成破坏盒示意图

实线表示拟敲除目的基因的上下游序列；虚线表示抗性基因

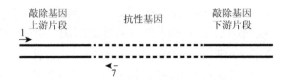

图 24-2　缺失突变株 PCR 鉴定示意图

实线表示被敲除的目的基因的下、下游序列；虚线表示抗性基因

　　长侧翼同源区-PCR 法引物的设计是关键步骤。下面详细说明各条引物的设计（图 24-1）。

　　引物 1：上游正向引物，根据拟敲除的目的基因的上游 700 bp 左右的 DNA 序列设计引物，引物长度为 20～25 bp。

　　引物 2：上游反向引物，根据拟敲除的目的基因的起始密码子下游 10～50 bp 的

DNA 序列设计引物，在该引物的 5′端加上抗性基因一端 26 bp 左右的 DNA 序列。

引物 3：下游正向引物，根据拟敲除的目的基因的终止密码子上游 10～50 bp 的 DNA 序列设计引物，在该引物的 5′端加上抗性基因另一端 26 bp 左右的 DNA 序列。

引物 4：下游反向引物，根据拟敲除的目的基因的下游 700 bp 左右的 DNA 序列设计引物，引物长度为 20～25 bp。

引物 5：抗性基因的正向引物。

引物 6：抗性基因的反向引物。

引物 7：抗性基因检测的反向引物（图 24-2）。

把构建好的破坏盒转化到枯草芽孢杆菌中，经同源重组整合到枯草芽孢杆菌的基因组中，替换掉原来位置上拟敲除的内源基因，再通过抗性筛选，可得到缺失突变株。缺失突变体的鉴定可采用菌落 PCR 法。用被敲除基因上游片段的正向引物 1 与抗性基因检测的反向引物 7 为引物，以抗性菌落为模板，进行 PCR。如果抗性基因代替了的目的基因，则能扩增出条带，如果拟敲除的目的基因还在原来的位置，没有被敲除，则扩增不出条带。

本实验以枯草芽孢杆菌 CU1065（*Bacillus subtilis* CU1065）为实验菌株，以卡那霉素抗性基因为筛选标记基因，采用长侧翼同源区-PCR（LFH-PCR）法构建破坏盒，敲除目的基因。

三、实验材料

（1）实验菌株和质粒：枯草芽孢杆菌 CU1065（*Bacillus subtilis* CU1065）；pDG780，带有卡那霉素抗性基因的质粒。

（2）培养基配制如下。

1）LB 培养基：10 g 胰蛋白胨、5 g 酵母粉、10 g NaCl，调 pH 至 6.8～7.0，加水定容至 1 L。121℃高压蒸汽灭菌 20 min。

2）MC 培养基：按表 24-1 配制储存液，并灭菌（注意：除色氨酸储存液须过滤除菌外，其他储存液均在 121℃高压蒸汽灭菌 20 min。由于柠檬酸铁铵和色氨酸溶液见光易分解，因此要用铝箔纸把装这两种溶液的试剂瓶包裹起来）。在做转化实验前，按表 24-1 的终浓度，无菌操作配制 MC 培养基，用无菌水补齐至终体积（注意：此培养基不能长期保存，最好现配现用）。

表 24-1　MC 培养基配制表

储存液	终浓度
1 mol/L 磷酸钾缓冲液（pH 7.0）	100 mmol/L
1 mol/L 柠檬酸三钠	3 mmol/L
1 mol/L MgSO$_4$	3 mmol/L

续表

储存液	终浓度
50%葡萄糖	2%
50%谷氨酸钾	0.2%
10%酪蛋白水解物	0.1%
22 mg/mL 柠檬酸铁铵	22 μg/mL
2 mg/mL 色氨酸	50 μg/mL

（3）抗生素：卡那霉素（kanamycin），储存液浓度为 15 mg/mL（溶于水），工作液浓度为 15μg/mL。

（4）PCR 反应所需试剂：HOTstar master mix。

（5）试剂盒：PCR 回收纯化试剂盒、细菌基因组提取试剂盒。

（6）基因组提取所需试剂。

1）溶菌酶缓冲液：10 mmol/L Tris-HCl（pH 8.0），1 mmol/L EDTA（pH 8.0），0.1 mol/L NaCl，5% Triton X-100，过滤除菌。

2）10 mg/mL 溶菌酶：用溶菌酶缓冲液溶解，−20℃保存。

3）20 mg/mL 蛋白酶 K：用灭菌的去离子水溶解，−20℃保存。

（7）主要仪器：PCR 仪、摇床、离心机、电泳仪、电泳槽、移液器、培养箱等。

四、实验步骤

（一）提取基因组 DNA

（1）接种枯草芽孢杆菌到 2 管 5 mL LB 液体培养基试管中，37℃，225 r/min，摇床培养过夜。

（2）用细菌基因组提取试剂盒，根据说明书，提取枯草芽孢杆菌的基因组。

（3）提取的基因组用 NanDrop 2000 检测浓度。

（二）第 1 轮 PCR 扩增 DNA 片段

（1）PCR 反应体系各组分组成如下（50 μL 反应体系）。

HOTstar master mix	25 μL
正向引物（10 pmol/μL）	2 μL
反向引物（10 pmol/μL）	2 μL
模板（染色体 DNA 或质粒）	1 μL
ddH$_2$O	20 μL

另外，引物配对及模板组成如下。

拟敲除目的基因的上游 DNA 片段：引物 1 和引物 2，模板为基因组 DNA。

拟敲除目的基因的下游 DNA 片段：引物 3 和引物 4，模板为基因组 DNA。

抗性基因：引物 5 和引物 6，模板为 pDG780（该质粒带有卡那霉素抗性基因）。

（2）将各组分混匀后进行 PCR，PCR 反应的程序为：95℃ 15 min（1 个循环）；94℃ 20~30 s，53℃ 20~40 s，72℃ 1~2 min（30 个循环）；72℃ 10 min（1 个循环）；16℃保持（注意：退火温度应根据引物的 T_m 值，参照说明书进行调整；延伸的时间应根据扩增片段的长度，参照说明书进行调整）。

（三）切胶回收纯化 PCR 片段

（1）将 PCR 产物经 1%琼脂糖凝胶电泳检测。

（2）切胶，用 PCR 回收纯化试剂盒，按照说明书回收、纯化 PCR 产物。

（3）1%琼脂糖凝胶电泳检测纯化后的 PCR 产物，测定其浓度。

（四）第 2 轮 PCR（连接 PCR）构建破坏盒

（1）PCR 反应体系各组分组成如下（50 μL 反应体系）。

HOTstar master mix	25 μL
引物 1（10 pmol/μL）	2 μL
引物 4（10 pmol/μL）	2 μL
纯化的上游片段（200~300 ng）	1~4 μL
纯化的下游片段（200~300 ng）	1~4 μL
纯化的抗性基因（300~500 ng）	2~6 μL

加 ddH₂O，补足总反应体积 50 μL（注意：如果上下游片段或抗性基因的浓度低，加入的体积可大于 4~6 μL；上游片段：抗性基因：下游片段的量在 1:2:1 时扩增效果好）。

（2）将各组成成分混匀后进行 PCR。PCR 反应的程序为：95℃ 15 min（1 个循环）；94℃ 20~30 s，53℃ 20~40 s，72℃ 3~5 min（10 个循环）；94℃ 20~30 s，53℃ 20~40 s，72℃ 3~5 min+20 s（25 个循环）；72℃ 10 min（1 个循环）；16℃保温（注意：退火温度应根据引物的 T_m 值，参照说明书进行调整；延伸的时间应根据扩增片段的长度，参照说明书进行调整；后 25 个循环的扩增中，每个循环的延伸时间还要加上 20 s）。

（3）取 5 μL 反应液，用 1%琼脂糖凝胶电泳检测结果。

（五）把破坏盒转化到枯草芽孢杆菌中

（1）挑取在 LB 平板上活化的枯草芽孢杆菌单菌落到 5 mL MC 培养基的玻璃试管中，37℃，225 r/min，摇床培养至 OD₆₀₀=0.6。

（2）取 1 mL 上述培养液和 5~10 μL 破坏盒反应液，加入到一个 10 mL 的无菌塑料培养管中。37℃，225 r/min，摇床转化 1 h。

（3）取 100 μL 转化液，涂布到含有卡那霉素的 LB 平板。

（4）把剩余转化液 6000 r/min 离心 1 min，倒掉上清，加 100 μL LB 液体培养基，重悬菌体，把菌悬液全部涂布到含有卡那霉素的 LB 平板。

（5）37℃培养 1 d。

（六）菌落 PCR 检测阳性菌落（正确的缺失突变体）

（1）挑取在含有卡那霉素的 LB 平板上的菌落到 2 mL 含有卡那霉素的 LB 液体培养基中，37℃，225 r/min 摇床培养过夜。或直接挑取在含有卡那霉素的 LB 平板上的菌落，进行菌落 PCR。

（2）PCR 反应体系各组分组成如下。

HOTstar master mix	10 μL
引物 1（10 pmol/μL）	1 μL
引物 7（10 pmol/μL）	1 μL
过夜培养的菌液（或少量细胞）	1 μL
ddH$_2$O	7 μL

（3）将各组分混匀后进行 PCR，PCR 反应的程序为：95℃ 15 min（1 个循环）；94℃ 20~30 s，53℃ 20~40 s，72℃ 1~2 min（20~25 个循环）；72℃ 10 min（1 个循环）；16℃保温（注意：退火温度应根据引物的 T_m 值，参照说明书进行调整；延伸的时间应根据扩增片段的长度，参照说明书进行调整）。

（4）取 5 μL PCR 产物，1%琼脂糖凝胶电泳检测。有 PCR 条带且大小正确的为正确的缺失突变体。

五、实验结果

（1）请提交 PCR 检测各步骤的电泳图，并分析检测结果。
（2）提交正确的突变菌株。

六、思考题

1. 简述长侧翼同源区-PCR（LFH-PCR）法敲除目的基因的原理及方法？
2. 分析本实验中需要注意的关键问题是什么？

七、参考文献

卢圣栋. 1993. 现代分子生物学实验技术. 北京: 高等教育出版社.

Achim W. 1996. PCR-synthesis of marker cassettes with Long-flanking homology regions for disruptions in *S. cerevisiae*. Yeast, 12: 259~265.

Zhen M, Pete C, Helmann T C, et al. 2014. Bacillithiol is a major buffer of the labile zinc pool in *Bacillus subtilis*. Molecular Microbiology, 94(4): 756~770.

实验二十五　环境样品宏基因组文库构建及功能基因的筛选

一、实验目的

1. 理解并掌握质粒提取的方法。
2. 学习大肠杆菌感受态细胞的制备方法。
3. 学习质粒的连接、转化方法。
4. 学习宏基因组文库的构建方法。
5. 学习重组克隆子的筛选和鉴定方法。

二、实验原理

宏基因组的概念是由 Handelsman 等在 1998 年首先提出的，定义为"利用现代基因组技术直接研究自然环境中的微生物群落，而不需要分离、培养单一种类的微生物"（Handelsman et al.，1998）。

目前，宏基因组技术对环境微生物的应用研究主要包括两方面：一方面是进行微生物及其基因资源的挖掘，目前的研究工作已经得到大批新基因，特别是对一些极端环境微生物宏基因组的构建，有望筛选得到一些有特殊应用价值的功能酶基因；另一方面是对微生物生态群落的研究，揭示环境微生物的多样性及其与环境之间的关系。

（一）宏基因组文库构建策略

宏基因组文库构建的基本策略如图 25-1 所示，从环境中提取微生物 DNA，将 DNA 片段克隆到载体上，转化宿主菌，构建宏基因组文库。随后对文库进行序列测定以研究微生物群落组成或进行序列表达以发现功能基因。虽然宏基因组文库的构建与普通基因文库的构建在理论上基本一致，但是宏基因组文库所包含的基因信息量较大，要覆盖生境全部微生物群落的基因信息对宏基因组文库的质量要求较高。因此，宏基因组文库构建及筛选能否满足质量要求主要取决于以下因素。

1. 环境样品总 DNA 的提取和纯化

环境样品总 DNA 的提取思路主要有两种，一种是先从环境样品中分离出微生物细胞，再提取 DNA，称为间接提取法；另一种是直接对环境样品进行微生物 DNA 的提取，称为直接提取法，也称为原位裂解法。间接提取法所制备的环境 DNA 的纯度较直接提取法高，片段较大，然而 DNA 的产量及基因组信息的广泛性不如直接提取法（Martin-Laurent et al.，2001）。迄今为止，有关环境 DNA 的提取与纯化方法的报道较多（Tebbe and Vahjen，1993；Zhous et al.，1996；Holben et al；1998，张于光等，2005），然而没有一种提取方法能够适用于所有的环境样品。因此，在实验中应根据环境样品的组成和理化性质及文库构建目的，对环境 DNA 的提取与纯化方法进行选择与优化。

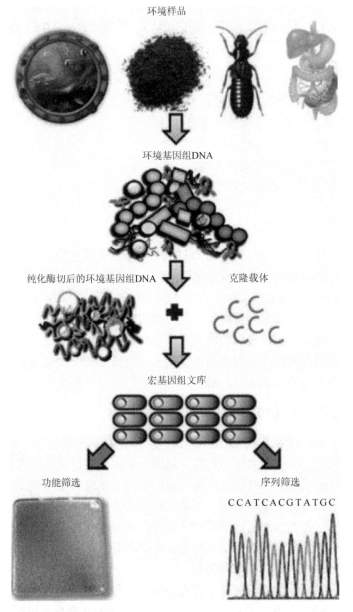

图 25-1　宏基因组文库的构建及筛选流程图（Sleator et al.，2008）

　　直接提取法所获取的环境 DNA 通常含有腐殖酸（土壤或底泥环境）、重金属离子等杂质，将会直接影响文库构建的后续操作，如 PCR 反应、酶切、连接、转化等，因此对环境 DNA 的纯化显得尤为重要。目前，较常用的纯化方法包括氯化铯密度梯度超速离心、色谱法、脉冲电泳法、透析和过滤法等，然而以上任何一种方法都不可能完全适用于所有的环境 DNA 除杂，在实际操作中应结合样品情况选择一种或多种纯化方法进行组合纯化。

2. 载体的选择

宏基因组文库中载体的选择取决于所提取的环境 DNA 质量、文库插入片段的大小、所需的载体拷贝数、所采用的宿主及筛选策略等，而这些因素均由研究目的决定。根据文库插入片段的大小可以将宏基因组文库大致分为两类。

一类是小插入片段文库，如 pUC 质粒文库。该类文库质粒拷贝数高，对环境 DNA 质量要求低，操作简单，而且可以直接进行重组质粒的活性表达。缺点是插入片段小（<10 kb），只适合筛选单基因或小的操纵子产物，需筛选的克隆数量较大（Yun et al.，2004；Ranjan et al.，2005）。

第二类是大插入片段文库，如细菌人工染色体文库（BAC）、黏粒文库（cosmid）和 F 黏粒文库（fosmid）。该类文库插入片段大，如 BAC 文库可达 350 kb，适用于克隆较大的基因簇，需筛选的克隆数量较少，缺点是质粒拷贝数低，基因的扩增和表达产物的获得需要重新构建亚克隆文库进行筛选，操作较复杂（Rhee et al.，2005；许晓妍等，2005）。

据统计，在土壤样品中所有微生物种类丰度相同的前提下，覆盖 1 g 土壤全部微生物的基因组至少需要 10^7 个质粒克隆（插入片段约 5 kb）或者 10^6 个 BAC 克隆（插入片段约 100 kb）。而若想真实代表土壤中稀有类群的基因组，文库的容量需达到 10 000 gb（约 1011 个 BAC 克隆）（Martinez et al.，2004；Riesenfeld et al.，2004）。

3. 宿主菌的选择

宿主菌的选择不仅要根据研究目的来确定，还要考虑到宿主菌的转化效率、活性基因的表达、重组体在宿主细胞的稳定性等。目前的宏基因组文库大多采用大肠杆菌作为宿主，也有酵母菌、链霉菌或假单胞菌等宿主。不同宿主所表达的活性物质有明显的差异，如果筛选新功能酶，则大多选择大肠杆菌为宿主（Majernik et al.，2001），如要筛选抗菌抗肿瘤物质等次生代谢产物合成基因，则选择链霉菌为宿主更理想（Martinez et al.，2005）。一些缺陷型突变体也可作为宿主，如 Riesenfeld 等（2004）利用土壤宏基因组文库与苜蓿根瘤菌 bdhA 突变体的互补分离 3-羟基丁酸酯降解酶基因。

（二）宏基因组文库的筛选

宏基因组文库的筛选策略主要有序列筛选和功能筛选两种（图 25-1）。

序列筛选的思路有两种：一是根据已知保守序列设计引物或探针，通过 PCR 或杂交来筛选目的克隆，这一方法仅限于分离已知基因家族的新成员和含有高度保守区的功能基因，如聚酮合酶（Martinez et al.，2004；Daniel，2005）。序列筛选的第二种思路是对含有 16 S rRNA 等系统进化锚定基因的克隆进行测序或对文库进行随机测序，以发现新种属和新基因（Beja et al.，2000；Liles et al.，2003；Abulencia et al.，2006）。

功能筛选是根据重组克隆产生的活性进行筛选，用于发现新基因或活性物质，目前利用该方法已成功分离得到一些降解酶、抗生素抗性基因和抗生素编码基因（Henne et al.，1999；Martinez et al.，2004；Riesenfeld et al.，2004）。该方法需要建立高效灵敏的筛选模型，如经典筛选模型：在含有三丁酸甘油酯的培养基上筛选酯酶/脂肪酶活性基因（图 25-2）（Ranjan et al.，2005）。

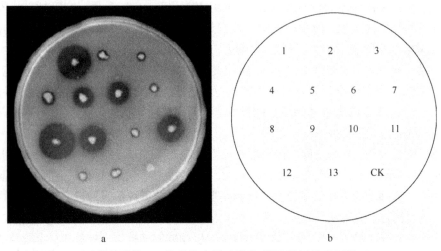

图 25-2　含有 1%三丁酸甘油酯的 LB 培养基上筛选酯酶/脂肪酶活性重组子（Ranjan et al.，2005）

a. 通过在 37℃培养 72 h 观察菌落周围透明圈；b. 克隆位置及名称；1～13. pLR1/DH10B～pLR13/DH10B；CK. pUC19/DH10B 空白对照

三、实验材料

（1）样品的采集：样品采集后分装于密封塑料袋，4℃低温保存。

（2）菌株和质粒：本实验所用的菌株为 E. coli DH5α 和质粒 pUC18（图 25-3）。

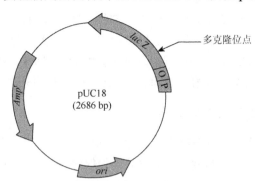

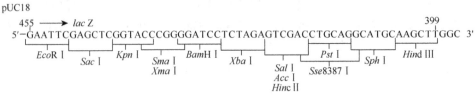

图 25-3　pUC18 质粒图谱

（3）培养基。

1）LB 培养基：胰蛋白胨 10 g、酵母提取物 5 g、NaCl 10 g，调 pH 至 6.8～7.0，加水定容至 1 L，121℃高压蒸汽灭菌 20 min。固体培养基另添加 1.5%（m/V）琼脂粉。

2）SOC 培养基：胰蛋白胨 20 g、酵母提取物 5 g、NaCl 0.5 g、250 mol/L KCl 10 mL，用 900 mL 去离子水溶解上述各成分，用 NaOH 溶液调节 pH 至 7.0，再加入去离子水至总体积 1 L，121℃灭菌 20 min，降温冷却后，于超净台加入灭菌的 $MgCl_2$ 溶液和过滤除菌的葡萄糖溶液至终浓度分别为 2 mol/L 和 1 mol/L。

（4）DNA 提取液：内含 100 mmol/L（pH 8.0）Tris-HCl、100 mmol/L（pH 8.0）EDTA、100 mmol/L（pH 8.0）PBS 缓冲液、1.5 mol/L NaCl、1% CTAB。

（5）NaAc 溶液的配制 [3 mol/L NaAc（pH 5.2 和 pH 7.0）]：在 800 mL 水中溶解 408.1 g 三水乙酸钠，用冰醋酸调节 pH 至 5.2 或用稀乙酸调节 pH 至 7.0，加水定容到 1 L，分装后高压灭菌。

（6）抗生素。

1）氨苄青霉素（Amp）：储存液浓度 100 mg/mL，*E. coli* 中使用终浓度 100 μg/mL。

2）卡那霉素（Km）：储存液浓度 50 mg/mL，*E. coli* 中使用终浓度 50 μg/mL。

（7）酶与试剂盒：*Bam*H Ⅰ、*Sau*3A Ⅰ、碱性磷酸酶（alkaline phosphatase，CIAP）、T4 DNA 连接酶（T4 DNA ligase）、Taq DNA 聚合酶、KOD plus 聚合酶、蛋白酶 K、DNA 回收试剂盒、DNA Marker、质粒提取试剂盒。

（8）仪器设备：恒温摇床、电热恒温培养箱、台式高速离心机、无菌工作台、低温冰箱、恒温水浴锅、制冰机、分光光度计、微量移液器。

四、实验步骤

1. 环境基因组 DNA 的提取

称取 5 g 样品，加入 13.5 mL DNA 提取液和 100 μL 蛋白酶 K（10 mg/mL），然后放入恒温摇床 37℃ 225 r/min 反应 30 min；加入 1.5 mL 20% SDS（内含 2% PVPP[①]），65℃水浴 2 h。6000×g 室温离心 10 min，取上清转移入新离心管。沉淀中加入 4.5 mL DNA 提取液和 0.5 mL 20% SDS（内含 2% PVPP），漩涡振荡 10 s，65℃水浴 10 min，6000×g 室温离心 10 min 取上清；重复上述步骤。合并上清，加等体积的氯仿：异戊醇（24：1），6000×g 室温离心 10 min 取上清。加 0.6 体积的异丙醇室温沉淀 DNA 1 h。用 70%乙醇洗涤 DNA 沉淀，去除上清后风干 DNA。用去离子水溶解 DNA，−20℃保存。

---

① 交联聚乙烯吡咯烷酮，其分子具有酰胺键可吸附多酚分子上的氢氧基从而形成氢键，可以吸附多本酚，因此本实验用于吸附土壤杂质等从而有利于 DNA 的提取

2. 环境基因组 DNA 的纯度及效率检测

将环境基因组 DNA 经 0.4%琼脂糖电泳检测其片段大小。采用紫外分光光度计测定环境基因组 DNA 的 A_{260}、A_{280}、A_{230}，以 A_{260}/A_{280}、A_{260}/A_{230} 值评价 DNA 样品的纯度。当 A_{260}/A_{280} 值为 1.8～1.9 时，DNA 纯度较高，小于这个范围则可能受蛋白质、腐殖酸等有机物的污染，而大于这个范围则可能受 RNA 的污染。与此同时，纯净的 DNA 其 A_{260}/A_{230} 值应不小于 2.0，小于这个范围则可能受无机盐离子的污染。

DNA 浓度的计算公式：

$$DNA 浓度（\mu g/\mu L）=（A_{260}×50×稀释倍数）/1000$$

DNA 总量计算公式：

$$DNA 总量（\mu g）=DNA 浓度（\mu g/\mu L）×体积（\mu L）$$

3. 环境基因组 DNA 的纯化

将提取得到的环境基因组 DNA 通过琼脂糖凝胶（浓度为 1%）的脉冲电泳。切取含有环境基因组 DNA 片段的琼脂糖凝胶于透析袋中，进行电洗脱收集 DNA。以上两步用于去除环境基因组 DNA 残留的土壤腐殖酸等杂质。电洗脱完成后，小心取出透析袋中的 DNA 溶液，加入等体积的氯仿：异戊醇（24：1），温和混匀，12 000 r/min，4℃离心 5 min，取上清；重复上述步骤。加入等体积的乙醇和 1/10 体积 NaAc（pH 5.2），于 –20℃沉淀 1 h。12 000 r/min，4℃离心 20 min 收集 DNA 沉淀。用 70%乙醇洗涤 DNA 沉淀，去除上清后风干 DNA。用去离子水溶解 DNA，–20℃保存。

脉冲电泳条件：电压 4.5 V/cm；运行时间 15 h；夹角 120°；初始电泳时间 60 s；最终电泳时间 90 s；阻尼系数 α 为线性；温度为 14℃。

电洗脱条件：电压 5 V/cm；运行时间 6 h；温度为 4℃。

透析袋的处理：剪取长 10～20 cm 透析袋，将透析袋在 2% NaHCO₃、1 mmol/L EDTA（pH 8.0）溶液中煮沸 10 min；取出透析袋用蒸馏水彻底冲洗，在 1 mmol/L EDTA（pH 8.0）溶液中煮沸 10 min；让透析袋自然冷却，4℃储存于 1 mmol/L EDTA 溶液中；使用前，用蒸馏水充分冲洗透析袋的内外壁。

4. 环境基因组 DNA 的随机酶切

将纯化的基因组 DNA 通过限制性内切酶 *Sau*3A I 进行酶浓度梯度酶切，0.4%琼脂糖凝胶电泳检测片段大小。反应体系如下，反应条件为 37℃，30 min。

DNA	8 μg
*Sau*3A I	0～80 U
10×H buffer	5 μL
ddH₂O	至 50 μL
总体系	50 μL

5. DNA 片段的回收

上述通过限制性内切酶 *Sau*3A I 进行酶切的 DNA 样品采用 DNA 回收试剂盒进

行 DNA 片段的回收,回收方法参见试剂盒说明书。

6. 质粒的小量提取

采用质粒提取试剂盒进行质粒的小量提取,提取方法参见试剂盒说明书。

7. 载体质粒的单酶切

将载体质粒通过限制性内切酶 *Bam*H I 进行酶切,0.8%琼脂糖凝胶电泳检测,回收酶切片段。反应体系如下,反应条件为 30℃,2 h。

质粒	5 μg
*Bam*H I	15 U
10×K buffer	10 μL
ddH$_2$O	至 100 μL
总体系	100 μL

8. 载体去磷酸化及回收

将载体单酶切回收片段通过碱性磷酸酶 CIAP 进行去磷酸化处理。反应体系如下,反应条件为 37℃,30 min。

单酶切载体	4 μg
CIAP	15 U
10×buffer	5 μL
ddH$_2$O	至 50 μL
总体系	50 μL

反应中止:加入 10% SDS 和 EDTA(pH 8.0)至终浓度分别为 0.5%和 5 mmol/L,充分混匀,加入蛋白酶 K 至终浓度为 100 μg/mL,56℃反应 30 min。

回收 DNA:使温度降到室温后,用酚:氯仿:异戊醇(25:24:1)抽提 2 次,加入 2 倍体积的无水乙醇和 1/10 体积的 NaAc(pH 7.0),于–20℃沉淀 30 min。12 000 r/min,4℃离心 10 min 收集 DNA 沉淀;70%乙醇洗涤 DNA 沉淀,去除上清后风干 DNA;用去离子水溶解 DNA,–20℃保存。

9. DNA 片段的连接

将提取的基因组 DNA 片段及去磷酸化载体通过 T$_4$ DNA 连接酶进行连接。反应体系如下,反应条件为 16℃,12h。

DNA	3.9 μg
去磷酸化载体	1 μg
T$_4$ DNA 连接酶	4375 U
10×buffer	10 μL
ddH$_2$O	至 100 μL
总体系	100 μL

10. 电转感受态细胞的制备

将 *E. coli* DH5α 菌株在 LB 平板上划线，37℃培养，获取单菌落。挑 *E. coli* DH5α 单菌落接种于 5 mL LB 培养基，37℃培养过夜。取 2.5 mL 培养物接种于 500 mL LB 培养基中，37℃培养至 OD$_{600}$ 值为 0.5~0.6。低温离心收集菌体，用 100 mL 在冰块中预冷的无菌水洗涤菌体；重复上述步骤一次。低温离心收集菌体，用 20 mL 在冰块中预冷的 10%甘油洗涤菌体，低温离心收集。根据沉淀体积加入等体积的预冷的 10%甘油，重悬菌体，40 μL 分装后液氮速冻，–80℃保存。

11. 电转化

本实验通过电转仪进行。电转化条件为 2.5 kV，25 μδ，脉冲控制器为 200~400 Ω。将 1 μL 的连接产物加入到 40 μL 电转感受态细胞中，充分混匀后转移至电转杯中，启动电转仪进行电转化。电转化完成后，加入 1 mL SOC 培养基，转移至 1.5 mL 离心管中，37℃中速振荡培养 1 h。取适量培养物涂布于含相应抗生素、X-gal 和 IPTG 的平板上，37℃培养，蓝白斑筛选，获取阳性重组子。

12. 克隆的挑取与保存

用灭过菌的牙签将平板上的单菌落挑至 96 孔板中，每个菌落对应一个孔。同时，每孔加入 140 μL 含相应抗生素的 LB 液体培养基，封口后放于 37℃恒温培养箱中，培养 24 h，加上终浓度为 10%的甘油，保存文库待筛选用。

13. 宏基因组文库的质量评价

本实验通过计算菌落数、蓝白斑数、酶切鉴定和序列分析等手段评价文库质量。

（1）菌落数：根据菌落数判断连接效率和转化效率，计算文库容量。

（2）蓝白斑数：pUC 文库通过蓝白斑筛选判定阳性重组子，未转化的菌不具有抗性，不生长；转化了空载体，即未重组质粒的菌，长成蓝色菌落；转化了重组质粒的菌，即目的重组菌，长成白色菌落。根据蓝白斑数计算阳性重组子比例，从而判定连接效率。

（3）酶切鉴定：通过提质粒、酶切、0.8%琼脂糖凝胶电泳检测等操作，计算插入片段长度及文库容量。反应体系如下，反应条件为 37℃，2 h。

DNA	0.1 μg
Hind Ⅲ	3 U
*Eco*R Ⅰ	3 U
10×M buffer	1 μL
ddH$_2$O	至 10 μL
总体系	10 μL

14. pUC 文库酯酶活性克隆筛选

本实验主要是通过宏基因组方法从环境样品获得酯酶。将电转化产物（见步骤 11）适当稀释，涂布于初筛平板上，37℃培养，48 h 后观察菌落周围是否有透明圈，有则为阳性克隆。用灭菌牙签挑取阳性克隆点于复筛平板上，37℃培养，48 h 后菌落周围出现透明圈则确定为活性克隆。

15. 活性克隆的测序分析

将活性克隆进行测序分析。测序的通用引物和中间引物均由测序公司提供并合成。

16. 基因分析软件

通过 DNAMAN（version 6.0，Lynnon Corp.，Canada）和 GENETYX（version 8.01，Genetyx Corp.，Japan）进行序列的拼接和分析。通过 ORF Finder（NCBI）进行可读框的识别。通过 BLAST（NCBI）进行序列比对。通过 Lipase Engineering Database 寻找和确定酯酶/脂肪酶亚家族。通过 SignalP 和 HMMTOP 进行信号肽及跨膜结构域的预测。通过 Neural Network Promoter Prediction（NNPP，version 2.2）和 Positional Frequency Matrices（PFMs）预测启动子及其区域，此外 PFMs 还能预测核糖体结合位点。通过 ClustalW 进行多序列比对分析，并通过 ESPript 绘制比对图。通过 MEGA 4.0 绘制系统发育树。

五、实验结果

（1）计算环境基因组 DNA 的提取纯度及提取效率。
（2）检测纯化后环境基因组 DNA 的纯度。
（3）确定环境基因组 DNA 的随机酶切图谱及酶浓度。
（4）评价所构建的宏基因组文库的质量。
（5）计算活性克隆的筛选效率。

六、思考题

1. 请从构建原理及应用范围叙述宏基因组文库与普通基因文库的区别。
2. 如何根据筛选目的选择宏基因组文库的载体？
3. 筛选得到活性克隆后如何分析活性基因？

七、参考文献

许晓妍, 崔承彬, 朱天骄, 等. 2005. 宏基因组技术在开拓天然产物新资源中的应用. 微生物学通报, 32(1): 108~112.

张于光, 李迪强, 王慧敏, 等. 2005. 用于分子生态学研究的土壤微生物 DNA 提取方法. 应用生态学报, 16(5): 5~9.

Abulencia C B, Wyborski D L, Garcia J A, et al. 2006. Environmental whole-genome amplification to access microbial populations in contaminated sediments. Applied and Environmental Microbiology, 72(5): 3291~3301.

Beja O, Aravind L, Koonin E V, et al. 2000. Bacterial rhodopsin: evidence for a new type of phototrophy in the sea. Science, 289(5486): 1902~1906.

Daniel R. 2005. The metagenomics of soil. Nature Reviews Microbiology, 3(6): 470~478.

Handelsman J, Rondon M R, Bradg S F, et al. 1998. Molecular biological access to the chemistry of unknown soil microbes: a new frontier for natural products. Chemistry & Biology, 5(10): R245~R249.

Henne A, Daniel R, Schmitz R A, et al. 1999. Construction of environmental DNA Libraries in *Escherichia coli* and screening for the presence of genes conferring utilization of 4-hydroxybutyrate. Applied and Environmental Microbiology, 65(9): 3901~3907.

Holben W E, Noto K, Sumino T, et al. 1998. Molecular analysis of bacterial communities in a three-compartment granular activated sludge system indicates community-level control by incompatible nitrification processes. Applied and Environmental Microbiology, 64(7): 2528~2532.

Liles M R, Manske B F, Bintrim S B, et al. 2003. A census of rRNA genes and Linked genomic sequences within a soil metagenomic Library. Applied and Environmental Microbiology, 69(5): 2684~2691.

Majernik A, Gottschalk G, Daniel R. 2001. Screening of environmental DNA Libraries for the presence of genes conferring Na(+)(Li(+))/H(+)antiporter activity on *Escherichia coli*: characterization of the recovered genes and the corresponding gene products. Journal of Bacteriology, 183(22): 6645~6653.

Martinez A, Kolvek S J, Hopke J, et al. 2005. Environmental DNA fragment conferring early and increased sporulation and antibiotic production in Streptomyces species. Applied and Environmental Microbiology, 71(3): 1638~1641.

Martinez A, Kolvek S J, Yip C L T, et al. 2004. genetically modified bacterial strains and novel bacterial artificial chromosome shuttle vectors for constructing environmental Libraries and detecting heterologous natural products in multiple expression hosts. Applied and Environmental Microbiology, 70(4): 2452~2463.

Martin-Laurent F, Philippot L, Hallet S, et al. 2001. DNA extraction from soils: old bias for new microbial diversity analysis methods. Applied and Environmental Microbiology, 67(5): 2354~2359.

Ranjan R, Grover A, Kapardar R K, et al. 2005. Isolation of novel lipolytic genes from uncultured bacteria of pond water. Biochemical and Biophysical Research Communications, 335(1): 57~65.

Rhee J K, Ahn D G, Kim Y G, et al. 2005. New thermophilic and thermostable esterase with sequence similarity to the hormone-sensitive lipase family, cloned from a metagenomic Library. Applied and Environmental Microbiology, 71(2): 817~825.

Riesenfeld C S, Goodman R M, Handelsman J. 2004. Uncultured soil bacteria are a reservoir of new antibiotic resistance genes. Environmental Microbiology, 6(9): 981~989.

Riesenfeld C S, Schloss P D, Handelsman J. 2004. Metagenomics: genomic analysis of microbial communities. Annual Review of genetics, 38: 525~552.

Sleator R D, Shortall C, Hill C. 2008. Metagenomics. Letters in Applied Microbiology, 47: 361~366.

Tebbe C C, Vahjen W. 1993. Interference of humic acids and DNA extracted directly from soil in detection and transformation of recombinant DNA from bacteria and a yeast. Applied and Environmental Microbiology, 59(8): 2657~2665.

Yun J, Kang S, Park S, et al. 2004. Characterization of a novel amylolytic enzyme encoded by a gene from a soil-derived metagenomic library. Applied and Environmental Microbiology, 70(12):

7229～7235.

Zhou J Z, Bruns M A, Tiedje J M. 1996. DNA recovery from soils of diverse composition. Applied and Environmental Microbiology, 62(2): 316～322.

实验二十六　易错 PCR 致突变的反应体系设计与实验

一、实验目的

1. 学习易错 PCR 的实验原理。
2. 学习易错 PCR 致突变的反应条件的设计方法。

二、实验原理

（一）PCR 原理

DNA 的半保留复制是生物遗传和进化的重要途径。双链 DNA 在多种酶的作用下可以变性解旋成单链，在 DNA 聚合酶的参与下，根据碱基互补配对原则复制成同样的两分子拷贝。在实验中发现，DNA 在高温时也可以发生变性解链，当温度降低后又可以复性成为双链。因此，通过温度变化控制 DNA 的变性和复性，加入设计引物、DNA 聚合酶、dNTP 就可以完成特定基因的体外复制。

PCR（polymerase chain reaction，即聚合酶链反应，又称多聚酶链反应）是在模板 DNA、引物和 4 种脱氧核糖核苷酸存在的条件下，依赖于 DNA 聚合酶，在体外酶促合成特异 DNA 片段的一种方法。反应由 3 个基本反应步骤组成：①变性（denaturation），通过加热使 DNA 双螺旋的氢键断裂，双链解离形成单链 DNA；②退火（annealing），当温度忽然降低时，由于模板分子结构较引物要复杂得多，而且反应体系中引物 DNA 量要远远多于模板 DNA 量，使引物和其互补的模板在局部形成杂交链，而模板 DNA 双链间互补的机会较少；③延伸（extension），在 DNA 聚合酶和 4 种脱氧核糖核苷酸底物及 Mg^{2+} 存在的条件下，$5'→3'$ 聚合酶催化以引物为起始点的 DNA 链延伸反应。以上 3 步为一个循环，每一循环的产物可以作为下一循环的模板，数小时后，介于两个引物之间的特异性 DNA 片段可得到大量复制。

（二）Taq DNA 聚合酶的性质

PCR 发明初期使用的 DNA 聚合酶是大肠杆菌 DNA 聚合酶 I 的 Klenow 片段。该酶的热稳定性差，每次 DNA 热变性后，该酶绝大多数被灭活，都要添加新酶。且该酶反应温度低，容易产生非特异性扩增。直到 Taq DNA 聚合酶应用于 PCR 反应，才使这一技术得到迅速发展和广泛应用。

Taq DNA 聚合酶是从一种嗜热水生菌 *Thermus aquaticus* YT-1 菌株中分离提纯的。该酶在 70～75℃具有最高的酶学活性，75～80℃条件下，每个酶分子每秒可延伸约 150 个核苷酸，70℃时，延伸速率在 70 个核苷酸/秒以上，37℃和 22℃时分别为 1.5 个核苷酸/秒和 0.25 个核苷酸/秒。

Taq DNA 聚合酶具有良好的热稳定性。在 92.5℃、95℃、97.5℃条件下，Taq DNA 聚合酶的半衰期分别为 130 min、40 min 和 5～6 min。在 PCR 反应中，变性温度一般为 94℃ 30 s，最长不超过 60 s，以循环 30 次计算，Taq DNA 聚合酶可保证 PCR 反应的需要。

Taq DNA 聚合酶是 Mg^{2+} 依赖性酶。该酶活性受 Mg^{2+} 浓度影响较大。Mg^{2+} 偏高，酶活性受抑制，并增加非特异性扩增。由于 Mg^{2+} 能与阴离子或阴离子团（如磷酸根）结合，在 PCR 反应中模板 DNA、引物和 dNTP 都可与 Mg^{2+} 结合，尤以 dNTP 的影响最大，因此 Mg^{2+} 浓度在不同反应体系中要适当调整，一般反应中 Mg^{2+} 浓度至少要比 dNTP 总浓度高出 0.5～1 mmol/L。

Taq DNA 聚合酶具有 $5'{\rightarrow}3'$ 聚合酶活性和 $5'{\rightarrow}3'$ 外切酶活性，但由于缺乏 $3'{\rightarrow}5'$ 外切酶活性，因此在 PCR 反应中如果出现某些核苷酸的错配，该酶没有校正功能。用 Taq DNA 聚合酶催化的 PCR 反应出现碱基错配的概率为 $2.1{\times}10^{-4}$。

（三）易错 PCR 原理

在 20 世纪 50～80 年代，随着 PCR 理论和技术的逐渐成熟，很多学者对 PCR 中发生碱基错配的诸多影响因素进行了研究，以提高基因体外合成的准确性；同时，碱基错配为获得新的 DNA 序列提供了一种可利用的突破口，于是吸引很多研究者去寻求使基因在体外产生各种可能变异的有效方法。Leung 等提出了基因在易错 PCR 条件下产生变异，可以构建突变体库的观点，并建立了易错 PCR 技术体系。易错 PCR（error-prone PCR，epPCR），是易错条件下的 PCR，即容易使复制出的 DNA 序列出现错误的 PCR 技术，又称错配 PCR 或倾向错误 PCR。易错 PCR 技术是通过利用低保真度的 Taq DNA 聚合酶，并改变 PCR 反应条件，来降低 DNA 复制的保真度，并以一定的频率向目的基因中随机引入突变，得到随机突变的 DNA 群体，构建突变体库，再通过适当的筛选方法筛选出符合要求的突变体。

Taq DNA 聚合酶的保真性可以通过改变 PCR 反应的条件来降低，包括使用浓度不同的 4 种脱氧核糖核苷酸、添加 Mn^{2+}、提高 Mg^{2+} 浓度、提高 Taq DNA 聚合酶的用量等。这几种方法使扩增的 DNA 链发生碱基变异的机制各不相同。$MnCl_2$ 是很多 DNA 聚合酶的诱变因子，加入 Mn^{2+} 可以降低聚合酶对模板的特异性，提高错配率；4 种 dNTPs 浓度的不平衡可以提高碱基错误掺入的概率，实现错配；Mg^{2+} 具有激活 Taq 酶的作用，增加 Mg^{2+} 浓度，使之超过正常用量，能稳定非互补的碱基对；提高 Taq DNA 聚合酶用量也可以增加错配延伸的概率。此外，降低起始模板浓度、增加每个循环的延伸时间、增加循环次数等也都可以明显提高突变率。

易错 PCR 除了要注意选择最接近人们需要的基因作为目标 DNA 外，还要注意控制 DNA 的合适突变频率。如果 DNA 的突变频率太高，产生的大多数蛋白质会失去活性，如果突变频率太低，突变位点过少，野生型的背景太高，样品的多样性则较少，不利于后续的筛选和鉴定工作。理想的碱基置换率和易错 PCR 的最佳条件依赖于随机突变的目标 DNA 片段的长度。一般每代每序列有 1 或 2 个碱基置换或 1 个氨基酸替代较为适宜。若用于理论研究，也应控制较低的突变率，使突变多为单一氨基酸取代，从而将基因功能变化与突变的氨基酸对应起来。

易错 PCR 是简单、有效的基因体外随机诱变技术，是工业、农业、生物制药等领域获得优良基因的重要手段，也是研究蛋白质分子进化的重要方法。调整 PCR 反应条件，以达到合适的突变频率是该项技术的关键。调整 PCR 的反应条件可以采用浓度不同的 4 种脱氧核糖核苷酸、添加 Mn^{2+}、提高 Mg^{2+} 浓度、提高 Taq DNA 聚合酶的用量等方法。

（四）TOPO TA 克隆原理

Invitrogen 公司的 TOPO TA Cloning 试剂盒能快速、高效地一步克隆用 Taq DNA 聚合酶扩增的 PCR 产物到质粒载体上。该方法无需连接酶，凡是 Taq DNA 聚合酶扩增的 PCR 产物都可用此方法。

Taq DNA 聚合酶具有非模板依赖的（nontemplate-dependent）末端转移酶活性，能催化 PCR 产物的 3′端加上一个脱氧腺嘌呤核苷（A）。试剂盒所用的质粒载体——pCR2.1-TOPO（图 26-1）是线性的，在 3′端有一个脱氧胸腺核苷（T）的突出端，而且拓扑异构酶共价地结合在质粒载体上（图 26-2）。3′端有 A 突出端的 PCR 产物，就能与 3′端有 T 突出端的载体互补配对，有效地插入到载体上。来自牛痘病毒的拓扑异构酶 I 可在特异的位点结合双链 DNA，并且在每一条链的 5′-CCCTT 序列后切开磷酸二酯键。磷酸二酯键断裂所产生的能量，通过在被切开的 DNA 链的 3′磷酸端和拓扑异构酶 I 的 274 位酪氨酰（Tyr-274）之间形成共价键而储存起来。在 DNA 和拓扑异构酶之间形成的磷酸-酪氨酰键，随后被断裂链的 5′羟基进攻，使两条断裂的 DNA 链连接起来，即把 PCR 产物和载体连接起来，并释放出拓扑异构酶（图 26-2）。

（五）TOPO TA 克隆阳性重组子的检测

pCR2.1-TOPO 质粒上带有大肠杆菌编码的 β-半乳糖苷酶基因的前一部分（lacZα），能表达 β-半乳糖苷酶的α肽。该质粒的受体菌——大肠杆菌 TOP10，缺失 lacZα基因。因此，该受体菌能与 pCR2.1-TOPO 质粒上表达的α肽互补（α互补作用），形成有活性的完整的 β-半乳糖苷酶。由于 PCR 的产物是通过插入 lacZα基因内而克隆到质粒上的，因此 lacZα基因遭到了破坏，阳性重组子无α肽，不能形成有活性的完整的 β-半乳糖苷酶。

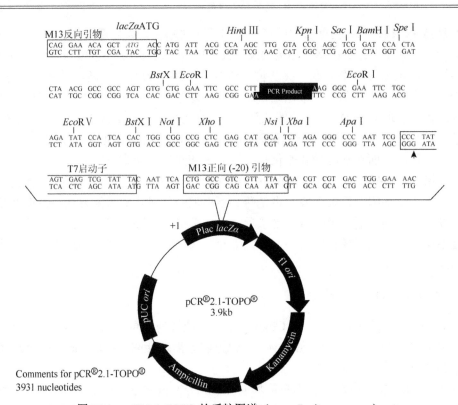

图 26-1　pCR2.1-TOPO 的质粒图谱（www.Invitrogen.com）

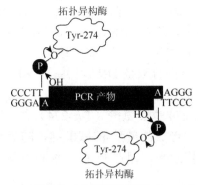

图 26-2　TOPO TA 克隆的工作原理示意图（www.Invitrogen.com）

β-半乳糖苷酶可将乳糖分解成葡萄糖和半乳糖。X-gal（5-bromo-4-chloro-3-indolyl-β-D-galactopyranoside，5-溴基-4-氯-3-吲哚-β-D-吡喃半乳糖苷）是乳糖的类似物，β-半乳糖苷酶可以降解 X-gal，产生蓝色物质。因此，在含有 X-gal 的平板上，不含插入片段的克隆菌斑为蓝色的，而含插入片段的阳性重组子的菌斑为白色的，从而可以检出阳性重组子。

本实验在采用浓度不同的 4 种脱氧核糖核苷酸、提高 Mg^{2+} 浓度、提高 Taq DNA 聚合酶的用量基础上，研究添加不同浓度的 Mn^{2+} 引起编码木聚糖酶的 *xyl*

基因突变频率的改变情况。易错 PCR 产物经纯化后，通过 TOPO TA 克隆到质粒载体上，转化到大肠杆菌 TOP10 细胞中，经蓝白斑筛选，得到阳性克隆，提取质粒后，送测序公司测序。把测序结果与 *xyl* 基因的 DNA 序列进行比对，找出突变的碱基，统计突变的碱基个数和突变的类型，计算出添加不同浓度的 Mn^{2+} 条件下的突变率。

三、实验材料

（1）实验菌株和质粒：大肠杆菌 TOP10（*E. coli* TOP10）；pCR2.1-TOPO；pET28a(+)-*xyl*，*xyl* 是 1368 bp 的木聚糖酶基因。

（2）试剂及培养基。

1）试剂：Taq DNA 聚合酶、PCR 缓冲液、dNTPs、dTTP、dCTP、$MnCl_2$、$MgCl_2$、盐溶液（1.2 mol/L NaCl、0.06 mol/L $MgCl_2$）、X-gal(用二甲基甲酰胺溶解 X-gal，配制成 20 mg/mL 的储存液，装有 X-gal 储存液的试管须用铝箔封裹，以防受光照而破坏，并应储存于−20℃）。

2）抗生素溶液：卡那霉素（kanamycin），储存液浓度为 50 mg/mL（溶于水），工作液浓度为 50 μg/mL；氨苄青霉素（ampicillin），储存液浓度为 50 mg/mL（溶于水），工作液浓度为 50 μg/mL。

3）引物：T7 Promoter Primer、T7 Terminator Primer、M13 Forward Primer、M13 Reverse Primer。

4）试剂盒：DNA 回收纯化试剂盒、提取质粒试剂盒。

5）培养基配制如下。

SOC 培养基：配制每升 SOC 培养基，在 950 mL 去离子水中加入 20 g 胰蛋白胨、5 g 酵母粉、0.5 g NaCl，使上述物质完全溶解，加 10 mL 250 mmol/L KCl 溶液（将 1.86 g KCl 用 100 mL 去离子水溶解，即配成 250 mmol/L KCl 溶液），用 5 mol/L NaOH 调 pH 至 7.0，用去离子水定容至 1 L，121℃高压蒸汽灭菌 20 min；高压灭菌后冷至 60℃以下，加入 20 mL 过滤除菌的 1 mol/L 葡萄糖溶液（1 mol/L 葡萄糖溶液的配制方法：用 90 mL 去离子水溶解 18 g 葡萄糖，完全溶解后，用去离子水定容到 100 mL，用 0.22 μm 滤器过滤处菌）；该溶液在使用前加入 5 mL 灭菌的 2 mol/L $MgCl_2$（2 mol/L $MgCl_2$ 溶液的配制方法：用 90 mL 去离子水溶解 19 g $MgCl_2$，用去离子水定容至 100 mL，121℃蒸汽灭菌 20 min）。

LB 培养基：10 g 胰蛋白胨、5 g 酵母粉、10 g NaCl，调 pH 至 7.0，去离子水定容至 1 L，121℃高压蒸汽灭菌 20 min。固体培养基需另添加 2%（*m/V*）的琼脂粉。

（3）主要仪器：离心机、恒温培养箱、恒温水浴锅、恒温摇床、PCR 仪、微量移液器。

四、实验步骤

（一）易错 PCR

（1）易错 PCR 反应体系各组分终浓度：$MnCl_2$ 的终浓度分别为 0 mmol/L、0.2 mmol/L、0.4 mmol/L、0.6 mmol/L、0.8 mmol/L、1.0 mmol/L，其他各组分的终浓度如下。

pET28a(+)-*xyl*（template DNA）	1～3 mg/L
Taq DNA polymerase	0.05 U/μL
1×PCR buffer	
dNTPs	0.2 mmol/L
$MgCl_2$	4 mmol/L
T7 promoter primer：5′-TAATACGACTCACTATA-3′	1 μmol/L
T7 terminator primer：5′-CCGCTGAGCAATAACTAGC-3′	1 μmol/L
dTTP	0.8 mmol/L
dCTP	0.8 mmol/L

（2）易错 PCR 反应程序：96℃ 30 min（1 个循环）；96℃ 15 s，60℃ 15 s，74℃ 2.5 min（30 个循环）；72℃ 10 min（1 个循环）；4℃保持。

（二）易错 PCR 产物的克隆、阳性重组子的检测及测序

（1）取经切胶回收纯化的 PCR 产物 4 μL、盐溶液 1 μL、pCR2.1-TOPO 载体 1 μL 到 PCR 管中，组成 TOPO 克隆反应液。

（2）轻轻混匀，在室温放置 30 s～30 min。

（3）冰浴。

（4）把已融化的 1 管大肠杆菌 TOP10 感受态细胞放在冰上。

（5）加 2 μL TOPO 克隆反应液到大肠杆菌 TOP10 感受态细胞中，混匀。

（6）冰浴 5～30 min。

（7）42℃热击 30 s。

（8）加入 250 μL 预热到室温的 SOC 培养基。

（9）37℃振摇 1 h。

（10）取 10～50 μL 上述培养液涂布在含 X-gal 和 50 μg/mL 卡那霉素的 LB 平板上。

（11）37℃培养过夜。

（12）挑取 3～5 个白斑的菌落，分别用包含 50 μg/mL 卡那霉素的 LB 液体培养基进行培养。

（13）用提取质粒试剂盒提质粒。

（14）送测序公司测序。

五、实验结果

把测序结果与 *xyl* 基因的 DNA 序列进行比对，找出突变的碱基，统计突变的碱基个数和突变的类型，填写表 26-1。

表 26-1　易错 PCR 生成随机突变的类型及突变频率

MnCl₂ 浓度 /mmol/L	A·T→G·C		G·C→A·T		A·T→T·A		G·C→C·G		整个基因的突变	
	突变的碱基数 /个	突变率 /%	突变的碱基数 /个	突变率 /%	突变的碱基数 /个	突变率 /%	突变的碱基数 /个	突变率 /%	突变碱基总数 /个	突变率 /%
0.0										
0.2										
0.4										
0.6										
0.8										
1.0										

六、思考题

1. 易错 PCR 技术包括哪些步骤？
2. 改变 PCR 反应的哪些条件可以降低 Taq DNA 聚合酶的保真性？
3. 添加 Mn²⁺降低 Taq DNA 聚合酶的保真性的原理是什么？通过实验结果，分析添加 Mn²⁺的作用是否显著？应该选择哪个 Mn²⁺浓度进行易错 PCR 反应？

七、参考文献

高义平, 赵和, 吕孟雨, 等. 2013. 易错 PCR 研究进展及应用. 核农学报, 27(5): 607~612.
卢圣栋. 1993. 现代分子生物学实验技术. 北京: 高等教育出版社.

第四章　微生物代谢调控的分析

微生物在长期的进化过程中形成了完善的代谢调控系统，以保证各种代谢活动经济而高效地进行。微生物的代谢调控主要有两种方式：酶合成的调控和酶活性的调控。本章主要介绍深红红螺菌固氮酶合成和活性的调控及测定的实验、检测大肠杆菌的 β-半乳糖苷酶的诱导合成和分解代谢物阻遏的实验及检测培养条件对重组大肠杆菌生长及聚羟基烷酸组成和产量的影响的实验。细菌对于酶合成的调控主要是通过转录水平的调控实现的，为此，本章还介绍 qPCR 法分析细菌目的基因转录水平差异的实验技术。

实验二十七　深红红螺菌固氮酶合成和活性的调控及测定

一、实验目的

1. 学习用厌氧瓶对微生物进行厌氧培养的方法。
2. 学习微生物的光照培养法。
3. 了解微生物代谢的灵活性及营养和环境条件对微生物生长的影响。
4. 学习深红红螺菌固氮酶合成和活性的调控机制。
5. 掌握深红红螺菌的培养方法及固氮酶酶活的测定方法。

二、实验原理

深红红螺菌（*Rhodospirillum rubrum*）属于 α-变形菌纲（Alphaproteobacteria）红螺菌目（Rhodospirillales）红螺菌科（Rhodospirillaceae）红螺菌属（*Rhodospirillum*），是红螺菌属的模式种。革兰氏阴性、细胞弧形或螺旋形、有极毛、运动，生活在阳光充足的静水处，一般进行厌氧性的光能异养生活，也可在黑暗与有氧条件下化能异养生长，具有代谢方式的灵活性。深红红螺菌虽是光合细菌，但在有氧时又可化能异养，集不产氧光合作用和固氮作用于一身，是理想的生理学实验材料。固氮过程中可产生清洁能源——氢气；光照培养时，细胞内积累大量有保健作用的色素——类胡萝卜素，具有广泛的应用前景。

固氮作用是把氮气转化成氨气的作用。自然界中氮的固定有两种方式：一种是非生物固氮，即通过闪电、高温放电或高温高压等作用进行，这样形成的氮化物很少；另一种是生物固氮，即通过微生物的作用来进行，这些微生物具有独特的固氮酶系统，能催化光合作用产物或其他化合物的电子和能量传递给氮气，使其还原成氨。生物界中只有少数原核生物具有固氮能力。生物固氮是自然界氮元素循环的重要环节，是为整个生物圈一切生物的生存和繁荣提供不可或缺和可持续供应的还原态氮化物的源泉。

固氮酶是具有生物固氮活性的对氧敏感的复合蛋白，一般由钼铁蛋白和铁蛋白两种组分组成。钼铁蛋白又称二氮酶或组分 I，为 $\alpha_2\beta_2$ 四聚体，分别由 *nifD* 和 *nifK* 编码，固氮酶活性中心位于钼铁蛋白中，催化 N_2 还原成氨；铁蛋白又称二氮酶还原酶或组分 II，为 γ_2 二聚体，由 *nifH* 编码，是钼铁蛋白的直接电子供体。生物固氮的化学反应式可表示为

$$N_2+8\,H^++8\,e^-+16\,ATP \longrightarrow 2\,NH_3+H_2+16\,ADP+16\,Pi$$

生物固氮是非常耗能的过程。面对巨大的能耗，固氮菌进化出一套精密的固氮调控系统。深红红螺菌固氮酶的合成在 *nif* 基因的转录水平上受到严密调控。除铵和氧作为重要的调节信号外，由于深红红螺菌等光合固氮细菌依靠光能提供能量，因此光也成为这些菌的固氮调控信号。此外，深红红螺菌固氮酶的活性还在翻译后水平受到严格调控。将深红红螺菌的细胞转到黑暗或有铵盐的环境中时，固氮酶迅速失活；而当铵盐耗尽或回到光照条件下，固氮酶立即恢复活性。固氮酶的这种活性调节方式就像开关，被称为 Switch off/Switch on，源于对铁蛋白的核糖基化修饰。参与此调控的是两种酶——二氮酶还原酶 ADP-核糖基转移酶（DRAT，由 *draT* 编码）和二氮酶还原酶激活糖苷水解酶（DRAG，由 *draG* 编码）。在黑暗或有铵盐时，DRAT 将 NAD 的 ADP-核糖基转移到铁蛋白 Arg101 残基，阻断电子从铁蛋白到钼铁蛋白的转移，使固氮酶失去活性。在光照或铵盐耗尽后，DRAG 将 ADP-核糖基从铁蛋白上水解下来，使固氮酶恢复活性（图 27-1）。

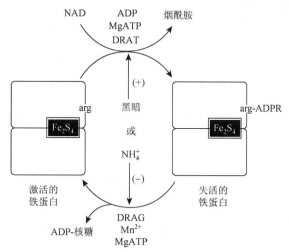

图 27-1 通过 ADP-核糖基化修饰铁蛋白调控深红红螺菌固氮酶酶活（Halbleib et al.，2000）

DRAG 为固氮酶还原酶激活糖苷水解酶；DRAT 为固氮酶还原酶 ADP 核糖基转移酶；Fe_2S_4 为铁蛋白中的铁硫簇；arg 为铁蛋白中的 101 位精氨酸。

固氮酶除能催化 $N_2 \longrightarrow NH_3$ 外，还具有催化 $2H^++2e^- \longrightarrow H_2$ 的氢化酶活性。在

缺少 N_2 的环境中，固氮酶可将 H^+ 全部还原成 H_2 释放。即使在有 N_2 的环境里，固氮酶也只是用 75% 的电子去还原 N_2，而另外 25% 用来产生 H_2。

固氮酶还能催化多种双键或三键底物的还原，其中把 C_2H_2 还原成 C_2H_4（乙炔还原法）是测定固氮酶活性的一个快速有效的方法。乙炔的减少量和乙烯的生成量可用气相色谱法检测。

气相色谱法是利用样品中各组分在气相和固定相间的分配系数不同，当气化后的样品被载气带入色谱柱中运行时，组分就在其中的两相间进行反复多次分配，由于固定相对各组分的吸附或溶解能力不同，因此各组分在色谱柱中的运行速度就不同，经过一定的柱长后，便彼此分离，按顺序离开色谱柱进入检测器，产生的离子流讯号经放大后，在记录器上描绘出各组分的色谱峰。

气相色谱仪一般由 5 部分组成（图 27-2）：①载气系统，包括气源、气体净化、气体流速控制和测量；②进样系统，包括进样器、汽化室（将液体样品瞬间汽化为蒸气）；③色谱柱，包括色谱柱和恒温控制装置（将多组分样品分离开）；④检测系统，包括检测器和控温装置；⑤记录系统，包括放大器、记录仪或数据处理装置、工作站等。

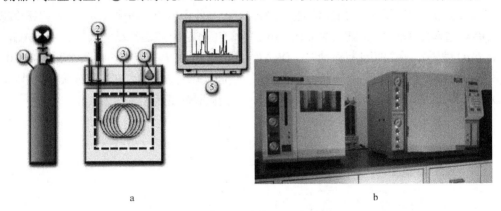

a　　　　　　　　　　　　　　　b

图 27-2　气相色谱仪示意图（a）和 SQ-204 型气相色谱（b）

①载气系统；②进样系统；③色谱柱；④检测系统；⑤记录系统

适合气相色谱法的检测器有火焰离子化检测器（FID）、热导检测器（TCD）、氮磷检测器（NPD）、火焰光度检测器（FPD）、电子捕获检测器（ECD）、质谱检测器（MS）等。其中火焰离子化检测器对烃类化合物响应良好，适合检测大多数的烃类化合物。

气相色谱柱主要有填充柱和毛细管柱两种类型。本实验采用的 GDX-502 气相填充色谱柱，是以二乙烯苯含氮杂环单体共聚物形成的高分子多孔小球为色谱担体。极性较强，常用来分离 C1、C2 烃，能完全分离 C_2H_6、C_2H_4、C_2H_2。

三、实验材料

（1）菌种：深红红螺菌（*Rhodospirillum rubrum*）。

（2）各种培养基的配制方法如下。

1）SMN 培养基（种子培养基）：每 1000 mL 培养基含 4.0 g DL-苹果酸、1.0 g 氯化铵、3.0 g 酵母粉、3.0 g 酪蛋白水解物、10 mL $MgSO_4$ 储存液、10 mL $CaCl_2$ 储存液、10 mL HEFN 储存液，用 NaOH 调节 pH 到 6.8，121℃灭菌 30 min，再加入 5 mL 单独灭菌的磷酸缓冲液。

2）MG 培养基（脱阻遏培养基）：每 1000 mL 培养基含 4.0 g DL-苹果酸、1.33 g 谷氨酸钠、10 mL $MgSO_4$ 储存液、10 mL $CaCl_2$ 储存液、10 mL HEFN 储存液，用 NaOH 调节 pH 到 6.7，121℃灭菌 30 min，再加入 5 mL 单独灭菌的磷酸缓冲液。

3）MN 培养基（富铵培养基）：基本与 MG 培养基相同，只是用 1.0 g NH_4Cl 替代 1.33 g 谷氨酸钠。

4）各种储存液的配制。

HEFN 储存液（1 L，100×）：0.4 g Fe-citrate，2.0 g EDTA-Na_2，0.28 g H_3BO_3，0.1 g Na_2MO_4。

氯化钙储存液（1 L，100×）：10 g $CaCl_2·2H_2O$。

硫酸镁储存液（1 L，100×）：25 g $MgSO_4·7H_2O$。

磷酸缓冲液（300 mL，200×）：54 g K_2HPO_4，6 g KH_2PO_4。

注意：上述均为液体培养基配方，固体培养基则添加 1.5%的琼脂粉后高压灭菌。

（3）仪器：SQ-204 型气相色谱、空气浴摇床、水浴摇床、50 mL 厌氧瓶、10 mL 血清瓶、高纯氩气（99.99%）、气体减压阀。

四、实验步骤

（一）深红红螺菌的培养

1. 菌种的活化

（1）将 SMN 平板上活化好的单菌落接种到 5 mL 的 SMN 液体培养基中，30℃、100 r/min 振荡培养 24 h。

（2）以 4%的接种量接种到 40 mL 的 SMN 培养基中，以相同的条件培养 24 h。

（3）同样方法再转接一次，以相同条件培养 24 h。第三次仍按 4%接种量接种，但种子的培养时间不超过 15 h。

2. 产固氮酶细胞的培养

（1）在超净工作台里打开已灭菌的厌氧瓶，无菌操作倒入 50 mL MG 液体培养基（注意：为避免培养过程中产气使厌氧瓶破裂，灌注培养基时在厌氧瓶顶部要预留 1 mL 的空隙），并将 2～4 mL 种子接种到厌氧瓶中。

（2）盖紧厌氧瓶的瓶塞。

（3）把 20 mL 灭菌的注射器插入并穿过厌氧瓶橡胶塞，且到达厌氧瓶上层空隙（注意：注射器的针头一定要在厌氧瓶的上层空隙处，既不能在胶塞内，也不能进入培养基中），以收集培养过程中产生的气体（图 27-3）。

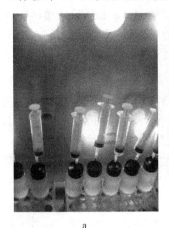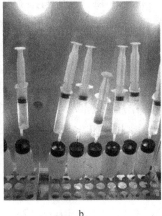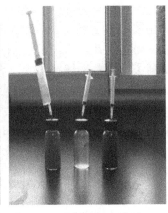

a　　　　　　　　　　　　b　　　　　　　　　　　　c

图 27-3　深红红螺菌的培养（见图版）

a. MG 培养基培养 10.5 h 的照片，厌氧瓶中的颜色呈浅粉色，有些注射器中已有少量气体；b. MG 培养基培养 36 h 的照片，厌氧瓶中的颜色呈红色，注射器中有大量气体；c. MG 培养基光照培养（左为产固氮酶细胞培养）、MG 培养基黑暗培养（中为对照 1）及 SMN 培养基光照培养（右为对照 2）40 h 的照片，左边和右边厌氧瓶的培养液为红色，左边的注射器收集到大量气体，右边的注射器中无气体。中间厌氧瓶内的培养液无色透明，与培养前相同，注射器内无气体产生

（4）30～33℃，光照培养。光照强度为 2000～2500 lx，由 12 个超反射灯泡提供。在持续光照条件下培养 40 h。

（5）设 3 个对照：对照 1（黑暗反应条件），只是将光照培养改为黑暗培养，其余条件不变；对照 2（有铵反应条件），只是将 MG 培养基换成 MN 培养基，其余条件不变；对照 3（有空气反应条件），只是将厌氧瓶换为摇瓶，其余条件不变。

（6）分别测定上述培养条件下菌液的 OD_{600} 值。

（7）分别记录上述培养条件下注射器收集的气体体积。

（8）分别在光照、黑暗及有铵盐的反应条件下测定固氮酶酶活。

（二）固氮酶酶活测定

1. 排水法制备无氧充氩的血清瓶

在水里使 10 mL 血清瓶充满水，盖上反口胶塞（注意：不要产生气泡）。把血清瓶拿出水面，插入两根针头。一根用来通高纯氩气，另一根用来排水。水排尽后，同时拔去两根针头，此时的血清瓶中充满氩气且无氧气。如果有抽充氩气的装置，可采用将容积为 10 mL 的血清瓶加上新的反口橡胶塞抽充氩气 20 次，来制备无氧充氩的血清瓶。

2. 测定固氮酶活的反应

（1）固氮酶活性测定采用乙炔还原法。从厌氧瓶中用密封性良好的注射器取 1 mL 细胞培养液注入无氧充氩的血清瓶里，另取一支注射器注入 0.9 mL 乙炔，30℃，120 r/min 水浴振荡，光照反应 20 min（光照由两个 50 W 白炽灯提供）。加入 0.2 mL 的 30%三氯乙酸（TCA）终止反应。

（2）分别设置反应条件为黑暗、有铵盐、有空气 3 个对照：对照 1（黑暗反应条件），采用铝箔纸包裹血清瓶的避光处理，其余条件与测固氮酶活的反应相同；对照 2（有铵盐的反应条件），在充满氩气的血清瓶内先加入 0.1 mol/L NH_4Cl 0.1 mL，其余条件与测固氮酶活的反应相同；对照 3（有空气的反应条件），血清瓶不充氩气，其余条件与测固氮酶活的反应相同（注意：上述对照只针对产固氮酶培养条件的菌液进行）。

3. C_2H_4 含量的测定

上述反应产物——C_2H_4 的含量测定采用氢离子火焰气相色谱。上样量 100 μL。测定条件：SQ-204 型气相色谱仪；FID 检测器；GDX-502 填充柱，柱长 1 m，载气为氮气，柱温 70℃，检测器温度 120℃。

$$固氮酶活性 \left[nmol\ C_2H_4/(h \cdot OD_{600} \cdot mL) \right] = \frac{峰面积 \times 10倍气相体积 \times 60}{1\ nmol\ C_2H_4 峰面积 \times 60 \times OD_{600}}$$

（三）C_2H_4 标准峰面积的测定

（1）根据公式 $PV=nRT$ 计算当时的实验条件下 1 nmol 气体的体积。以常温 23℃，大气压 762 mmHg 计算，1 mol 气体的体积为 22.2 L，1 nmol 的气体体积为 22.2×10^{-6} mL。

（2）将装满水的 100 mL 反应瓶盖上胶塞（注意：在水中进行，使瓶中无空气）。取出后拔开胶塞，倒出 100 mL 水（注意：用容量瓶量取），则瓶中气体体积为 100 mL，如此制备 2 个气体空间为 100 mL 的反应瓶。并分别标记为反应瓶 1 和反应瓶 2。

（3）用注射器从反应瓶 1 中抽取 2.22 mL 气体，从反应瓶 2 中抽取 1 mL 气体。

（4）从 C_2H_4 标准气体袋中取 2.22 mL 气体注入反应瓶 1 中，则 1 号反应瓶中 100 mL 气体空间的配比为 2.22 mL C_2H_4+97.78 mL 空气。

（5）从 1 号反应瓶中取 1 mL 混合气体注入 2 号反应瓶中，则该 100 mL 的气体中含 0.0222 mL 的 C_2H_4。

（6）从 2 号反应瓶中取 100 μL 的混合气体（内含 22.2×10^{-6} mL，即 1 nmol C_2H_4），测气谱反应的峰面积，即为 1 nmol C_2H_4 标准峰面积。

五、实验结果

（1）记录不同培养条件下深红红螺菌的生长及代谢，填表 27-1。

表 27-1　不同培养条件下深红红螺菌的生长及代谢

	产固氮酶培养条件	对照 1 黑暗培养条件	对照 2 有铵培养条件	对照 3 有空气培养条件
OD$_{600}$ 值				
注射器收集气体的体积/mL				
固氮酶酶活/[nmol C$_2$H$_4$/(h·OD$_{600}$·mL)]				

（2）计算不同反应条件下固氮酶的酶活，填表 27-2。

表 27-2　不同反应条件下固氮酶的酶活

	固氮酶测定标准反应条件	对照 1 黑暗反应条件	对照 2 有铵反应条件	对照 3 有空气反应条件
固氮酶酶活/[nmol C$_2$H$_4$/(h·OD$_{600}$·mL)]				

六、思考题

1. 分析表 27-1，说明固氮酶的合成需要哪些条件？为什么？

2. 分析表 27-2，说明铵、光和空气是如何对固氮酶活性进行调控的。

3. 在光照、厌氧用 MG 培养基在厌氧瓶中培养深红红螺菌时，为什么要在厌氧瓶上插注射器？试分析注射器中的气体成分。

4. 通过本实验分析深红红螺菌（*Rhodospirillum rubrum*）的营养类型。

5. 简述采用气相色谱仪，用乙炔还原法测定固氮酶的原理。

七、参考文献

彭涛, 关国华, 姜伟, 等. 2012. 深红红螺菌固氮酶调控机理验证实验设计及实践. 实验技术与管理, 29(3): 52~55.

沈萍, 陈向东. 2006. 微生物学. 2 版. 北京: 高等教育出版社: 85.

周德庆. 2002. 微生物学教程. 2 版. 北京: 高等教育出版社: 133~138.

周德庆, 徐士菊. 2005. 微生物学词典. 天津: 天津科学技术出版社: 714.

朱瑞艳, 李季伦. 2009. 人工光照条件下深红红螺菌的氢代谢途径. 科学通报, 54(21): 3320~3325.

Halbleib C M, Zhang Y, Ludden P W. 2000. Regulation of dinitrogenase reductase ADP-ribosyltransferase and dinitrogenase reductase-activating glycohydrolase by a redoxdepent conformation change of nitrogenase Fe protein. J Biol chem, 275: 3493~3500.

Moat A G, Foster J W, Specter M P. 微生物生理学. 4 版. 李颖, 文莹, 关国华, 等译. 2009. 北京: 高等教育出版社: 336~339.

Wang D, Zhang Y, Welch E, et al. 2010. Elimination of Rubisco alters the regulation of nitrogenase activity and increases hydrogen production in *Rhodospirillum rubrum*. International Journal of Hydrogen Energy, 35: 7377~7385.

Willey J M, Sherwood L M, Woolverton C J. 2008. Prescott, Harley, and Klein's Microbiology. 7th ed. New York: Mc Graw Hill Higher Education.

Zhu R, Li J. 2010. Hydrogen metabolic pathways of *Rhodospirillum rubrum* under artificial illumination. Chinese Sci Bull, 55(1): 32~37.

Zou X, Zhu Y, Pohlmann E L, et al. 2008. Identification and functional characterization of NifA variants that are independent of GlnB activation in the photosynthetic bacterium *Rhodospirillum rubrum*. Microbiology, 154: 2689~2699.

实验二十八　培养条件对重组大肠杆菌生长及聚羟基烷酸产量和组成的影响

一、实验目的

本实验采用发酵法生产聚羟基烷酸，观察不同的发酵条件和培养基成分对重组大肠杆菌生长及合成最终产物的影响，学习重组细菌发酵的基础知识，同时也对生物塑料有一个初步了解。

二、实验原理

聚羟基（链）烷酸（酯）（PHA）是一类长链状聚酯类大分子化合物，它们可以是同聚物也可以是共聚物，其单体为含有 3~16 个碳原子并带有羟基的羧酸。在自然界中，PHA 是原核生物细胞内碳源和能源的贮藏颗粒。当环境中碳源丰富而其他营养成分相对匮乏时，许多细菌都能积累大量的 PHA，其中以 3-羟基丁酸（3-HB 或 β-HB）的同聚物——聚-β-羟基丁酸（酯）[PHB 或称 P（3HB）]最为常见。

在有关 PHA 产生菌的研究工作中，以对钩虫贪铜菌（*Cupriavidus necator*）、旧称真养产碱杆菌（*Alcaligenes eutrophus*）、富养罗尔斯通氏菌（*Ralstonia eutropha*）、富养沃特氏菌（*Wautersia eutropha*）等的研究最为深入。该菌合成 PHB 的途径由 3 步反应构成（图 28-1），催化这 3 个反应的酶依次为 β-酮硫解酶（phbA）、乙酰乙酰辅酶 A（CoA）还原酶（phbB）、PHB 聚合酶（phbC）。它们的基因在染色体上形成一个操纵子（*phbCAB* operon）（图 28-2）。

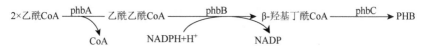

图 28-1　钩虫贪铜菌中 PHB 的合成途径

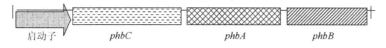

图 28-2　钩虫贪铜菌的 *phbCAB* 操纵子示意图

1962 年 Baptist 首先提出 PHA 具有热可塑性，是一种可塑性材料。与化工合成的传统塑料相比，PHA 具有诸多优良特性，如在自然环境中可被彻底降解、具有良好的生物相容性、具有压电效应、对紫外辐射有一定抗性、气体分子不易通过等，因而在环境保护、医用材料、食品包装等方面有广阔的应用前景。此外，PHA 的生产采用的原料是可再生的物质，如碳水化合物等，为石油资源枯竭后的塑料生产提供了一条新的途径。

1976 年由于国际石油价格连年上涨，英国帝国化学工业公司（ICI）开始了用贪铜菌发酵生产 PHB 的研究，以期能部分代替合成塑料。此后虽然国际油价回落，但 PHB 塑料的特点却吸引了更多的科学家，许多国家的政府（包括我国在内）也相继投入了大量的人力、物力进行 PHB 塑料的研制和开发工作。由于纯的 PHB 质地硬且脆，加工困难，于是人们又在贪铜菌的培养基中加入丙酸或戊酸等前体物质，合成了 3-羟基丁酸（3HB）与 3-羟基戊酸（3HV）的共聚物[P(3HB-co-3HV)]，该共聚物容易加工，且随着 3HV 在共聚物中比例的不同，可形成多种物理性能的一系列产物，大大拓宽了 PHA 的应用范围。

目前，有关 PHA 的研究主要集中在降低生产成本、合成新型的 PHA 和开发 PHA 的用途等方面。其中降低成本的研究又可分为 4 种途径，即改造高产菌株、构建重组菌株、构建转基因植物及利用廉价碳源。

中国农业大学微生物生物技术实验室构建了一株含有贪铜菌 PHA 合成操纵子的重组大肠杆菌，PHB 聚合酶组成型表达，但该酶的活性受环境条件的影响。本实验以其为生产菌种，采用发酵法生产 PHB 和 P（3HB-co-3HV），用国际上普遍采用的毛细管柱气相色谱法测定 PHB 在菌体中的含量，用经典的有机溶剂法提纯产物。在实验中，设计了不同发酵条件，同学们可以观察到溶氧、培养基种类及前体物质等对菌体内 PHA 合成量及组分的影响，从而使大家对 PHA 的研究和生产方法有一个初步的了解。

三、实验材料

（1）菌种：本实验所用菌种为重组大肠杆菌 HMS174（pTZ101）（*Escherichia coli*）[HMS174（pTZ101）]，该菌中的重组质粒 pTZ101 上含有贪铜菌的 *phbCAB* 操纵子。

（2）培养基及试剂的配制如下。

1）各种培养基的配制情况如下。

实验中使用的平板培养基为加富的 LB 培养基：每升含有 10 g 胰蛋白胨、5 g 酵母粉、5 g NaCl、10 g 葡萄糖、100 mg 氨苄青霉素（Amp）、15 g 琼脂，pH 7.5；种子培养基除不含琼脂外，其余成分与平板培养基相同，每 50 mL 培养液分装于一个 300 mL 的锥形瓶中。

发酵培养基分为两种：其一也是加富的 LB 培养基，每升含 40 g 葡萄糖，其余成分与种子培养基相同；其二是一种合成培养基，每升含 40 g 葡萄糖、6.7 g $Na_2HPO_4 \cdot 12H_2O$、1.5 g KH_2PO_4、2.0 g $(NH_4)_2SO_4$、0.2 g $MgSO_4 \cdot 7H_2O$、60 mg 柠檬酸铁铵、10 mg $CaCl_2 \cdot 2H_2O$、1 mL 微量元素液、100 mg 氨苄青霉素，pH 7.2。其中每升微量元素液含

0.3 g H_3BO_3、0.2 g $CoCl_2•6H_2O$、30 mg $MnCl_2•4H_2O$、30 mg $NaMoO_4•2H_2O$、20 mg $NiCl_2•6H_2O$、10 mg $CuSO_4•5H_2O$。

配制发酵培养基时，由于需要预留出接种的体积，每升培养液的全部成分实际上只溶解于 900 mL 水中。发酵培养基配好后，每 90 mL 培养液分装于一个 500 mL 的锥形瓶中。所有培养基中的葡萄糖、磷酸盐均需单独灭菌，氨苄青霉素需过滤除菌，用前加入培养基中。

实验中所设定的培养温度为 37℃，摇床转速分别为 150 r/min、250 r/min、350 r/min。

2）3,5-二硝基水杨酸试剂：3,5-二硝基水杨酸试剂由甲、乙两种溶液混合而成；甲液的配制方法是将 6.9 g 重结晶的苯酚溶解于 15.2 mL 10%的 NaOH 溶液中，用水稀释至 69 mL，再加入 6.9 g Na_2SO_3；乙液的配制过程为将 255 g 酒石酸钾钠溶解于 300 mL 10% NaOH 溶液中，再加入 880 mL 1%的 3,5-二硝基水杨酸溶液；甲、乙两液混合可得黄色试剂，室温下储藏于棕色瓶中 7～10 d 后即可使用。

3）铵离子浓度测定所用的试剂：本实验采用靛酚蓝比色法测定发酵培养液中 NH_4^+-N 的含量，这种方法需要配制 3 种试剂。

酚溶液：每升含 10 g 苯酚、100 mg 硝普钠（剧毒）[$Na_2Fe(CN)_5NO•2H_2O$]，此试剂不稳定，须储存于暗色瓶中并置于 4℃冰箱内，用时温热至室温。

次氯酸钠碱性溶液：每升含 10 g NaOH、9.42 g $Na_2HPO_4•12H_2O$、31.8 g $Na_3PO_4•12H_2O$ 和 10 mL 5.25% NaOCl（即含有效氯 5%的漂白粉溶液），保存方法与酚溶液相同。

掩蔽剂：将 400 g/L 的酒石酸钾钠（$KNaC_4H_4O_6•4H_2O$）与 100 g/L 的 EDTA 二钠盐溶液等体积混合，再于每 100 mL 混合液中加 0.5 mL 10 mol/L NaOH 溶液，即得清亮的掩蔽剂溶液。

4）苏丹黑染色液：苏丹黑染色液通常用于细胞内脂类物质的染色，系含 0.25% 苏丹黑 B 的 70%乙醇溶液。

5）番红染色液：2 g 番红 O（safranin O）溶解于 100 mL 蒸馏水中。

6）PHA 酯化所用的溶液：PHA 含量与组分的测定多用毛细管柱气相色谱法，须事先将样品中的 PHA 酯化。酯化所用的溶液包括含 15%硫酸的无水甲醇溶液和含 0.25 mg/mL 苯甲酸的氯仿溶液（注意：这两个溶液中不能含水）。

（3）主要仪器设备：超净工作台、摇床、恒温水浴锅、回馏装置、气相色谱仪、分析天平、抽滤装置、离心机。

四、实验方法

（一）葡萄糖浓度的测定

采用 DNS 定糖法测定葡萄糖含量。将标准糖液或待测样品稀释至 1 mg/mL 以下

（本实验中发酵液须稀释 50～100 倍）。取 2 mL 稀释糖液与 1.5 mL 3, 5-二硝基水杨酸试剂混合（装于在 25 mL 刻度试管中），在沸水浴中加热 5 min，用冷水冷却至室温。用蒸馏水定容至 25 mL，混匀，于 520 nm 处测量吸光值。以标准糖液的浓度为横坐标，以吸光值为纵坐标绘制标准曲线（表 28-1）。待测糖液的浓度可于曲线上查出。

表 28-1　葡萄糖测定标准曲线

	空白	1	2	3	4	5	6	7	8
含糖总量/mg	0.0	0.2	0.4	0.6	0.8	1.0	1.2	1.4	1.6
0.1%葡萄糖标准液/mL	0.0	0.2	0.4	0.6	0.8	1.0	1.2	1.4	1.6
蒸馏水/mL	2.0	1.8	1.6	1.4	1.2	1.0	0.8	0.6	0.4
DNS 试剂/mL	1.5	1.5	1.5	1.5	1.5	1.5	1.5	1.5	1.5

（二）铵离子浓度的测定

本实验采用靛酚蓝比色法测定发酵培养液中 NH_4^+-N 的含量。制作标准曲线时，须先配制含 50 mg/L NH_4^+-N 的$(NH_4)_2SO_4$标准溶液[$(NH_4)_2SO_4$须预先烘干]，分别取 0 mL、0.5 mL、1 mL、2 mL、3 mL、4 mL、5 mL 溶液放入 50 mL 容量瓶中，补足至 30 mL，各加 5 mL 酚溶液和 5 mL 次氯酸钠碱性溶液，摇匀。在 40℃水浴中保温 10 min，再加入 1 mL 掩蔽剂，并定容至 50 mL，最后于 625 nm 处测定吸光值。

测定发酵液中的 NH_4^+-N 时，须将样品稀释 25～50 倍，加 1 mL 稀释液至容量瓶中，然后按制作标准曲线的步骤操作，最终在标准曲线上查出发酵液中 NH_4^+或$(NH_4)_2SO_4$的浓度。

（三）PHB 颗粒的染色与观察

PHB 染色方法如下。
（1）常规涂片，火焰固定。
（2）苏丹黑染色 10 min（注意：不要让染液干掉），而后，用水轻轻冲洗，干燥。
（3）二甲苯脱色，风干。
（4）番红复染 1 min，水洗，干燥。
（5）油镜观察。PHB 颗粒为淡红色菌体中的黑色颗粒。

（四）干菌体中 PHA 含量的测定

PHA 含量与组分的测定多用毛细管柱气相色谱法，该法可分为酯化和测定两步。由于步骤较多，为消除误差，系统中加入苯甲酸作为内标。

1. 酯化

PHA 是高聚物，用气谱测定时须先将其在硫酸作用下水解成单体，再与甲醇形成相应的甲酯。

称取 20～50 mg 的干菌体样品，加 2 mL 含 15%硫酸的无水甲醇溶液和 2 mL 含 0.25 mg/mL 苯甲酸的氯仿溶液，然后于 90℃回馏 3 h（切忌系统中进水），加 2 mL 蒸馏水，用振荡器充分混匀，静置待其分层（若分层不理想，可于 4000×g 离心 10 min），取出下层有机相，加几粒无水硫酸钠颗粒脱水，将有机相转入另一容器（勿将硫酸钠带入）。标准 PHA 样品也做相同处理。

2. 测定

本实验所用色谱仪为惠普（HP）6890 型气相色谱仪，色谱柱为 HP-5（Crosslink 5% PH ME Siloxane）型毛细管柱（27 m），载气为高纯度的氮气，检测器为氢离子火焰检测器（FID）。测定步骤如下。

（1）打开载气（氮气）、空气、氢气。

（2）打开气相色谱仪，使之完成自检。

（3）打开计算机，启动化学工作站联机程序。

（4）调用名称为"TIAN"的方法。

（5）待计算机左上角屏幕出现"Ready"时，于前进样口进样（进样量为 0.5～1.0 μL），进样后立即按一下色谱仪主机上的"Start"键。

（6）测定过程采用程序升温法（程序中已经设定好了）：初温为 60℃，保持 2 min，然后以每分钟 8℃的速度升温至 180℃，并保持 5 min。与此同时，计算机屏幕上会显示出不同组分的峰，溶剂（两个峰）、3HB、3HV、苯甲酸的保留时间分别约为 1.6 min、1.9 min、3.9 min、5.0 min、8.2 min。由于每次操作不同可能会引起一定的差异，请注意内标的位置。

（7）测定结束后，计算机会自动显示各组分的保留时间、峰面积等信息，记录相关信息并代入以下公式，便可计算出 3HB、3HV 在干细胞中的质量百分含量。

$$3HB(3HV)\% = \frac{A_s}{A_o} \times \frac{W_o \times a}{W_s} \times \frac{A_{bo}}{A_{bs}} \times 100\%$$

式中，A_o 为标准品中 3HB 或 3HV 的峰面积；A_s 为样品 3HB 或 3HV 的峰面积；W_o 为所称标准品的质量（mg）；a 为标准品中 3HB 或 3HV 的含量；W_s 为所称干菌体样品的质量（mg）；A_{bo} 为标准品中苯甲酸的峰面积；A_{bs} 为样品中苯甲酸的峰面积。

五、实验步骤

本实验共分 5 个组，每组前两步相同，从第 3 步起分组进行。

1. 活化菌种

将冷冻保存的甘油菌种在含 Amp 和葡萄糖的 LB 平板上划线两次，37℃培养 24 h。

2. 接种摇瓶种子

每组各选取一个直径为 1 mm 的菌落，镜检后，接 1 瓶种子摇瓶，于 37℃进行摇床培养，摇床转速为 350 r/min，并监测发酵液的 OD_{600} 值。这个过程需 7～9 h（注意：在 $OD_{600}>1.0$ 时，须先将菌液稀释至 1.0 以下，再测定吸光值或涂片观察）。

3. 接种发酵摇瓶

（1）种子瓶 $OD_{600}>1.0$ 时（用测定剩余稀释菌液涂片），每组接种 3 瓶发酵摇瓶，接种量为每瓶 10 mL。

（2）第 1 组、第 2 组、第 3 组：发酵培养基是含 4% 葡萄糖的 LB 培养基，其中第 1 组摇床转速为 150 r/min，第 2 组摇床转速为 250 r/min，第 3 组摇床转速为 350 r/min。发酵过程中监测发酵液的 OD_{600} 值，至 OD_{600} 值不再增加时终止培养，时间为 16～24 h。第 4 组：发酵培养基是合成培养基，其他条件、要求与第 3 组相同。第 5 组：发酵培养基是合成培养基，还含有 4 mmol/L 的丙酸，其他条件、要求与前几组相同。

4. 收获菌体制备干菌体

（1）摇瓶发酵结束时，测定发酵液的 pH、波长 600 nm 处的吸光值、残糖和铵的浓度，并用测定后者时剩余的稀释菌液涂片。

（2）同时，离心收获菌体（$4000\times g$, 20 min）。然后弃去上清，并用 40 mL 蒸馏水将菌体重悬后，合并到 1 个离心管内，再次离心（$4000\times g$, 20 min），并弃去上清。

（3）加 10～20 mL 丙酮，重悬菌体，并离心（$4000\times g$, 10 min），并将上清液（含水丙酮）暂时储存于一空试剂瓶中，以备日后回收（如干燥效果不好，可用 10 mL 丙酮再洗一次菌体）。将菌体于 60～80℃烘干（需 14～20 h，如效果不好，可将菌体捣碎，置培养皿中，开盖，继续烘烤）。烘干后的菌体用研钵研成干粉，以备测定和提取。

5. 测定菌体干粉中 PHA 的含量

称取约 30 mg 干菌体和约 20 mg 标准品，记录准确的数值，分别按"实验方法"中的步骤进行酯化，取 0.5～1 μL 有机相，用气相色谱进行测定，并按公式计算出 3HB 和 3HV 在干菌体中的含量。

6. PHA 的提取

称取 0.5 g 菌体干粉，倒入回馏装置的烧瓶中，加入 50～60 mL 氯仿，于 70℃回馏 3 h（系统中切忌进水），趁热抽滤。

所得氯仿溶液与 5～6 倍体积预冷的正己烷混合，PHA 即会从氯仿溶液中析出。再次抽滤，所得 PHA 用少量乙醚洗涤（乙醚的量以恰好没过 PHA 为宜），干燥后即得纯的 PHA（记录其质量）。氯仿与正己烷的混合液也可暂储存于棕色瓶中以备将来回收。

六、实验结果与讨论

1. 绘制发酵摇瓶的生长曲线。

2. 测定干菌体中 PHA 的组分和百分含量。

3. 计算 PHA 的提取率。

4. 试比较实验中几种培养方法所得到的结果，并加以分析。

5. 请简要评价采用本方法制备 PHA 的关键步骤。

七、参考文献

Braunegg G, Sonnleitner B, Lafferty R M. 1978. A rapid gas chromatographic method for the determination of poly-β-hydroxybutyric acid in microbial biomass. Eur J Appl Microbiol Biotechnol, 6: 29~37.

Burdon K L. 1946. Fatty acid material in bacteria and fungi revealed by staining dried, fixed slide preparations. J Bacteriol, 52: 665~678.

Foster L J R. 2007. Biosynthesis, properties and potential of natural-synthetichybrids of polyhydroxyalkanoates and polyethylene glycols. Applied Microbiology and Biotechnology, 75: 1241~1247.

Hazer B, Steinbüchel A. 2007. Increased diversification of polyhydroxyalkanoatesby modification reactions for industrialand medical applications. Appl Microbiol Biotechnol, 74: 1~12.

Misra S K, Valappil S P, et al. 2006. Polyhydroxyalkanoate (PHA)/Inorganic phase composites for tissue engineering applications. Biomacromol, 7 (8): 2249~2258.

Rehm B H A. 2006. Genetics and biochemistry of polyhydroxyalkanoategranule self-assembly: the key role of polyester synthases. Biotechnol Lett, 28: 207~213.

Suriyamongkol P, Weselake R, Narine S, et al. 2007. Biotechnological approaches for the production of polyhydroxyalkanoates in microorganisms and plants-a review. Biotechnol Adv, 25: 148~175.

Verlinden R A J, Hill D J, Kenward M A, et al. 2007. Bacterial synthesis of biodegradable polyhydroxya-lkanoates. J Appl Microbiol, 102: 1437~1449.

实验二十九　大肠杆菌β-半乳糖苷酶的诱导合成和分解代谢物阻遏

一、实验目的

1. 掌握大肠杆菌 β-半乳糖苷酶的诱导合成及其调控的实验方法。

2. 学习细菌 β-半乳糖苷酶活力的测定方法。

3. 加深对乳糖操纵子学说的理解。

二、实验原理

1. β-半乳糖苷酶的诱导合成和分解代谢物阻遏原理

β-半乳糖苷酶（β-glactosidase）是一种能把乳糖水解成葡萄糖和半乳糖的糖苷水

解酶，是大肠杆菌诱导酶的典型，其结构基因位于乳糖操纵子内。大肠杆菌乳糖操纵子模型最早由 Jacob 和 Monod 在 1960～1961 年提出，是第一个被发现的可诱导的操纵子，它包括依次排列的 CAP 结合位点、启动子、操纵基因和 3 个结构基因（图 29-1）。CAP 是分解代谢物激活蛋白，又称 cAMP 受体蛋白，该蛋白先与 cAMP 结合，再与启动基因结合，与启动基因结合时能促进 RNA 聚合酶与启动基因结合，促进结构基因转录；启动子 *lacP*（P）是 RNA 聚合酶结合位点，启动基因的转录和翻译；操纵基因 *lacO*（O）是阻遏蛋白结合位点，阻碍 RNA 聚合酶与 P 序列结合，抑制转录启动；3 个结构基因分别为 *lacZ*（Z）、*lacY*（Y）、*lacA*（A）。*lacZ* 编码半乳糖苷酶，负责水解乳糖的 β-1, 4 糖苷键，产生 β-半乳糖和 β-葡萄糖；*lacY* 编码 β-半乳糖苷通透酶，该酶是一种膜结合蛋白，它构成转运系统，负责将乳糖运入细胞中；*lacA* 编码 β-半乳糖苷转乙酰基酶，其功能是将乙酰辅酶 A 上的乙酰基转移到 β-半乳糖苷上。阻遏蛋白是一种变构蛋白，当细胞中有乳糖或其他诱导物时，阻遏蛋白与诱导物结合，使阻遏蛋白的构象发生改变，失去封闭操纵基因 *lacO* 的能力，从而使吸收和分解乳糖的酶被诱导产生；如果没有诱导物存在，阻遏蛋白结合在 *lacO* 上，封闭了操纵基因，使转录不能进行（王镜岩等，2002）。具体来讲，大肠杆菌乳糖操纵子控制乳糖的分解代谢，分解代谢的底物（乳糖或半乳糖苷）可作为小分子诱导物。当诱导物存在时，*lacZ* 和其他结构基因开始转录，翻译出大量的酶，这一作用过程称为诱导合成。大肠杆菌生长在以甘油为唯一碳源的培养基中时，每个细胞仅含几个分子的 β-半乳糖苷酶，一旦加入乳糖，细胞内 β-半乳糖苷酶的量在 2～3 min 内剧增 10^3～10^5 倍。如果移去乳糖，则细胞很快停止 β-半乳糖苷酶的合成。这就是乳糖操纵子的负调控现象。

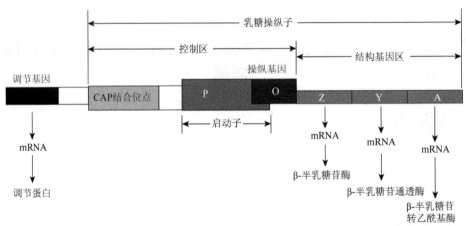

图 29-1　乳糖操纵子结构（刘国琴和张曼夫，2011）

　　大肠杆菌的 β-半乳糖苷酶的诱导合成又受葡萄糖分解代谢产物的阻遏，即在大肠杆菌生长环境中同时存在乳糖（诱导物）和葡萄糖时，细菌优先利用葡萄糖，不合

成 β-半乳糖苷酶，即 β-半乳糖苷酶的合成受葡萄糖分解代谢物的阻遏，只有当环境中葡萄糖被消耗后，菌体才合成 β-半乳糖苷酶。这种现象就是葡萄糖效应，又称为分解代谢物阻遏。葡萄糖分解代谢物的作用是降低细胞内 3′, 5′-环腺苷酸（cAMP）浓度。如果生长环境中同时再加入 cAMP，则上述阻遏作用被解除。大肠杆菌中存在一种正控制蛋白 CAP，它可与 cAMP 结合，只有当 CAP-cAMP 结合到 *lacP* 上和阻遏物脱离 *lacO* 时，结构基因才开始转录。由于 CAP-cAMP 能激活乳糖操纵子的表达，因此这是一种正控制现象。

2. β-半乳糖苷酶的诱导、阻遏和活力测定

异丙基-β-D-硫代半乳糖苷（IPTG）与乳糖结构类似，能诱导大肠杆菌大量合成 β-半乳糖苷酶，而且本身不能作为细菌的代谢底物，不会被分解，因此它是实验中常用的诱导物。为进一步观察 β-半乳糖苷酶的合成对诱导物的依赖关系，可借助膜过滤技术，把培养物中的诱导物 IPTG 迅速除去，然后定时取样，检测酶活。IPTG 诱导后，在合适的时间加入 5-氟尿嘧啶，会转录出不正常的 mRNA，从而影响转录。而加入氯霉素则影响翻译，使酶不能合成。通过以上实验可研究 β-半乳糖苷酶的调控是在转录水平上还是翻译水平上或者是在酶活性水平上发生的。

β-半乳糖苷酶除了能催化乳糖分解外，还能将邻硝基苯-β-D 半乳糖苷（ONPG）水解成半乳糖和邻硝基苯酚（ONP），底物 ONPG 是无色的，而反应生成的产物 ONP 在碱性溶液中是黄色的，在 420 nm 处有吸收峰，根据反应液颜色的深浅（420 nm 处光吸收值大小）可测定酶的活性。酶活力越大，生成的产物 ONP 越多，黄色也越深。由于 β-半乳糖苷酶是胞内酶，测定酶活时需预先加入甲苯，以破坏细胞膜透性，让 β-半乳糖苷酶释放出来。本实验把在 pH 7.0 的缓冲液中，30℃保温酶解，每分钟释放出 1 μmol/L ONP 的酶量，定义为 1 个酶活力单位（周德庆，2006）。

三、实验材料

（1）菌种：大肠杆菌 K12（*E. coli* K12）

（2）本实验使用的培养基为基本培养基（MM）：甘油 0.5 g、(NH₄)₂SO₄ 0.5 g、MgSO₄•7H₂O 0.05 g、FeSO₄•7H₂O 1 mg、0.1 mol/L 磷酸缓冲液（pH 7.0）200 mL，121℃灭菌 15 min。

（3）本实验所需试剂配制如下。

1）0.1 mol/L（pH 7.0）磷酸缓冲液：取 0.1 mol/L K₂HPO₄•3H₂O 61 mL 和 0.1 mol/L KH₂PO₄ 39 mL 混匀。

2）6 mmol/L IPTG：蒸馏水配制，4℃储存。

3）20%葡萄糖溶液：蒸馏水配制，114℃灭菌 15 min。

4）1 mol/L 碳酸钠溶液：蒸馏水配制。

5）40 mmol/L cAMP 钠盐溶液：蒸馏水配制，并加少量 1 mol/L NaOH 中和至中

性，使其全部溶解。4℃储存。

6）6 mmol/L ONPG：称取 180 mg ONPG，溶解于 100 mL（pH 7.0）0.1 mol/L 磷酸缓冲液中。

7）1.5 mg/mL 氯霉素：称取 15 mg 氯霉素，先溶于少量乙醇，再加入蒸馏水定容至 10 mL，4℃储存。

8）60 mmol/L 5-氟尿嘧啶（5-FU）：蒸馏水配制，4℃储存。

9）500 μmol/L ONP 标准溶液：蒸馏水配制，4℃储存。

（4）器皿和仪器：试管、移液器、滴管、量筒、烧杯、试剂瓶、锥形瓶（250 mL 和 50 mL）、布氏漏斗、抽滤瓶、微孔滤膜（0.45 μm）、水泵、洗瓶、计时器、恒温水浴锅、恒温水浴振荡器、离心机、分光光度计等。

四、实验步骤

1. 菌悬液的制备

取一支含有 4 mL MM 液体培养基的试管，接种 *E. coli*，于 37℃振荡培养，第二天将此种子液全部接种到含有 40 mL MM 液体培养基的 250 mL 锥形瓶中，于 37℃振荡培养 4 h 左右，然后将该菌液用无菌 MM 液体培养基稀释至 A_{650} 为 0.2 左右时，分装到 6 个 50 mL 锥形瓶中，作为 6 个实验组，编号为 1、2、3、4、5、6，每瓶各 9 mL 培养液。于 30℃水浴摇床中振荡培养 10 min（注意：为保证实验一致，分装时菌液要充分摇匀）。

2. 6 个锥形瓶的添加物和取样

（1）添加 1 mL 无菌水和 1 mL IPTG，摇匀并开始计时。立即从中取出培养液 1 mL，加入到一支含一滴甲苯的试管中，充分摇匀，置于冰中，此试管为 0 min 样品，按同样步骤在 3 min、6 min、8 min、10 min、12 min、15 min、20 min、25 min 时取样（注意：为了准确控制取样时间，所有取样用的试管提前贴好标签，加一滴甲苯，并在冰中预冷，本组用于测定酶的诱导产生）。

（2）添加 1 mL 无菌水和 1 mL IPTG，取样与（1）基本相同，差别在于 3 min 时的样品取完后，立即用膜过滤技术将小锥形瓶菌悬液中的 IPTG 过滤掉（过滤要点：将水泵、抽滤瓶和布氏漏斗连接成抽滤系统，将 0.45 μm 微孔滤膜剪成比布氏漏斗内径略小，但又能盖住全部瓷孔的圆片，光滑面朝上铺在漏斗内，少量水润湿滤膜，将样品用玻璃棒引流流入漏斗，打开水泵进行抽滤，即将滤干时，加入 5 mL MM 液体培养基抽滤洗涤菌体 2 次，滤毕，用移液管分次吸取 MM 液体培养基共 9 mL 冲洗滤膜表面 7~8 次，将菌体全部洗下，随即取 1 mL 样品移入一支试管，此样品为 6 min 样品，剩余菌液倒入干净的 50 mL 小锥形瓶继续振荡培养，分别在 8 min、10 min、12 min、15 min、20 min 和 25 min 时取样整个抽滤洗涤过程要准确、迅速，争取 3 min 内完成，以便和其他组取样时间一致，本组用于测定酶对诱导物的依赖）。

（3）添加 0.5 mL 葡萄糖溶液，0.5 mL 无菌水和 1 mL IPTG，取样与（1）相同（本组用于测定葡萄糖对酶合成的影响）。

（4）添加 0.5 mL 葡萄糖溶液，0.5 mL cAMP-Na 溶液和 1 mL IPTG，取样与（1）相同（本组用于测定 cAMP 和葡萄糖混合液对酶合成的影响）。

（5）添加 0.5 mL 无菌水和 1 mL IPTG，取样与（1）基本相同，差别在于 2 min 50 s 时加入 5-氟尿嘧啶 0.5 mL，其余均与（1）同（本组用于测定 5-氟尿嘧啶对诱导 3 min 后酶合成的影响）。

（6）添加 0.5 mL 无菌水和 1 mL IPTG，取样与（1）基本相同，差别在于 2 min 50 s 时加入氯霉素 0.5 mL，其余均与（1）同（本组用于测定氯霉素对诱导 3 min 后酶合成的影响）。

3. β-半乳糖苷酶活性测定

将上述所有样品试管置于 30℃水浴锅中保温 10 min，间歇轻摇，再加入 0.5 mL ONPG，摇匀，于 30℃恒温水浴中保温 10 min 后，立即加入 1.5 mL 碳酸钠溶液终止反应（注意：严格控制反应时间）。然后将上述反应液移入光程为 1 cm 的比色杯中，以 0 min 样品为空白对照（用于分光光度计调零），读取 420 nm 处的 OD 值。该值即为样品管 A_{420}，简称 $A_{样}$（注意：测定 OD 值时，为保证结果准确可信，尽量使用同一台分光光度计。若测定时样品管 OD 值 > 1，则将样品稀释一定倍数再测，使读取的 OD 值控制在 0.1～1.0 较为准确）。

另取 500 μmol/L ONP 标准溶液 1 mL，加 1 滴甲苯，再加 0.1 mol/L，pH 7.0 磷酸缓冲液 0.5 mL，摇匀，置于 30℃水浴锅中保温 10 min，然后加入 1.5 mL 碳酸钠溶液，摇匀后测其 A_{420} 值（以磷酸缓冲液代替 ONP 标准溶液，同样操作，作为空白对照），该值即为标准管 A_{420}，简称 $A_{标}$（6 组实验只需测 1 次 $A_{标}$）。

五、实验结果

（1）记录菌液浓度。由于本实验分为 6 组，每组所用菌液的浓度可能不尽相同，为了便于计算比活力，每组实验开始前需测定菌悬液的 A_{650} 值。

（2）若样品需稀释后才能测出 $A_{样}$，计算时还需乘上稀释倍数，酶活力的计算公式如下：

$$每毫升菌液酶活力单位(U/mL) = \frac{A_{样} \times 500(\mu mol/L)}{A_{标} \times 10(min)}$$

（3）酶比活力的计算公式如下：

$$酶比活力 = \frac{每毫升菌液酶活力单位(U/mL)}{菌液浓度(A_{650})}$$

（4）将上述结果记录于表 29-1 中，并以取样时间为横坐标，β-半乳糖苷酶比活力为纵坐标绘图，分析和讨论实验结果。

表 29-1　β-半乳糖苷酶诱导合成与分解代谢产物阻遏实验记录表

组别	取样时间/min	菌液浓度/A_{650}值	酶活力/（U/mL）	酶比活力[U/(mL·A_{650})]
酶的诱导产生				
酶对诱导物的依赖				
葡萄糖对酶合成的影响				
cAMP 和葡萄糖对酶合成的影响				
5-氟尿嘧啶对酶合成的影响				
氯霉素对酶合成的影响				

六、思考题

1. 试述大肠杆菌乳糖操纵子的负调控机制和正调控机制。

2. 什么是分解代谢物阻遏？葡萄糖对 β-半乳糖苷酶的合成有什么影响？如果同时加入 cAMP，会发生什么变化？为什么？

3. IPTG 是在转录水平还是翻译水平上起诱导作用？5-氟尿嘧啶和氯霉素对 β-半乳糖苷酶的合成有何影响？

4. 如何定义 β-半乳糖苷酶活力单位？酶活测定时需注意哪些细节？

七、参考文献

焦瑞身, 周德庆. 1999. 微生物生理代谢实验技术. 北京: 科学出版社: 185~190.
刘国琴, 张曼夫. 2011. 生物化学. 北京: 中国农业大学出版社: 359~361.
王镜岩, 朱圣庚, 徐长法. 2002. 生物化学. 下册. 3 版. 北京: 高等教育出版社: 561~564.
周德庆. 2006. 微生物学实验教程. 2 版. 北京: 高等教育出版社: 355~359.

实验三十　不同培养条件下细菌目的基因转录水平差异的分析

一、实验目的

1. 学习 Trizol 法提取细菌总 RNA。
2. 学习 qPCR 的原理。
3. 掌握 SYBR Green 染料法 qPCR 技术。

二、实验原理

（一）Trizol 法提取细菌总 RNA 的原理

Trizol 溶液是一种新型总 RNA 抽提试剂，含有异硫氰酸胍、苯酚等物质。Trizol

在破碎和溶解细胞时可抑制细胞释放核酸酶,保护 RNA 的完整性。细菌样品经 Trizol 处理后,经氯仿抽提,离心,样品分成水相和有机相。RNA 存在于水相中,收集上面的水相,通过异丙醇沉淀获得总 RNA。利用 Trizol 试剂提取总 RNA 操作简单,允许同时处理多个样品。

(二) qPCR 的原理

实时荧光定量 PCR(real-time fluorescent quantitative polymerasechain reaction, real-time FQ-PCR 或 qPCR)技术是指在 PCR 反应体系中加入荧光基团,利用荧光信号累积实时监测整个 PCR 过程,最后通过标准曲线对未知模板进行定量分析的方法(刘森,2009)。该技术于 1996 年由美国 Applied Biosystems 公司推出,该技术不仅实现了 PCR 从定性到定量的飞跃,而且具有灵敏度高、特异性强、重复性好、自动化程度高、全封闭反应、具实时性和准确性等特点,目前已成为分子生物学研究中的重要工具。在 mRNA 表达的研究、各种基因定量分析、点突变分析、单核苷酸多态性分析等研究中得到广泛应用。

1. SYBR Green I 染料法的工作原理

该方法在常规 PCR 基础上添加了荧光染料 SYBR Green I,该染料是一种能够与双链 DNA 小沟结合并具有绿色激发波长的染料,它只有与双链 DNA 结合后才能发出荧光,而不掺入链中的 SYBR Green I 染料分子不会发出荧光信号,从而保证荧光信号的增加与 PCR 产物的增加完全同步。荧光染料法其优势在于检测方法简便,由于能与所有的双链 DNA 相结合,因此对不同模板不需特别定制不同的特异性探针,通用性较好,检测成本较低,因此在国内外科研中使用比较普遍。不足之处是由于染料与 DNA 双链分子的结合是非特异性的,它可以和反应体系中的所有 DNA 分子结合,因此易受到非特异性扩增和引物二聚体的影响,使定量结果不可靠。针对这一问题可以借助熔解曲线分析法来区分非特异性产物和引物二聚体而排除假阳性。还可通过设计特异性引物、优化 PCR 的反应条件来减少或去除非特异性产物和引物二聚体的产生以提高特异性(陈旭等,2010)。

2. 定量原理

在一定的反应循环数内,PCR 反应过程中产生的 DNA 拷贝数是呈指数方式增加的,随着反应循环数的增加,PCR 反应不再以指数方式生产产物而渐入平台期。qPCR 由于在反应体系中加入了荧光基团,可以实时监测和分析与扩增相关的荧光信号,随着反应的进行,产物的数量与荧光信号的增加可绘制成扩增曲线,在 PCR 反应早期,产生的荧光信号不能与背景明显区别,称为基线期,而后荧光信号依次进入指数增长期、线性增长期和最终的平台期。只有在指数期 PCR 产物量的对数值与起始模板量之间存在线性关系,因此可以在指数期的某一点上来检测 PCR 产物的量,并由此推断模板最初的含量。在指数期,需要人为设定一个荧光信号的阈值,它可以设定在指数扩增阶段任意位置上,一般这个荧光阈值的缺省设置是 3~15 个循环的荧光信号的标准偏差的 10 倍。如果检测到的荧光信号超过阈值，就被认为是真正的信号，它可用于定义样本的阈值循环数（C_T）。C 代表 Cycle，T 代表 threshold，C_T 值的含义是每个反应管内的荧光信号达到设定的阈值时所经历的循环数。它是实时定量 PCR 技术中进行定量的一个重要参数。C_T 值与该模板的起始拷贝数的对数存在线性关系，反应时，起始的模板数越高，达到荧光信号域值所需的循环数越少，C_T 值越小（图 30-1），利用已知起始拷贝数的标准品可作出标准曲线。因此，只要获得未知样品的 C_T 值，即可从标准曲线上计算出该样品的起始拷贝数（刘森，2009；王廷华等，2005；张晶等，2005）。

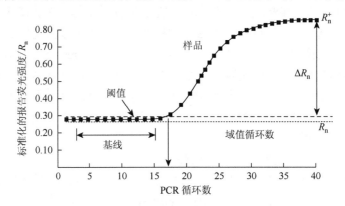

图 30-1　C_T 值的确定（张晶等，2005）

3. $2^{-\Delta\Delta C_T}$ 相对定量法数据分析

目前，实时定量 PCR 进行定量分析可分为绝对定量和相对定量。绝对定量是通过标准曲线计算起始模板的拷贝数；相对定量则是比较不同样品目标基因转录样本之间的相对表达差异。相对定量法用样本中靶基因拷贝数相对于另一参照基因拷贝数的比例，作为比较不同样品间靶基因表达差异的标准。相对定量中不需要确切的测定靶基因拷贝数，而只需要得到靶基因拷贝数与参照基因拷贝数的变化率即可。常用的相对定量法是比较 C_T 法，即 $2^{-\Delta\Delta C_T}$ 法，它运用数学公式来计算相对量，前提是假设每个循环增加 1 倍的产物数量，1 个循环（C_T=1）的不同相当于起始模板数 1 倍的差异。根据数学推导得出：目的基因的量=$2^{-\Delta\Delta C_T}$。在该公式中，$\Delta\Delta C_T$=（C_T 目的基因−C_T 参照基因）实验组−（C_T 目的基因−C_T 参照基因）对照组。因此，$2^{-\Delta\Delta C_T}$ 表示的是实验组目的基因的表达相对于对照组的变化倍数。由于此法检测的结果是目的基因与参照基因的比值，因此要保证参照基因表达恒定，即参照基因的表达水平不易受外界实验条件影响。细菌中常用的参照基因有 16S rRNA、5S rRNA 等，具体选用何种内参要具体分析（赵文静等，2010）。本实验采用 qPCR 技术，分析肠炎沙门氏菌鞭毛合成基因 *fliC* 在不同培养条件下转录水平的差异。

三、实验材料

（1）菌种：肠炎沙门氏菌（*Salmonella enteritidis*）。

（2）LB 培养基：10 g 胰蛋白胨、5 g 酵母粉、10 g NaCl，调 pH 至 7.0，加水定容至 1 L，121℃高压蒸汽灭菌 20 min。

（3）试剂：RNase free H_2O，Trizol 溶液，0.1% DEPC 水（焦碳酸二乙酯水）（1000 mL 双蒸水中加入 1 mL DEPC，室温搅拌过夜），75%乙醇（121℃高压蒸汽灭菌处理的 0.1% DEPC 水配制，−20℃保存），15 mg/mL 溶菌酶溶液（称取 150 mg 溶菌酶，溶于 10 mL RNase free H_2O），PrimeScript^{TM} RT 反转录试剂盒和 SYBR Green I 荧光定量 PCR 试剂盒。

（4）实验材料：0.1% DEPC 水处理的移液器和 Eppendorf 管、八联排管（用于荧光定量 PCR 反应）、移液器、口罩、一次性 PE 手套等。

（5）实验仪器：恒温振荡器（用于培养细菌）、漩涡振荡仪、高速离心机、分光光度计、电泳仪、电泳槽、凝胶成像系统、Prism7500 荧光定量 PCR 仪。

四、实验步骤

（一）引物设计

引物设计是实时定量 PCR 中最重要的一步。根据待检测基因的序列，用引物设计软件 Primer5.0、Oligo6.0 或 beacon desighs3.0 进行引物设计。SYBR Green I 染料法荧光定量 PCR 引物设计时需注意以下几点。

（1）引物的特异性：引物序列选取在基因的保守区段并具有特异性，长度一般为 18～24 bp，避免引物自身或两条引物之间形成 4 个或 4 个以上连续配对，引物自身不能形成发卡结构。

（2）由于 PCR 延伸时 SYBR Green I 染料嵌入 DNA 双链会影响延伸的效率和速度，因此引物设计时要求 PCR 扩增片段控制在 100～250 bp。

（3）GC 含量保持在 40%～60%，软件设计的 T_m 值应当在 55～60℃。

根据以上引物设计原则，设计肠炎沙门氏菌 *fliC* 基因上游引物为 5'-ATTGAGCGTCTGTCCTCTGG-3'，下游引物为 5'-GATTTCATTCAGCGCACCTT-3'。另外，选择肠炎沙门氏菌 DNA 解旋酶 *gyrA* 基因为内参基因，其上游引物为 5'-GCATGACTTCGTCAGAACCA-3'，下游引物为 5'-GGTCTATCAGTTGCCGGAAG-3'。

（二）Trizol 法提取细菌 RNA

（1）细菌按照不同的培养条件培养后，测定 OD_{600} 值，将其稀释成 $OD_{600}=1.0$ 的菌液，取 2 mL 稀释后的菌液至离心管内，12 000 r/min，4℃离心 2 min，收集菌体（注意：菌量不宜过多，否则影响后期抽提）。

（2）加入 300 μL 浓度为 1.5 mg/mL 的溶菌酶溶液，室温孵育 5 min（注意：用 RNase free H_2O 配制溶菌酶溶液，防止 RNA 被外源 RNA 酶降解）。

（3）加入 1 mL Trizol 溶液，用漩涡振荡仪进行涡旋振荡，然后室温孵育 3 min。

（4）加入 300 μL 氯仿，漩涡振荡，然后室温孵育 3 min。

（5）12 000 r/min，4℃离心 15 min，离心后，收集上层水相（注意：底层为黄色有机相，内含大量蛋白质，中间层含有 DNA，移液器吸取上层水相时勿吸到中间层和下层）。

（6）吸取的上层水相中加入 2 倍体积异丙醇，4℃孵育 10 min。然后 12 000 r/min，4℃离心 10 min，弃上清。

（7）用 75%乙醇洗涤沉淀 1 次，12 000 r/min，4℃离心 5 min。

（8）室温干燥 5～10 min，用 DEPC 处理过的 ddH$_2$O 溶解（注意：不要干燥过分，否则会降低 RNA 的溶解度）。

（9）分光光度计测定 RNA 浓度和纯度，电泳检测其完整性。RNA 纯度用 OD$_{260}$/OD$_{280}$ 衡量，比值为 1.8～2.0 较好，低于 1.8，说明蛋白质污染严重，高于 2.0，说明 RNA 降解严重。

（三）基因组 DNA 的去除和 RNA 的反转录

基因组 DNA 的去除和 RNA 的反转录可使用商品化的反转录试剂盒，本实验利用 PrimeScript^{TM} RT 反转录试剂盒进行操作。

1. 基因组 DNA 的去除

反应体系中 5×gDNA Eraser Buffer 2 μL，5×gDNA Eraser 1 μL，Total RNA 0.5 μg（根据提取的 RNA 的浓度加入相应体积的 RNA 溶液），加入 RNase free dH$_2$O 使总体积为 10 μL，轻轻混匀后 42℃孵育 2 min。

2. RNA 的反转录

反转录反应体系为：5×PrimeScript^{TM} Buffer 4 μL，PrimeScript^{TM} RT Enzyme Mix Ⅰ 1 μL，RT Primer Mix 1 μL，上述去除基因组 DNA 后的反应液 10 μL，RNase free dH$_2$O 4 μL，总体系为 20 μL；反转录条件为：37℃，15 min；然后 85℃，5 s；合成的 cDNA 放于 4℃保存，如需长期保存，应放于−20℃（注意：反转录反应时，反应液的配制在冰上进行；配制反应体系时，先加入 RNase free dH$_2$O，再加入其他样品；如果使用 Gene specific Primer，建议反转录反应条件设置为 42℃，15 min；PCR 反应有非特异性扩增时，将温度上升到 50℃会有所改善）。

（四）qPCR

（1）以 SYBR Green Ⅰ 荧光定量 PCR 试剂盒为例介绍 qPCR 步骤，利用 Prism7500 荧光定量 PCR 仪进行 qPCR 实验。PCR 反应体系为：2×SYBR Premix Ex Taq^{TM}Ⅱ 25 μL，上游引物 2 μL，下游引物 2 μL，50×ROX Reference Dye 1 μL，cDNA 溶液 4 μL（0.1 g/L），dH$_2$O 16 μL，总体积为 50 μL。反应液配制在冰上进行（注意：引物浓度一般控制在 0.4 μmol/L，若反应性较差时，可调整引物浓度为 0.2～1.0 μmol/L。浓度太低会使反应不完全，浓度太高，发生错配及产生非特异产物的可能性会大大增加。配制反应体系时，应注意移液器的使用方法，所有的液体都要缓慢加至管底，不要加至管壁，所有液体的混匀要用振荡器进行，不能用移液器吹打，反应体系配制完毕后低速离心数秒，避免产生气泡）。

（2）PCR 扩增条件为：95℃ 30 s（1 个循环）；95℃ 5 s，60℃ 34 s（共 40 个循环）；95℃ 15 s，60℃ 60 s，95℃ 15 s（1 个循环）。

（五）$2^{-\Delta\Delta C_T}$ 法数据分析

将实时定量 PCR 所得到的 C_T 值输出到表格程序（如 Microsoft Excel）中去。为保证实验结果的准确性，实验中参照基因和目的基因各做 3 个重复。首先分别计算参照基因和目的基因 3 个重复的 C_T 值的平均值，然后根据公式计算 ΔC_T。

五、实验结果

（1）计算提取的 RNA 的纯度，电泳检测 RNA 质量。
（2）利用 qPCR 仪获取扩增曲线，$2^{-\Delta\Delta C_T}$ 法计算出肠炎沙门氏菌鞭毛合成基因 *fliC* 在不同培养条件下表达量的变化倍数。

六、思考题

1. 荧光定量 PCR 引物设计与普通 PCR 引物设计有何不同？设计时应注意什么事项？
2. RNA 提取过程中应注意哪些问题？若 RNA 得率低，可能的原因有哪些？
3. RNA 纯度测定中，$OD_{260}/OD_{280} < 1.8$ 的原因可能有哪些？
4. 荧光定量 PCR 反应液的配制需注意哪些问题？
5. 相对定量法测定细菌基因的表达量时如何选取内参？
6. 如何使用 $2^{-\Delta\Delta C_T}$ 法进行数据分析？

七、参考文献

陈旭, 齐凤坤, 康立功, 等. 2010. 实时荧光定量 PCR 技术研究进展及其应用. 东北农业大学学报, 41(8): 148~155.

刘森. 2009. PCR 聚合酶链反应. 北京: 化学工业出版社: 87~98.

王廷华, 景强, Pierre D. 2005. PCR 理论与技术. 北京: 科学出版社: 71~86.

张晶, 张惠文, 张成刚. 2005. 实时荧光定量 PCR 及其在微生物生态学中的应用. 生态学报, 25(6): 1445~1450.

赵文静, 徐洁, 包秋华, 等. 2010. 实时荧光定量 PCR 中内参基因的选择. 微生物学通报, 37(12): 1825~1829.

附录 1 微生物细胞的收集和处理方法

为了研究微生物的生命活动，常常要对微生物细胞进行收集和处理。下面介绍一些常用的收集和处理微生物细胞的方法。

一、微生物细胞的收集方法

在微生物学实验中，常用固体培养刮取法和液体培养离心沉淀法收集微生物细胞。

1. 固体培养刮取法

从斜面、培养皿或克氏瓶的固体培养基上收集细胞时，常采用刮取法。先把少量无菌生理盐水（0.85%，NaCl）倾注到固体培养基上，覆盖住整个表面，然后用无菌的接种钩或玻璃刮刀由琼脂表面刮取培养物，或把少量无菌的玻璃珠放到琼脂表面上，滚动玻璃珠刮取培养物，以得到浓的菌细胞悬液（注意：刮取时尽量不要把培养基带入菌悬液中）。

2. 液体培养离心沉淀法

从微生物的液体培养液中收集微生物细胞，常用离心沉淀法。在一般情况下，用 4000 r/min 离心 10 min，就可以从培养液中收集到细菌、放线菌和酵母菌的细胞。

此外，还可以采用过滤（如板框压滤机）等方法收集微生物细胞。

二、休止细胞的制备

将培养到一定阶段的细胞进行收集、洗涤掉细胞上的营养物质后，悬浮在生理盐水中再培养一定阶段，消耗其内源营养物质，使之呈饥饿状态，这样得到的细胞称为休止细胞（resting cell）或静息细胞。休止细胞处于休眠状态，不进行生长繁殖，但细胞内仍有各种酶系，具有氧化和发酵的能力，可用来进行生理、生化和代谢的研究。休止细胞的制备方法如下。

（1）收集细菌对数期或放线菌、真菌旺盛生长期的细胞，制成菌悬液。

（2）将菌悬液 4000 r/min 离心 10 min，倒掉上清，留沉淀。

（3）加适量的生理盐水到沉淀中，悬起细胞，呈均匀而分散的细胞悬液。

（4）重复离心沉淀，洗涤 2～3 次。

（5）最后一次可根据所需的细胞浓度，用适量的生理盐水悬浮细胞，即得休止细胞悬液。

（6）休止细胞悬液可保存在冰箱中，保存时间为 1～2 周。

注意：经培养的微生物细胞，不仅在细胞的表面，而且在细胞的内部都残留着营养物质，为了除去这些物质，在应用休止细胞前，再培养一段时间，以消耗细胞内的营养物质。

三、干细胞制剂

干细胞制剂的制备通常有两种：一种由丙酮处理法得到，一种由真空冷冻干燥制的。由于真空冷冻干燥法已在实验五中进行了详细叙述，这里只介绍丙酮细胞干粉的制备。丙酮细胞干粉的制备方法如下。

（1）培养、收集微生物细胞。

（2）离心洗涤细胞。将收集的细胞用生理盐水离心洗涤 2 次。

（3）制备细胞悬液。将最后一次离心洗涤的上清液倾除，保留沉淀细胞，在冰浴中加入少量生理盐水，不断搅动制成较浓的细胞悬液。

（4）脱水。在冰浴中，将细胞悬液用滴管逐滴加入预冷的丙酮中，并不断地剧烈搅拌，丙酮与细胞悬液的体积比约为 10：1。

（5）抽气过滤。将已有絮状沉淀的微生物细胞，用布氏漏斗抽气过滤。抽干后，再在滤饼中加入少量冷丙酮洗涤一次，使菌体细胞完全脱水，再抽气过滤，充分抽干。

（6）干燥。将已经充分抽干的滤饼和残渣，平铺在滤纸上，置干燥器中干燥，也可用真空干燥。

（7）丙酮细胞干粉的保存。将已经干燥的丙酮细胞研磨成粉状，装入密封瓶中，置冰箱中保存，有效期为 6 个月。

四、破碎细胞的方法

破碎细胞的方法已在实验七中进行了详细的介绍，请参照实验七。

五、参考文献

白毓谦, 方善康, 高东, 等. 1987. 微生物实验技术. 济南：山东大学出版社.

附录2　利用 KEGG 数据库查询代谢途径信息简介

　　随着基因测序技术、互联网技术和计算机技术的迅猛发展，人们可以通过互联网获得越来越多微生物的全基因组序列。一些网站以全基因组序列为基础，运用生物信息学的方法，预测生物的代谢途径，建立了代谢途径数据库。对于测得全基因组序列的微生物，在这些数据库中都可以查到其代谢途径的信息。在对这些微生物进行培养、生理生化实验、遗传学实验及代谢途径改造实验前，先通过代谢途径数据库查询其代谢途径的信息，全面了解其代谢，可以为优化其培养、设计正确的实验方案提供有利的依据。

　　KEGG（kyoto encyclopedia of genes and genomes）是基于基因组序列和其他高通量的实验的结果而建成的囊括大量的分子水平信息的数据库，可供科研人员很好地从分子水平理解生物的功能。KEGG 的网址是 http: //www.genome.jp/kegg/，是查询代谢途径常用的数据库之一。以下简要介绍查询某种微生物（如枯草芽孢杆菌（*Bacillus subtilis*）代谢途径（如糖酵解途径）的方法。

　　（1）打开 KEGG 数据库的首页，如图附录 2-1 所示。

　　（2）点击首页的 KEGG PATHWAY（图附录 2-1 中的方框和箭头），就会出现KEGG PATHWAY 数据库的页面，见图附录 2-2。

　　（3）点击 KEGG PATHWAY 数据库页面的 glycolysis/gluconeogenesis（糖酵解/糖异生途径）（图附录 2-2 中的下划线和箭头），新页面显示出此途径的信息（图附录2-3）。方框中的数字是催化反应的酶的编号（国际系统分类法），小圆圈代表的是反应中的化合物，如 β-D-Fructose-6-P（β-D-果糖-6-磷酸），实线箭头表示反应的方向，虚线表示此反应可以通过该中间产物与其他途径发生联系。

　　（4）上面是总的 glycolysis/gluconeogenesis 途径。欲查询枯草芽孢杆菌 BSn5 菌株（*Bacillus subtilis* BSn5）是否有 glycolysis/gluconeogenesis 途径，以及该途径的具体信息，点击此页面左上角的下拉菜单，选择 *Bacillus subtilis* BSn5，点击"Go"，出现图附录 2-4 的页面。绿色的方框表示在 *Bacillus subtilis* BSn5 菌株中有这种酶，如5.3.1.9，而白色的方框表示在该菌株中没有的酶。通过分析该菌催化该途径反应的酶是否齐全，可以初步判断该菌是否有此途径。

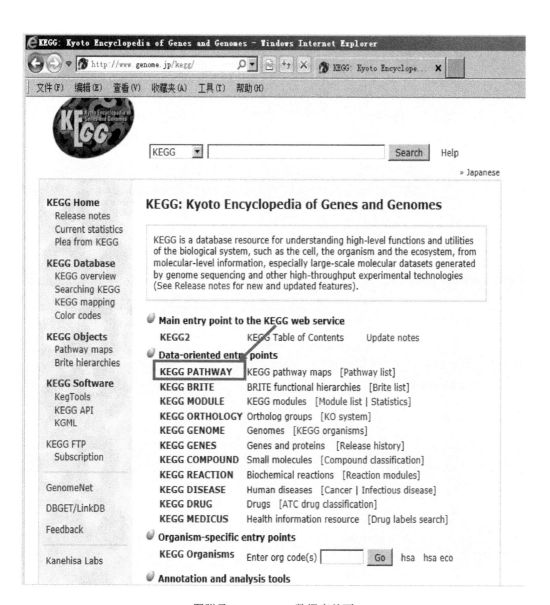

图附录 2-1   KEGG 数据库首页

图附录 2-2　KEGG PATHWAY 数据库的页面

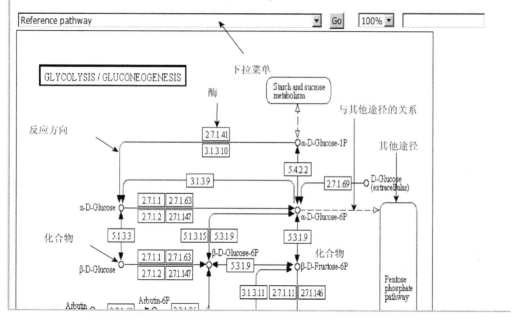

图附录 2-3 糖酵解/糖异生（glycolysis/gluconeogenesis）途径的信息

（5）点击标有 5.3.1.9 的绿色方框，可显示枯草芽孢杆菌 BSn5 菌株中此酶的信息（图附录 2-5）。entry 是 KEGG 数据库中该酶的 ID，gene name 是该酶简称，definition 包括该酶的名称和酶的编号（国际系统分类法）。此外，还有一些其他信息，如编码该酶的基因在基因组中的位置（position）、编码该酶的基因的序列（NT seq）和该酶的蛋白质序列（AA seq）等。

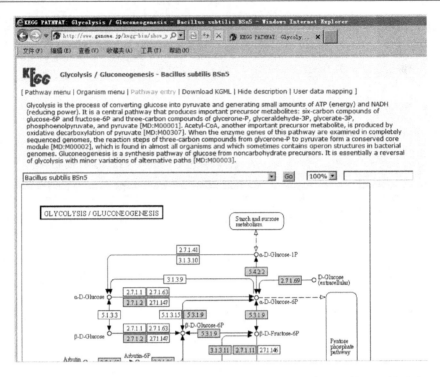

图附录 2-4　枯草芽孢杆菌 BSn5 菌株（*Bacillus subtilis* BSn5）的糖酵解/糖异生
（glycolysis/gluconeogenesis）途径的信息

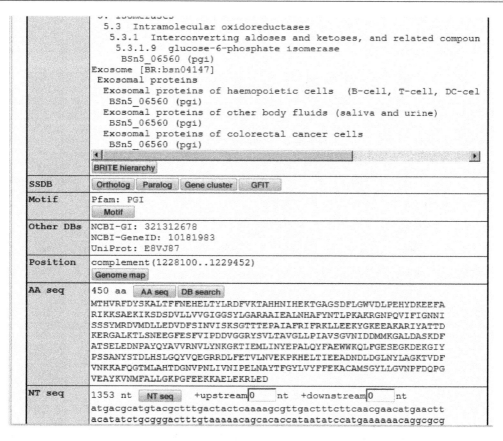

图附录 2-5 枯草芽孢杆菌 BSn5 菌株（*Bacillus subtilis* BSn5）中的酶 5.3.1.9

附录 3 常见的市售酸碱的浓度

表附录 3-1 常见的市售酸碱的浓度

溶质	分子式	相对分子质量	物质的量浓度/(mol/L)	质量浓度/(g/L)	质量百分比/%	密度/(g/cm³)	配制 1 mol/L 溶液的加入量/(mL/L)
冰醋酸	CH₃COOH	60.05	17.4	1045	99.5	1.05	57.5
乙酸	CH₃COOH	60.05	6.27	376	36	1.045	159.5
甲酸	HCOOH	46.02	23.4	1080	90	1.20	42.7
盐酸	HCl	36.5	11.6	424	36	1.18	86.2
			2.9	105	10	1.05	344.8
硝酸	HNO₃	63.02	15.99	1008	71	1.42	62.5
			14.9	938	67	1.40	67.1
			13.3	837	61	1.37	75.2
高氯酸	HClO₄	100.5	11.65	1172	70	1.67	85.8
			9.2	923	60	1.54	108.7
磷酸	H₃PO₄	80.0	18.1	1445	85	1.70	55.2
硫酸	H₂SO₄	98.1	18.0	1766	96	1.84	55.6
氢氧化铵	NH₄OH	35.0	14.8	251	28	0.898	67.6

附录4　微生物生理学实验中常用的缓冲液和储存液的配制

1. 0.1 mol/L 磷酸钾缓冲液

表附录 4-1　25℃下 0.1 mol/L 磷酸钾缓冲液的配制

pH	1 mol/L K_2HPO_4/mL	1 mol/L KH_2PO_4/mL
5.8	8.5	91.5
6.0	13.2	86.8
6.2	19.2	80.8
6.4	27.8	72.2
6.6	38.1	61.9
6.8	49.7	50.3
7.0	61.5	38.5
7.2	71.7	28.3
7.4	80.2	19.8
7.6	86.6	13.4
7.8	90.8	9.2
8.0	94.0	6.0

用去离子水将混合的两种 1 mol/L 储存液稀释至 1000 mL。根据 Henderson-Hasselbalch 方程计算其 pH。

$$pH = pK' + lg\left\{\frac{质子受体}{质子供体}\right\}$$

式中，pK'=6.86（25℃）。

2. 0.1 mol/L 磷酸钠缓冲液

表附录 4-2　25℃下 0.1 mol/L 磷酸钠缓冲液的配制

pH	1 mol/L Na_2HPO_4/mL	1 mol/LNaH_2PO_4/mL
5.8	7.9	92.1
6.0	12.0	88.0
6.2	17.8	82.2

续表

pH	1 mol/L Na$_2$HPO$_4$/mL	1 mol/LNaH$_2$PO$_4$/mL
6.4	25.5	74.5
6.6	35.2	64.8
6.8	46.3	53.7
7.0	57.7	42.3
7.2	68.4	31.6
7.4	77.4	22.6
7.6	84.5	15.5
7.8	89.6	10.4
8.0	93.2	6.8

　　用去离子水将混合的两种 1 mol/L 储存液稀释至 1000 mL。根据 Henderson-Hasselbalch 方程计算其 pH。

$$pH=pK'+\lg\left\{\frac{质子受体}{质子供体}\right\}$$

式中，pK'=6.86（25℃）。

3. 磷酸盐缓冲液（PBS）

　　PBS 中各物质的浓度为：137 mmol/L NaCl，2.7 mmol/L KCl，10 mmol/L Na$_2$HPO$_4$，2 mmol/L KH$_2$PO$_4$。具体配制方法为：用 800 mL 蒸馏水溶解 8 g NaCl、0.2 g KCl、1.44 g Na$_2$HPO$_4$ 和 0.24 g KH$_2$PO$_4$，用 HCl 调节溶液的 pH 至 7.4，加水至 1 L。分装后在 1.05 kg/cm^2 高压下蒸汽灭菌 20 min，或通过过滤除菌，保存于室温。

　　PBS 是一种通用试剂，值得指出的是本文列出的配方缺乏二价阳离子，如果需要，PBS 可以补加 1 mmol/L CaCl$_2$ 和 0.5 mmol/L MgCl$_2$。

4. 10×Tris EDTA（TE）

　　不同 pH 的 10×Tris EDTA（TE）中各物质的浓度为：pH 7.4，100 mmol/L Tris-HCl（pH 7.4），10 mmol/L EDTA（pH 8.0）；pH 7.6，100 mmol/L Tris-HCl（pH 7.6），10 mmol/L EDTA（pH 8.0）；pH 8.0，100 mmol/L Tris-HCl（pH 8.0），10 mmol/L EDTA（pH 8.0）。分装后在 1.05 kg/cm^2 的高压下蒸汽灭菌 20 min，在室温保存。

　　不同 pH 的 Tris-HCl（1 mol/L）的配制方法为：用 800 mL 蒸馏水溶解 121.1 g Tris 碱，加浓盐酸调 pH 至所需值，具体用量如下。

pH	HCl
7.4	70 mL
7.6	60 mL
8.0	42 mL

应使溶液冷至室温，方可最后调定 pH。加水定容至 1 L。分装后高压蒸汽灭菌。

EDTA(0.5 mol/L，pH 8.0)的配制方法为：将 186.1 g 二水乙二胺四乙酸二钠（EDTA-Na$_2$·H$_2$O）加入 800 mL 水中，在磁力搅拌器上剧烈搅拌；用 NaOH 调节溶液的 pH 至 8.0（约需 20 g NaOH 颗粒），定容至 1 L；分装后高压蒸汽灭菌；EDTA 二钠盐需加入 NaOH 将溶液的 pH 调至接近 8.0 时才会溶解。

5. 溴化乙锭（10 mg/mL）

在 100 mL 水中加入 1 g 溴化乙锭，磁力搅拌数小时，以确保其完全溶解。然后用铝箔纸包裹容器或将溶液转移至棕色瓶中，保存于室温。

6. IPTG（20%，*m/V*，0.8 mol/L）

IPTG 为异丙基硫代-β-D-半乳糖苷，相对分子质量为 283.3，用 8 mL 蒸馏水溶解 2 g IPTG，配制成 20% 的溶液，用蒸馏水定容至 10 mL，用 0.22 μm 过滤器过滤除菌。分装成 1 mL 小份，储存于-20℃。

附录 5 极端嗜盐菌的种类及生理特征

极端嗜盐菌与耐盐菌的不同之处在于，后者能在低盐度下生长，而对于极端嗜盐菌来说，高盐度是生存的必需条件。因而嗜盐菌一般分布于死海、盐湖、盐场等浓缩海水中，以及腌鱼、腌兽皮等盐制品上。

嗜盐菌种类繁多，它们的分类主要依据 3 方面：表型特征、化学分类数据和分子生物学数据。根据表型特征的不同，有嗜盐球菌和嗜盐杆菌。根据 16S rRNA 的序列分析并结合其他生物学形状，极端嗜盐菌目前都属于古菌域（Archaea）盐杆菌目（Halobacteriales）盐杆菌科（Halobacteriaceae），本科包括 6 属，根据其最适生长 pH 该科可分为两群：一群生长在中性或偏中性条件下（pH 5～8），并需要至少 5 mmol/L mg^{2+}（1～4 属）；另一群是从含碳酸盐的湖内分离到的，其最适生长条件是在很低浓度的 Mg^{2+}（＜1 mmol/L）和高碱（pH 8.5～11.0）的环境中。这 6 属分别是盐杆菌属（*Halobacterium*）、盐丰产菌属（*Haloferax*）、盐小盒菌属（*Haloarcula*）、盐球菌属（*Halococous*）、嗜盐碱杆菌属（*Natronbacterium*）、嗜盐碱球菌属（*Natronococcus*）。目前研究最多的是极端嗜盐菌中的盐生盐杆菌（*Halobacterium halobium*）。Woese 认为嗜盐菌是由厌氧的产甲烷菌进化而来，嗜盐菌能利用微量的氧合成类胡萝卜素，这可能是对 150 万年前开始出现的有氧环境的进化反应。

嗜盐菌多是好氧化能异养类型，某些盐杆菌的种可进行厌氧呼吸；因菌体细胞含类胡萝卜素，菌体一般呈红色、桃红、紫色；大多数嗜盐菌不运动，只有少数种靠丛生鞭毛缓慢运动；采用二分分裂法进行繁殖，无休眠状态，不产生孢子；嗜盐菌的形态多样，除常见的杆状、球状外（随盐浓度和生长时间的不同，杆菌的形态常发生变化），还有方形、盘状和三角形态的细胞。

极端嗜盐菌的生长不仅需要高浓度的 Na^+，而且还需要适当浓度的 K^+，用以维持细胞内外盐浓度的平衡。例如，*Halobaterium cutirubrum* 的外环境（细胞外）中 Na^+ 和 K^+ 浓度分别为 3.3 mol/L 和 0.05 mol/L，而细胞内 Na^+ 和 K^+ 浓度分别为 0.8 mol/L 和 5.33 mol/L。细胞内 K^+ 浓度为细胞外的 100 倍以上，细胞外的 Na^+ 浓度是细胞内的 4 倍。该现象表明，这种菌很可能具有 Na^+/K^+ 反向转运功能，即胞内吸收和浓缩 K^+ 和向胞外排放 Na^+ 的能力。K^+ 作为一种相容性溶质，可以调节渗透压达到细胞内外平衡。据分析，菌体细胞不采用 Na^+ 调节平衡的原因在于 K^+ 结合的水比 Na^+ 少。

此外，嗜盐菌对 Mg^{2+} 的需要也是不可缺少的，对镁离子的需求量与其生态特点有关。例如，菌株是从高碱性、高盐分的沙漠湖中分离的种类，大都需要高 pH、低镁和高氯化钠浓度的介质；而从晒盐场中分离的菌株则需要中性 pH、一般镁离子浓度和高氯化钠浓度的介质。实验表明，嗜盐菌的生理生化功能、许多酶的活性和稳定性、核蛋白的稳定性和功能都需要一定浓度的 NaCl、KCl 及 $MgCl_2$ 来维持。

在高盐环境下，由于盐离子的水合作用降低了水的活性，破坏了蛋白质的水膜，促进了蛋白质间疏水性相互作用，从而导致蛋白质的相互吸引凝集或构象的改变。对于能在 $2 \sim 5$ mol/L 的高盐环境中的极端嗜盐菌却能够积累高浓度的 K^+（可达 7 mol/kg 水），同时泵出 Na^+。为使酶和蛋白质能在高离子强度下保持活性，在长期的进化过程中，嗜盐菌在蛋白质基因上积累了大量的非同义核苷酸替代物（nonsynonymous nucleotide substitution），其频率是同源普通真细菌的 $2 \sim 3$ 倍，替代的位置是在能影响酶和蛋白质疏水性和表面水合作用的位点，从而对酶和蛋白质进行修饰。其主要的修饰方式是在酶和蛋白质表面引入酸性氨基酸（主要是谷氨酸和天冬氨酸）残基。酸性氨基酸比其他氨基酸有着更好的水合性，能把更多的水分结合到酶和蛋白质分子表面，形成水保持层，从而阻止了酶及蛋白质分子的相互碰撞凝集。同时，酸性氨基酸残基能与碱性氨基酸（如赖氨酸和精氨酸）残基形成盐桥，从而有利于消除盐离子的屏蔽效应，使分子结构具有刚性，对酶和蛋白质的三级结构的稳定起决定性作用。

对于一般细菌而言，当处于高盐环境中时，细胞会迅速失水而成为脱水细胞。而对于极端嗜盐菌而言，细胞壁及细胞膜的特殊构造对其高盐环境下生存有着重要的作用。普通微生物细胞壁由肽聚糖或葡聚糖构成，而嗜盐菌细胞壁却不含肽聚糖而以糖蛋白为主。这种糖蛋白含有大量的酸性氨基酸，如天冬氨酸和谷氨酸，可形成负电荷区域，吸引带正电荷的 Na^+，以离子键维持细胞壁结构。研究发现环境中高浓度的 Na^+ 对嗜盐菌细胞壁蛋白质亚单位间的结构及对保持细胞壁的完整性是必需的。当 Na^+ 的浓度降低时，细胞壁中的蛋白质解聚为单体，细胞壁不完整，易吸水膨胀破裂。Na^+ 被束缚在嗜盐菌细胞壁的外表面，起着维持细胞完整性的重要作用。

附录6　离心机的转速、相对离心力和半径之间的换算关系

颗粒在离心场的受力是角速度 ω 和旋转半径 r 的函数，离心场的受力用离心力用 G（加速度）来表示：

$$G = \omega^2 r$$

式中，ω 为角速度（弧度/s）；r 为旋转力臂半径(cm)。

由于离心机一般使用电机为动力，电机的转速 N 常以每分钟的转速(r/min)来表示，又由于 $\omega = 2\pi N$，因此：

$$G = \omega^2 r = 4\pi^2 N^2 r$$

当把转速由每分钟的转数换算成以每秒钟的转数表示时：

$$G = \omega^2 r = 4\pi^2 r \left(\frac{N}{60}\right)^2 = 4\pi^2 r N^2 / 3600$$

从以上公式可以看出产生离心力的加速度的单位是 cm/s^2，与重力加速度的单位一致。因此，离心力可以用重力加速度 g（$980\ cm/s^2$）的倍数来表示，通常称为相对离心力（relative centrifugal force，RCF）。相对离心力的单位是 $\times g$。

通过计算可以得出：

$$RCF = \frac{G}{g} = \frac{4\pi^2 r N^2 / 3600}{980} = 11.2 r \left(\frac{N}{1000}\right)^2$$

利用此公式，可以进行相对离心力和转速（r/min）的换算。一般对于超速离心，常用相对离心力即重力加速度的倍数($\times g$)代替转速(r/min)，用来反映颗粒在离心管中所受到的离心力。

附录7 酸奶的检查指标

（1）感官指标：酸奶凝块均匀细腻，色泽均匀无气泡，有乳酸特有的悦味。

（2）合理的理化指标：如脂肪≥3%、乳总干物质≥11.5%、蔗糖≥5.00%、酸度 70～110 T°，Hg<0.01×10^{-6} mg/mL 等。

（3）无致病菌，大肠菌群≤40 个/100 mL。

附录 8　网筛的目数与孔径的关系

在实验二十一原生质体的制备过程中，分别用到了 150 目和 250 目的网筛，网筛的目数与孔径的关系见表附录 8-1。

表附录 8-1　网筛的目数与孔径的关系

目数	孔径/μm
50	326
100	133
150	85
200	78
250	55
300	50
400	40
500	13

附录9 微生物的平板菌落计数法

微生物的平板菌落计数法是根据微生物在固体培养基上所形成的一个菌落是由一个单细胞繁殖而成的这一生理及培养特征进行的。也就是说一个菌落即代表一个单细胞。计数时，先将待测样品作一系列稀释（图附录 9-1），再取一定量的稀释菌液接种到培养皿中，使其均匀分布于培养皿中的培养基内，尽量使样品中的微生物细胞分散开，使其成单个细胞存在，否则一个菌落就不只是代表一个细胞。经培养，由单个细胞生长繁殖形成菌落，统计菌落数目，即可换算出样品中的含菌数。

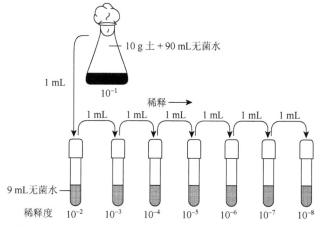

图附录 9-1 微生物的平板菌落计数法示意图（宋渊，2012）

此法所计算的菌数（细胞数）是培养基上长出来的菌落数，因此不包括被测样品中的死菌，故又称为活菌计数法。此法常用于某些成品检定（如杀虫菌剂），生物制品检定及食品、水源的污染程度的检定等。

本实验采用微生物的平板菌落计数法，分别计数 HCM 平板上的菌丝及原生质体数目、CM 平板上的菌丝数目及 HMM 平板上的融合子数目。

参考文献

宋渊. 2012. 微生物学实验教程. 北京：中国农业大学出版社.

附录 10 微生物显微镜直接计数法

利用血球计数板在显微镜下直接计数，是一种常用的微生物计数方法。此法的优点是直观、快速。将经过适当稀释的菌悬液（或孢子悬液）放在血球计数板载玻片与盖玻片之间的计数室中，在显微镜下进行计数。由于计数室的容积是一定的，因此可以根据在显微镜下观察到的微生物数目来换算成单位体积内的微生物总数目。由于此法计得的是活菌体和死菌体的总和，因此又称为总菌计数法。

血球计数板，通常是一块特制的载玻片，其上由 4 条槽构成 3 个平台。中间的平台又被一短横槽隔成两半，每一边的平台上各刻有一个方格网，每个方格网共分 9 个大方格，中间的大方格即为计数室，微生物的计数就在计数室中进行。血球计数板构造如图附录 10-1 所示。

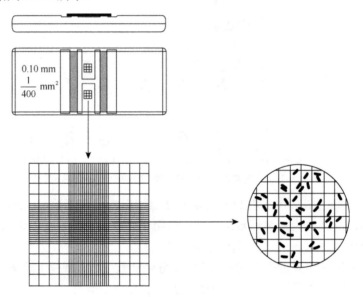

图附录 10-1 血球计数板构造图（宋渊，2012）

计数室的刻度一般有 2 种规格，一种是 1 个大方格分成 16 个中方格，而每个中方格又分成 25 个小方格；另一种是 1 个大方格分成 25 个中方格，而每个中方格又分成 16 个小方格。但无论是哪种规格的计数板，每一个大方格中的小方格数都是相同的，即 16×25=400 小方格。

每一个大方格边长为 1 mm，则每一大方格的面积为 1 mm²，盖上盖玻片后，载玻片与盖玻片之间的高度为 0.1 mm，所以计数室的容积为 0.1 mm³。

在计数时，通常数 5 个中方格的总菌数，然后求得每个中方格的平均值，再乘上 16 或 25，就得出一个大方格中的总菌数，然后再换算成 1 mL 菌液中的总菌数。

下面以一个大方格有 25 个中方格的计数板为例进行计算。

设 5 个中方格中总菌数为 A，菌液稀释倍数为 B，那么，一个大方格中的总菌数（也即 0.1 mm^3 中的总菌数）为 $\frac{A}{5} \times 25 \times B$。1 mL=1 cm^3=1000 mm^3，故 1 mL 中的总细菌数=$\frac{A}{5} \times 25 \times B \times 10 \times 1000 = 50\ 000\ A \times B$（个）

同理，如果是 16 个中方格，5 个中方格中总菌数为 A'，菌液稀释倍数为 B，则 1 mL 菌液中的总菌数为：$\frac{A'}{5} \times 25 \times B \times 10 \times 1000 = 32\ 000\ A' \times B$（个）

参考文献

宋渊. 2012. 微生物学实验教程. 北京：中国农业大学出版社.

图 版

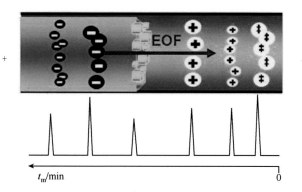

图 6-3　毛细管电泳分离原理示意图（美国贝克曼库尔特公司，2010）

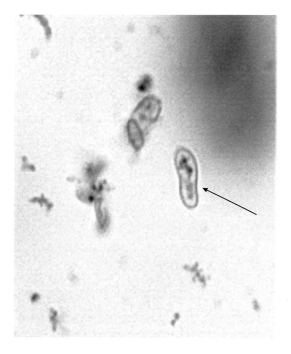

图 7-5　油镜下的线粒体照片（陈文峰摄）

箭头所示为线粒体

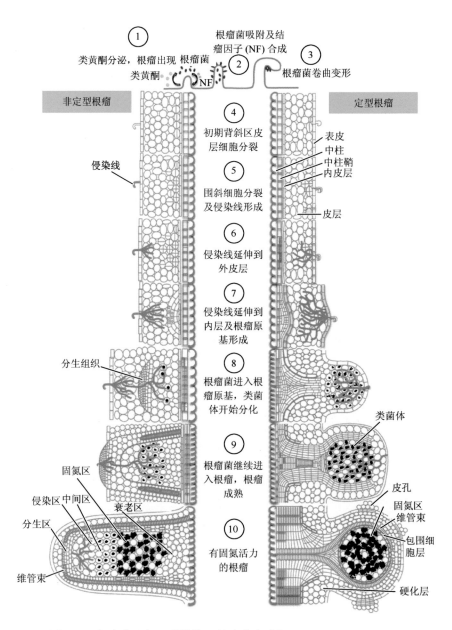

图 13-1　根瘤菌入侵豆科植物及根瘤发育过程（Ferguson B，2010）

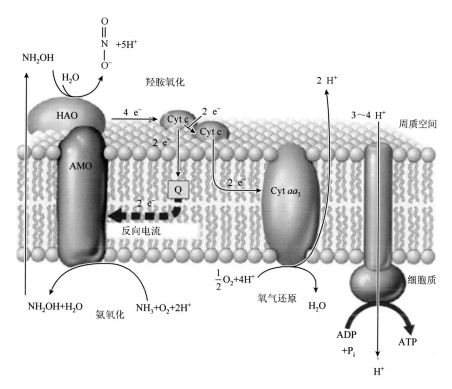

图 16-1 氨氧化细菌的产能途径（Madigan et al.，2010）

AMO. 氨单加氧酶；HAO. 羟胺氧化还原酶

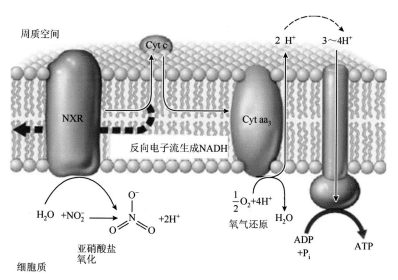

图 16-2 亚硝酸盐氧化细菌的产能途径（Madigan et al.，2010）

NXR. 亚硝酸氧化还原酶

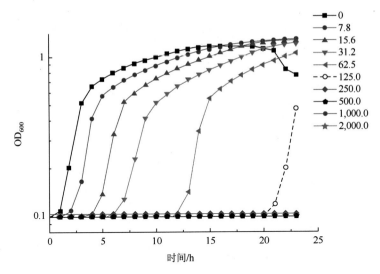

图 22-4　缺失突变株 *mntH* 在不同 MnCl$_2$ 浓度（μmol/L）下的生长曲线

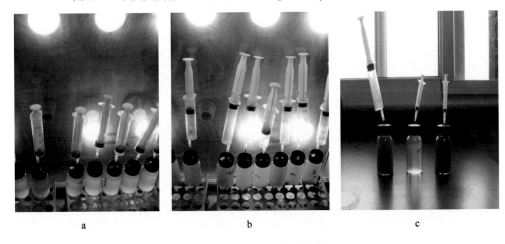

图 27-3　深红红螺菌的培养

a. MG 培养基培养 10.5 h 的照片，厌氧瓶中的颜色呈浅粉色，有些注射器中已有少量气体；b. MG 培养基培养 36 h 的照片，厌氧瓶中的颜色呈红色，注射器中有大量气体；c. MG 培养基光照培养（左为产固氮酶细胞培养）、MG 培养基黑暗培养（中为对照 1）及 SMN 培养基光照培养（右为对照 2）40 h 的照片，左边和右边厌氧瓶的培养液为红色，左边的注射器收集到大量气体，右边的注射器中无气体，中间厌氧瓶内的培养液无色透明，与培养前相同，注射器内无气体产生